HR必知的
工伤应急解决方案
实操大全集

邱云生◎编著

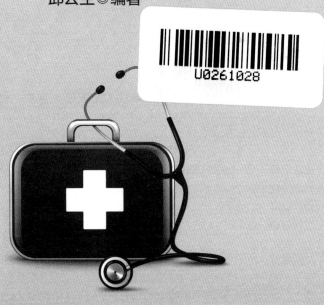

中国铁道出版社有限公司
CHINA RAILWAY PUBLISHING HOUSE CO., LTD.

内 容 简 介

这是一本专门介绍工伤相关业务处理的书籍，从 HR 的角度出发，对工伤事故的整体流程及相关事务处理进行了具体说明。

全书共包括 11 章，主要内容可分为 3 部分。第一部分介绍了工伤基本的法律知识以及工伤的基本处理流程；第二部分介绍了工伤管理相关知识，如职业病管理、工伤风险管理等；第三部分则展示了工伤实务处理相关的法律法规和表格模板，帮助用户进行拓展。

在讲解过程中，对工伤相关法律法规进行了解读，并辅以大量的案例分析，让读者通过案例了解工伤处理的知识，能够轻松学习。无论是新人 HR、工伤处理相关工作人员，还是对工伤知识感兴趣的用户都可以通过本书的学习有所收获。

图书在版编目（CIP）数据

HR 必知的工伤应急解决方案实操大全集 / 邱云生

编著 . —北京：中国铁道出版社有限公司，2021.7

ISBN 978-7-113-27564-8

Ⅰ . ① H⋯ Ⅱ . ①邱⋯ Ⅲ . ①工伤事故 – 事故处理 –

中国 Ⅳ . ① X928.02

中国版本图书馆 CIP 数据核字（2021）第 062548 号

书　　名：HR 必知的工伤应急解决方案实操大全集
　　　　　HR BIZHI DE GONGSHANG YINGJI JIEJUE FANG'AN SHICAO DAQUAN JI
作　　者：邱云生

责任编辑：王　佩　　编辑部电话：（010）51873022　　邮箱：505733396@qq.com
封面设计：宿　萌
责任校对：焦桂荣
责任印制：赵星辰

出版发行：中国铁道出版社有限公司（100054，北京市西城区右安门西街 8 号）
印　　刷：三河市宏盛印务有限公司
版　　次：2021 年 7 月第 1 版　2021 年 7 月第 1 次印刷
开　　本：700 mm×1 000 mm　1/16　印张：21.25　字数：303 千
书　　号：ISBN 978-7-113-27564-8
定　　价：79.00 元

前言

　　随着我国工业化的进程，越来越多的企业不断发展壮大，在这一过程中涉及各类用工的问题，出现工伤事故的情况也时有发生。近年来，社会中的各种工伤事故越来越多，受到了人们的广泛关注。因此，企业和 HR 详细了解工伤相关知识是十分有必要的。

　　目前大多数企业的 HR 在面对员工的工伤事故时，往往表现出不知所措、一头雾水的状态。即使部分 HR 对工伤有一定了解，却可能对工伤事故的处理流程、处理技巧等一知半解。企业 HR 很有必要掌握工伤处理相关技巧和知识，为企业保驾护航。

　　企业 HR 作为工伤事故的处理人，肩负的责任十分重大，稍有不慎，可能触犯法律或使企业遭受损害。因此 HR 需要掌握工伤相关的法律知识，熟悉工伤的处理流程，能够进行理赔谈判并了解工伤风险管理相关知识。本书从工伤一般处理流程出发，结合大量的案例对工伤的各方面知识进行讲解，让 HR 工作更高效。

本书包括 11 章内容，可分为 3 个部分，各部分的内容如下。

◎ 第一部分：1 ~ 6 章

　　该部分以工伤事故处理的基本流程为线索进行介绍，让 HR 知道在工伤事故各个阶段的注意事项。主要内容包括工伤基本政策、工伤送医救治、工伤申报认定、规范伤残鉴定、工伤待遇与纠纷以及做好工伤理赔谈判。通过对该部分内容的阅读，读者可以更好地把握工伤处理的流程。

◎ 第二部分：7 ~ 10 章

　　该部分主要介绍工伤管理和职业病的相关知识，主要包括工伤风险管理、通勤事故判定、职业病管理以及实务操作总结。通过对该部分内容的阅读，读者可以完善工伤相关的知识，提高自身对工伤问题的解决能力。

◎ 第三部分：11 章

　　该部分重点展示企业 HR 在处理工伤事故过程中可能会涉及的相关法律法规和表格模板。工伤事故处理过程中涉及的相关法律法规是 HR 需要了解的，这样可以提高工作效率，处理相关工作更专业。

　　本书语言简洁精练、通俗易懂，对工伤相关的法律法规进行了分析和解读并辅以大量的实操案例。在行文过程中也对涉及的规范文件和表单进行了具体介绍，方便读者进行理解。对行文过程中涉及的补充性知识，都通过"知识延伸"版块进行了展示，方便用户阅读。本书适合各类企业管理人员、HR、工伤处理相关工作人员以及对工伤知识感兴趣的读者阅读。

　　由于编者能力有限，对于本书内容不完善的地方希望获得读者的指正。

编　者

目录

第2章 工伤送医救治，规范员工医护流程

第3章 工伤申报认定，细化流程更高效

第 4 章　规范伤残鉴定，避免不必要的纠纷

第5章 工伤待遇与纠纷，正确解决工伤赔付问题

第6章 做好理赔谈判，在法律范畴内解决问题

第7章 加强风险管理，避免企业遭受较大损失

第 8 章　通勤事故判定，明确事故解决流程

第 9 章　职业病管理，如何规范诊断职业病

第 10 章　实务操作总结，HR 工作更高效

第 11 章　工伤法律法规及规范文件

第1章

||||||||||

工伤基本政策

HR 要知道的基础常识

如今，工伤是大部分企业都会涉及的情况，如果处理不当，将会给企业的形象和运营造成一定的负面影响。因此，作为企业的 HR，需要了解国家对于工伤处理的相关政策，以便合法地处理工伤事务。

1.1
工伤的基本知识

　　HR 要了解工伤相关政策，首先需要对工伤有一个基本认识，知道工伤的界定范围、工伤的种类以及工伤与公伤的区别等内容，这样才知道应当如何认定工伤。

1.1.1　如何界定工伤的范围

　　工伤即"因工负伤"，是指职工在生产劳动或工作中负伤。认定工伤范围的含义是要了解怎样才算工伤、哪些情况属于工伤、哪些情况无法被认定为工伤。

　　《工伤保险条例》第十四条规定，职工有下列情形之一的，应当认定为工伤：

- ◆ 在工作时间和工作场所内，因工作原因受到事故伤害的。
- ◆ 工作时间前后在工作场所内，从事与工作有关的预备性或者收尾性工作受到事故伤害的。
- ◆ 在工作时间和工作场所内，因履行工作职责受到暴力等意外伤害的。
- ◆ 患职业病的。
- ◆ 因工外出期间，由于工作原因受到伤害或者发生事故下落不明的。
- ◆ 在上下班途中，受到非本人主要责任的交通事故或者城市轨道交通、客运轮渡、火车事故伤害的。
- ◆ 法律、行政法规规定应当认定为工伤的其他情形。

　　除了上述情况外，《工伤保险条例》第十五条规定，满足以下情形的，视同工伤：

◆ 在工作时间和工作岗位，突发疾病死亡或者在 48 小时之内经抢救无效死亡的。

◆ 在抢险救灾等维护国家利益、公共利益活动中受到伤害的。

◆ 职工原在军队服役，因战、因公负伤致残，已取得革命伤残军人证，到用人单位后旧伤复发的。

知识延伸 | 视同工伤的注意事项

　　这里介绍的视同工伤的3个条例中，职工有前两条情形的，按照本条例的有关规定享受工伤保险待遇；职工有第3条情形的，按照本条例的有关规定享受除一次性伤残补助金以外的工伤保险待遇。

　　HR 还需要注意，一些故意、违法、不应提倡和严厉禁止的行为造成人身伤害的，不能认定为工伤。在认定工伤时，要判断是否存在以下几种情况，如果存在，则不能被认定为或视同为工伤：

◆ 故意犯罪的。

◆ 醉酒或者吸毒的。

◆ 自残或者自杀的。

　　其含义是公司员工即使符合前面提到的工伤认定和视同工伤的情况，但是员工在事故中存在故意犯罪、醉酒、吸毒、自残或自杀等情形，则不能被认定为工伤。

　　这一点需要引起 HR 的注意，很多情况下，都是因为公司或 HR 对工伤事件了解不够全面，对其中可能存在的不能被认定为工伤的情况没有注意到，而盲目赔偿，使企业遭受损失。

| 范例解析 |　因工作意外导致工伤能否被认定为工伤

　　李某是一家物业公司的正式员工，某天在其工作过程中，业主张某驾驶小轿车准备进入小区，而李某发现其驾驶的小轿车显示为欠费车辆，因此未允许张某进入，并告知其必须要将所欠费用缴清之后才能进入。

张某十分气愤，与李某发生争执，在争执过程中李某的眼睛被张某打伤，张某也受轻伤。事后，李某被公安机关以故意伤害罪进行调查，其眼伤经过专业鉴定已构成十级伤残。

伤愈后李某找到公司，要求公司给予工伤待遇，但公司认为李某虽然是在工作时间受到伤害，但是其涉嫌故意伤害罪，不能享受工伤待遇。

在上例中，李某虽然因为打斗对他人造成了伤害，但是也应当享受工伤待遇，《工伤保险条例》强调的是职工在工作中因故意犯罪导致本人伤亡的不能认定工伤，这里要求的工伤是因故意犯罪行为所引发、导致的。

本案中，李某所受伤害，是因其严格履行工作职责，虽然方法不当，但李某并不存在犯罪行为。所以，李某在工作时间、工作岗位，因履行职务而受到的伤害，符合认定工伤的相关要素。

1.1.2　工伤的种类有哪些

工伤根据不同的分类方式可以划分成不同的种类，了解工伤的种类也是十分有必要的。常见的工伤分类有按照受伤程度分类、致伤因素分类以及受伤部位分类等。

根据不同分类法进行分类，具体内容如表 1-1 所示。

表 1-1　工伤的具体分类

分类方式	具体种类
按受伤程度分类	一般分为轻伤和重伤，也可分为：①轻伤；②中度伤；③无生命危险的重伤；④有生命危险的重伤；⑤危重、存活和不明
按皮肤或黏膜表面有无伤口分类	分为开放性损伤和闭合性损伤

续表

分类方式	具体种类
按致伤因素分类	机械性损伤：如锐器造成的切割伤和刺伤，钝器造成的挫伤，建筑物倒塌造成的挤压伤，高处坠落引起的骨折。 物理性损伤：如烫伤、烧伤、冻伤、电损伤、电离辐射损伤。 化学性损伤：如强酸、强碱、磷和氢氟酸等造成的灼伤
按受伤部位分类	可分为颅脑伤、面部伤、胸部伤、腹部伤和肢体伤
按受伤组织和器官多寡分类	分为单个伤和多发伤

其中按照受伤程度分类和按致伤因素分类是比较常见的分类方法，HR需要了解常见的工伤分类有哪些，在面对相应的工伤时，才知道如何快速处理。

1.1.3　工伤与公伤的区别是什么

工伤和公伤两个读音相同的词，却有两种完全不同的含义。很多时候我们都将"工伤"写成了"公伤"，或者将"公伤"搞成了"工伤"。这就需要认真地了解一下工伤与公伤有哪些不同。

◆　主体及相互间关系不同

通常情况下，工伤主要发生在劳动关系中，也就是发生在用人单位和其雇用的劳动者之间。

公伤发生在国家机关、参照公务员法管理的事业单位和社会团体与其工作人员之间，这种关系不属于劳动关系，带有行政属性。

◆　确定待遇的依据不同

工伤待遇由地方行政法规确定。公伤待遇由人事、劳动和社会保障部门会同财政部门制定。

◆ 能否参加工伤保险待遇不同

工伤可参加工伤保险，享受工伤保险待遇。公伤不可参加工伤保险，不能享受工伤保险待遇，而是享受相关的公伤待遇。

◆ 待遇支付主体不同

工伤享受工伤保险待遇，参加工伤保险的，由工伤保险基金按规定支付，未参加工伤保险的，由用人单位比照工伤保险待遇支付。公伤待遇由所在单位支付。

◆ 争议解决途径不同

因工伤待遇发生的纠纷，根据具体情况的不同可以适用仲裁、申请行政复议、提起行政诉讼和民事诉讼解决。

对单位公伤待遇有异议的，只能先通过仲裁裁决，对裁决不服的可以向人民法院提起民事诉讼。

 知识延伸 | 公伤的处理办法

　　需要注意的是，目前法律上只有"工伤"。行政事业单位因公负伤的需要比照"工伤"进行处理。

1.1.4 工伤与人身损害有何区别

因为工作而受到的损害，往往称之为工伤，工伤进行鉴定后是可以获得用人单位的赔偿的。但是人身损害不同于工伤，人身损害是在平常的生活中，自己的人身安全所受的损害。

除了上面介绍的两者之间概念上的不同之外，工伤与人身损害还存在哪些区别呢，具体如图 1-1 所示。

发生的基础关系不同

工伤的前提是劳动关系；而人身损害却是一般的雇用、帮工、承揽过程中发生的身体损害。

赔偿标准不同

工伤案件没有城镇和农村居民之分；而一般人身伤害案件要根据城镇居民或者农村居民计算赔偿标准。

适用法律不同

工伤适用《工伤保险条例》及配套劳动法规调整；而一般人身伤害案件适用《民法通则》《侵权责任法》及人身损害司法解释。

处理机构不同

工伤由劳动行政部门、劳动仲裁机构处理；而一般人身伤害直接由法院受理和审理。

伤残鉴定机构不同

工伤由劳动鉴定委员会鉴定，适用的标准是《劳动能力鉴定职工工伤与职业病致残等级》；而一般人身伤害由司法鉴定机构鉴定，适用的标准则是人身损害或交通事故鉴定标准。

举证责任不同

按照法律规定，工伤纠纷对劳动者的伤害事实、工作年限以及工资标准有争议时，由用人单位负举证责任，即举证倒置。

赔偿主体不同

工伤的一方当事人是有劳动关系的劳动者，另一方则是具备法人资格的企业或者个体户；而一般人身损害案件的主体可能都是自然人。

责任划分不同

工伤适用无过错责任原则；而一般人身伤害要根据双方的过错程度划分责任。

图 1-1

1.2
工伤涉及的基本法律政策

工伤不仅会影响发生工伤事故员工的工作和生活，如果企业处理不当，还会给企业带来重大的损害。因此，企业 HR 要了解涉及工伤的相关法律知识，做到知法懂法。

1.2.1　工伤保险对劳动者和用人单位有哪些帮助

整体来说，工伤保险对劳动者个人和企业来说，是一项"双赢"的保障措施。工伤保险保障了受伤职工的合法权益，有利于妥善处理事故和恢复生产、维护正常的生产生活秩序，维护社会的安定团结。

下面分别来看看工伤保险对劳动者和用人单位的作用。

（1）对劳动者的作用

对劳动者而言，工伤保险是对自己的一种安全保障。工伤保险对劳动者的作用主要有以下三点：

◆ 工伤保险制度保障了劳动者在工作中遭受事故伤害和患职业病后获得医疗救治、生活保障、经济补偿和医疗及职业康复的权利，是维护职工合法权益的必要措施。

◆ 工伤保险制度能够保障劳动者在发生工伤后，劳动者本人或其家属在生活上出现困难时的基本生活需要，防止受工伤的劳动者或其家属陷入生活贫困状况，在一定程度上解除了劳动者及其家属的后顾之忧。工伤保险制度是为受工伤的职工及其家属提供帮助的社会保障制度。

◆ 工伤保险制度保障了受伤害劳动者或其家属的合法权益，是社会对劳动者所做的社会贡献的肯定，有利于增强劳动者的工作积极性。

（2）对用人单位的作用

工伤保险制度的贯彻实施对企业经营发展也起着重要的作用，主要包含如下两点：

◆ 工伤保险保护了企业和雇主，尤其是资金不足的小企业。因为工伤保险具有互助互济的特点，它统一筹措资金，分担风险，所以对于企业和雇主来说，尤其是资金紧张的企业，当遇上一个重大的工伤事故，需要支付受伤职工大宗补偿费时，由社会保险机构在社会范围内调剂基金进行支付，能够弥补企业资金的不足，也可以把工伤给企业和雇主带来的风险和损失降到最低。

◆ 工伤保险有利于促进企业安全生产。工伤保险通过与改善劳动条件、安全教育、防病防伤宣传、医疗康复等措施相结合，可以提高劳动者的安全意识，促进企业安全生产的顺利进行，减少工伤事故发生率，由此降低给企业带来的经济损失。

1.2.2 工伤保险应当遵循什么原则

任何一项工作都需要遵循一定原则，工伤保险工作也不例外。在工伤保险工作中，应当坚持以下原则：

◆ 无责任补偿原则

无责任补偿原则又称无过失补偿原则，包含两层意义：一是无论事故伤害或者职业伤害的责任属于用人单位、其他人或者遭受事故伤害的本人，受伤者都应得到必要的补偿；二是这种补偿责任不完全是由用人单位承担，而是由国家法定的社会保险经办机构来承担。

这样做，既可以及时、公正地保障工伤待遇，又简化了法律程序，提高了效率，使用人单位解脱了工伤赔偿官司，有利于正常的生产经营。

◆ 风险分担、互助互济原则

风险分担、互助互济原则是工伤保险的一个重要特点，能够有效减少部分企业、行业因伤亡事故、职业病而导致的负担，从而缓解了社会矛盾。要实现分担风险、互助互济需要通过两个阶段的方法来实现，如图 1-2 所示。

第一阶段	首先是通过法律、法规强制征收保险费，建立工伤保险基金，采取互助互济的办法分担风险。
第二阶段	在工伤待遇分配上，国家责成社会保险经办机构对费用实行再分配，对各地区间、行业间进行调剂。

图 1-2

◆ 个人不缴费原则

工伤保险费用由用人单位缴纳，职工个人不缴纳任何费用，这是工伤保险与养老保险、医疗保险、失业保险的区别之处。

这是因为劳动者在生产创造社会财富的同时，也承担了较大的风险，所以由用人单位负担缴费，社会保险经办机构负担补偿费用。

◆ 区别因工和非因工原则

在发放待遇时，应确定因工和非因工负伤的界限。职业伤害与工作或职业病有直接关系，医疗康复、伤残补偿、死亡抚恤待遇均比其他保险水平高。只要是工伤，待遇上不受年龄、性别、缴费期限的限制。因病或非因工伤亡，与劳动者本人职业无关的事故补偿较低。

◆ 补偿与预防、康复相结合原则

工伤事故一旦发生，补偿是理所当然的，但工伤保险最主要的工作还包括预防和康复工作。减少事故发生和一旦发生事故时及时治疗，促进职工早日康复并使之重新走上工作岗位，都应引起广泛重视。

◆ 集中管理原则

工伤保险是社会保险制度的一部分，无论是从基金的管理、事故的调查，还是医疗鉴定，由专门、统一的非营利机构管理是各国普遍遵循的原则。

◆ 一次性补偿与长期补偿相结合

对因工部分或完全丧失劳动能力，或是因工死亡的职工，职工和遗属在得到补偿时，社会保险经办机构应支付一次性补偿金，作为对伤害者"精神"上的安慰。此外，对供养的遗属根据人数要长期支付抚恤金，直到他们失去供养条件为止。

◆ 确定伤残和职业病等级原则

为了区别不同伤残和职业病状况，发放不同标准的待遇，我国在制定工伤保险制度时，制定了伤残和职业病等级，并通过专门的鉴定机构和人员对事故伤害和职业伤害的职工受害程度予以确定。

◆ 直接经济损失与间接经济损失相区别的原则

直接经济损失是指职工发生工伤后，个人所受的经济损失，与职工的直接经济收入相关，即职工的工资收入。

直接经济损失直接影响本人及其供养直系亲属的生活水平，也直接影响劳动力的再生产，因此，必须给予及时的、较优待的补偿。

间接经济损失是指职工直接收入以外的其他经济收入的损失，包括兼职收入、业余收入等。这部分收入不是人人都有，是不固定的额外收入。因此，这一部分收入不列入工伤保险的经济补偿范畴。

1.2.3 用人单位在工伤保险上的权利和义务是什么

在工伤管理中，用人单位的权利义务在《工伤保险条例》和《社会保险法》中进行了详细规定。用人单位要明白自身在工伤保险上的权利和义务具体包括哪些内容。

（1）用人单位的义务

用人单位在合法雇用劳动力进行生产活动时，要注意自身需要履行的工伤保险相关责任与义务。

- ◆ 参加工伤保险，为本单位全部职工缴纳工伤保险费，并将参加工伤保险的有关情况在本单位内公示。
- ◆ 遵守有关安全生产和职业病防治的法律法规，预防工伤事故发生，减少和避免职业病的危害。
- ◆ 发生工伤时，采取措施使工伤职工能得到及时救治。
- ◆ 履行工伤认定申请和劳动能力鉴定申请的义务。
- ◆ 支付按规定应由单位支付的有关费用和工伤职工待遇。
- ◆ 协助劳动保障行政部门对事故进行调查核实。

（2）用人单位的权利

权利与义务是对等的，用人单位在履行义务的同时，也要注意自身拥有的权利，从而避免一些不必要的工伤纠纷。

- ◆ 用人单位参保后，在职工发生工伤伤害或者患职业病时，由工伤保险基金按照规定支付工伤待遇。
- ◆ 举报和监督的权利。
- ◆ 对工伤认定受理或者工伤认定决定不服的，有依法提出行政复议申请或提起行政诉讼的权利。

从用人单位的权利与义务来看，用人单位的义务较多，主要是为了保护劳动者的权益，同时也对用人单位进行了规范。用人单位应当以劳动者安全为主，不能损害劳动者的权益。

1.2.4　员工在工伤保险上的权利和义务是什么

除了用人单位在工伤保险方面存在权利与义务外，作为工伤保险的被保人，劳动者在工伤保险方面同样存在权利与义务，这不仅需要劳动者当事人明确，企业同样需要了解。

（1）劳动者的权利

根据《工伤保险条例》等法律法规的规定，工伤职工享有下列权利，企业应当完全尊重劳动者的合法权利：

◆ 依法获得工伤保险待遇，包括治疗康复待遇、伤残待遇或者工亡待遇。

◆ 了解单位和本人的参保情况。将单位的参保情况进行公示，是用人单位的一项法定义务，其目的是保障职工的参保知情权。

◆ 申请工伤认定。工伤认定申请主体包括职工个人及其直系亲属、用人单位、工会等。

◆ 申请劳动能力鉴定。劳动能力鉴定的申请主体包括职工个人及其直系亲属、用人单位等，而职工个人是重要的申请主体。

◆ 检举控告，包括对用人单位、社会保险经办机构、劳动保障部门等违反法律法规行为检举控告。

◆ 解决劳动和社会保险争议。根据争议性质的不同，职工可以通过行政复议和行政诉讼、仲裁与民事诉讼，解决工伤保险方面的争议，使自己的合法权益能够获得保障。

（2）劳动者的义务

劳动者在享受权利的同时，也应当履行相应的义务，才能让自己的权利得到保障，主要包括如下三点：

◆ 遵守有关安全生产和职业病防治的法律法规，执行安全卫生规程和标准，预防工伤事故发生，减少事故和职业病的危害。

◆ 发生事故和职业病伤害后，积极配合治疗和康复。

◆ 协助劳动保障行政部门对事故进行调查核实。

1.2.5 特殊劳动关系由谁承担工伤保险责任

根据职工服务单位的不同，职工发生工伤保险后，其承担的责任存有以下五种特殊情形，不同情况下的保险责任的划分有不同的方法，下面分别进行介绍。

①用人单位分立、合并、转让的，承继单位理应承担原用人单位的工伤保险责任；原用人单位已经参加工伤保险的，承继单位理应到当地经办机构办理工伤保险变更登记。

②如果用人单位实行承包经营的，工伤保险责任由职工劳动关系所在单位承担。

③职工被借调期间受到工伤事故伤害的，由原用人单位承担工伤保险责任，但原用人单位与借调单位能够约定补偿办法。

④企业出现破产的情况，在破产清算时需要依法拨付理应由单位支付的工伤保险待遇费用。

⑤职工被派遣出境工作，依据前往国家或者地区的法律理应参加当地工伤保险，参加当地工伤保险的，其国内工伤保险关系中止；不能参加当地工伤保险的，其国内工伤保险关系不中止。

1.2.6 处理工伤业务需要掌握的法律法规有哪些

在日常的工作中，受伤的一般要作出工伤认定才可以认定为工伤有所赔偿。而这一切也要根据法律规定而定，那么对于工伤认定的相关法律规定有哪些呢？

主要参考的法律法规来自《工伤保险条例》（2010 年修订），各企业、事业单位、社会团体、民办非企业单位、基金会、律师事务所、会计师事务所等都需要依法遵守。

在《工伤保险条例》中，HR 需要掌握的相关法律法规内容主要包括以下内容：

- ◆ **工伤认定方法**：前面已经具体介绍过工伤的认定方法，以及哪些情况能够视作工伤、哪些情况无法视作工伤。
- ◆ **申请工伤认定的主体及受理部门**：HR 还要了解申请工伤认定的主体，究竟是用人单位进行申请还是员工进行申请。除此之外，还要明确工伤认定的受理部门，才能保证认定工作及时开展。
- ◆ **明确工伤认定需要的材料**：用人单位要明确知道工伤认定需要提供的资料，并提醒工伤当事人或其家属及时准备，避免出现相关材料不足，导致工伤认定无法进行。
- ◆ **做出工伤认定期限**：需要进行工伤认定的，应当在规定的时间内完成工伤认定，对特殊情况可以延长时间。

1.3
保险费率的确定

企业作为用人单位，需要承担缴纳工伤保险费的责任。因此，HR 需要了解保险费率是如何确定的，影响企业保险费率的因素有哪些，才能切实做好企业工伤保险的管理。

1.3.1 不同行业差别费率是如何确定的

参保单位的缴费基数为单位职工的工资总额，缴纳工伤保险费为本单位职工工资总额乘以单位缴费费率之积，且职工个人不缴纳工伤保险费。参保单位工伤保险缴费费率按不同的行业确定，初次缴费费率按行业基准费率进行执行。

由于各行业在产业结构、生产类型、生产技术条件、管理水平等方面存在差异，所以表现出不同的职业伤害风险。为了体现保险费用公平负担，促使事故多的行业改进生产条件、提高生产技术、安全生产，有必要实行差别费率制度，为劳动者提供足够的保护。

工伤保险根据《国民经济行业分类》对行业的划分，根据不同行业的工伤风险程度，由低到高，依次将行业工伤风险类别划分为一类至八类，具体介绍如表 1-2 所示。

表 1-2　八类行业具体介绍

行业类别	基准费率	具体介绍
一类	0.2%	包括软件和信息技术服务业，货币金融服务，资本市场服务，保险业，其他金融业，科技推广和应用服务业，社会工作，广播、电视、电影和影视录音制作业，社会保障，群众团体、社会团体和其他成员组织等
二类	0.4%	包括批发业，零售业，仓储业，邮政业，住宿业，餐饮业，电信、广播电视和卫星传输服务，互联网和相关服务，房地产业，租赁业，商务服务业，研究和试验发展等
三类	0.7%	农副食品加工业，食品制造业，酒、饮料和精制茶制造业，烟草制品业，纺织业，木材加工和木、竹、藤、棕、草制品业，文教、工美、体育和娱乐用品制造业，计算机、通信和其他电子设备制造业，仪器仪表制造业等
四类	0.9%	包括农业，畜牧业，农、林、牧、渔服务业，纺织服装、服饰业，印刷和记录媒介复制业，燃气生产和供应业，铁路运输业，航空运输业，管道运输业，体育等

续表

行业类别	基准费率	具体介绍
五类	1.1%	包括林业，开采辅助活动，家具制造业，造纸和纸制品业，建筑安装业，建筑装饰和其他建筑业，道路运输业，水上运输业，装卸搬运和运输代理业
六类	1.3%	包括渔业，化学原料和化学制品制造业，非金属矿物制品业，黑色金属冶炼和压延加工业，有色金属冶炼和压延加工业，房屋建筑业，土木工程建筑业
七类	1.6%	包括石油和天然气开采业，其他采矿业，石油加工、炼焦和核燃料加工业
八类	1.9%	包括煤炭开采和洗选业，黑色金属矿采选业，有色金属矿采选业，非金属矿采选业

　　所处行业的风险不同，对应的基准费率就不同。这里提到的各行业的基准费率是指各行业中用人单位工资总额的基准费率。具体的行业划分在表 1-2 中没有列示完整，可以通过查看相应的法律法规了解完整的行业划分。

1.3.2　用人单位内部浮动费率

　　各行业的基准利率并不是一成不变的，也存在浮动变化，就是浮动利率，浮动利率是在基准利率的基础上进行的。

　　所谓工伤保险浮动费率，则是该用人单位根据上年度的工伤发生率、工伤保险支缴率等因素来核定下一年度的工伤保险费率档次。

　　一类行业分为三个档次，即在基准费率的基础上，可向上浮动至 120%、150%；二类至八类行业分为五个档次，即在基准费率的基础上，可分别向上浮动至 120%、150% 或向下浮动至 80%、50%。

　　具体的浮动利率的变动情况如表 1-3 所示。

表 1-3 浮动利率变动表

行业类别	基准费率	支缴率（A）	浮动档次	浮动后利率
一类	0.2%	A>120%	上浮二档（150%）	0.3%
		80%<A ≤ 120%	上浮一档（120%）	0.24%
		0<A ≤ 80%	不浮动（执行基准费率）	0.2%
二类	0.4%	A > 120%	上浮二档（150%）	0.6%
		80% < A ≤ 120%	上浮一档（120%）	0.48%
		40% < A ≤ 80%	不浮动（执行基准费率）	0.4%
		0<A ≤ 40%	下浮一档（80%）	0.32%
		A = 0	下浮二档（50%）	0.2%
三类	0.7%	A > 120%	上浮二档（150%）	1.05%
		80% < A ≤ 120%	上浮一档（120%）	0.84%
		40% < A ≤ 80%	不浮动（执行基准费率）	0.7%
		0 < A ≤ 40%	下浮一档（80%）	0.56%
		A = 0	下浮二档（50%）	0.35%
四类	0.9%	A > 120%	上浮二档（150%）	1.35%
		80% < A ≤ 120%	上浮一档（120%）	1.08%
		40% < A ≤ 80%	不浮动（执行基准费率）	0.9%
		0 < A ≤ 40%	下浮一档（80%）	0.72%
		A = 0	下浮二档（50%）	0.45%
五类	1.1%	A > 120%	上浮二档（150%）	1.65%
		80% < A ≤ 120%	上浮一档（120%）	1.32%
		40% < A ≤ 80%	不浮动（执行基准费率）	1.1%
		0 < A ≤ 40%	下浮一档（80%）	0.88%
		A = 0	下浮二档（50%）	0.55%

续表

行业类别	基准费率	支缴率（A）	浮动档次	浮动后利率
六类	1.3%	A＞120%	上浮二档（150%）	1.95%
		80%＜A≤120%	上浮一档（120%）	1.56%
		40%＜A≤80%	不浮动（执行基准费率）	1.3%
		0＜A≤40%	下浮一档（80%）	1.04%
		A＝0	下浮二档（50%）	0.65%
七类	1.6%	A＞120%	上浮二档（150%）	2.4%
		80%＜A≤120%	上浮一档（120%）	1.92%
		40%＜A≤80%	不浮动（执行基准费率）	1.6%
		0＜A≤40%	下浮一档（80%）	1.28%
		A＝0	下浮二档（50%）	0.8%
八类	1.9%	A＞120%	上浮二档（150%）	2.85%
		80%＜A≤120%	上浮一档（120%）	2.28%
		40%＜A≤80%	不浮动（执行基准费率）	1.9%
		0＜A≤40%	下浮一档（80%）	1.52%
		A＝0	下浮二档（50%）	0.95%

　　需要注意的是，在某些情况下保险费率不能下浮，主要是因为用人单位进行了相关的违规操作，主要包括以下三点：

◆ 欠缴工伤保险费的。

◆ 少报、漏报、瞒报缴费工资总额或者职工人数的。

◆ 骗取工伤保险待遇的。

1.3.3　影响用人单位工伤保险费率的主要因素有哪些

　　前面提到，工伤保险浮动费率主要受工伤保险费支缴率、工伤发生率、安全生产情况等因素影响，具体计算公式如下。

◆ **工伤保险费支缴率**：指在统计期内，工伤保险基金支付用人单位的工伤保险待遇占该用人单位实际缴纳工伤保险费的比例。支缴率 =（年工伤保险基金支付的工伤保险待遇金额 − 年免于纳入计算范围的金额）÷ 年工伤保险实际缴费金额 ×100%。

◆ **工伤发生率（以下称工伤率）**：指在统计期内，用人单位职工被社会保险行政部门认定为工伤的人次数与平均缴费人数的比例。工伤率 =（年认定工伤人次数 − 年免于纳入计算范围的人次数）÷ 年平均缴费人数 ×100%，用人单位平均参保缴费人数不足10人的，按10人计算。

若公司员工出现一些特殊的状况，造成工伤的，工伤保险费用及人数不纳入下一缴费年度浮动费率考核计算范围，具体情况如下。

①职工在抢险救灾等维护国家利益、公共利益活动中受到伤害的。

②职工由用人单位指派前往国家宣布的疫区工作而感染疫病的。

③职工原在军队服役，因战、因公负伤致残，已取得革命伤残军人证，到用人单位后旧伤复发的。

④职工在工作时间和工作场所内，因履行工作职责受到暴力等意外伤害。

⑤职工在上下班途中，受到非本人主要责任的交通事故或者城市轨道交通、客运轮渡、火车事故伤害的。

⑥职工在工作时间和工作岗位，突发疾病死亡或者在48小时之内经抢救无效死亡的。

⑦工伤人员按规定在工伤康复定点机构进行住院工伤康复的。

⑧按建设项目参加工伤保险的建筑施工企业农民工，因工作遭受事故伤害或者患职业病的。

1.3.4　劳动者如何确认是否已经缴纳工伤保险

通常情况下，工伤保险是包含在社保中的，用户可以直接查询自己的社保账户中的缴费信息是否包含工伤保险。

常见的查看工伤保险的方法有三种，分别是去社保中心查询、通过电话咨询以及通过互联网查询。

◆　社保中心查询

用户可以去附近的社保局查询自己的社保缴费情况，其中就包含工伤保险的缴费情况。需要注意的是，用户去社保局查询需要携带本人身份证。

◆　电话咨询

用户可以通过拨打劳动保障综合服务电话"12333"进行政策咨询和信息查询，也需要提供本人身份证号码等相关信息。

◆　互联网查询

如今互联网十分便捷，许多以前需要去现场办理的业务，如今都可以在网上办理，社保查询也是如此。

登录所在城市的劳动保障网或社会保险业务网站，单击"个人社保信息查询"窗口，输入本人身份证和密码，即可查询本人参保信息。

| 范例解析 |　在 12333 社保查询网查询工伤保险缴费情况

12333 社保查询网址为：http://www.12333sb.com/。此站为公益性质的网站，是一个全国性的社保综合查询平台，目前主要提供全国的养老、医疗保险和住房公积金等个人账户查询。

这里以查询四川省成都市工伤保险为例进行介绍。首先打开浏览器，输入 12333 社保查询网的网址，进入官网首页，在"社保查询平台"板块中单击"四川省"超链接，如图 1-3 所示。

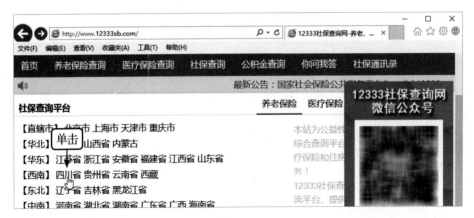

图 1-3

在打开的界面中单击"成都市"按钮，再单击下方的"点击进入"超链接，进入登录界面，如图1-4所示。

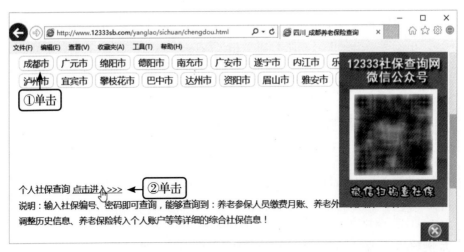

图 1-4

在打开的个人用户登录界面中输入用户名（身份证号码）、登录密码和验证码，单击"登录"按钮即可登录，如图1-5所示。

如果用户之前从未使用过该网站查询，则需要先单击"注册"按钮进行注册。注册成功后即可登录。

图 1-5

　　在打开的查询系统中选择"查询及证明打印"选项，在弹出的下拉菜单中选择"城镇职业/城职缴费信息查询"命令。在打开的界面中设置查询时间，设置险种为工伤保险，单击"查询"按钮即可查看，如图1-6所示。

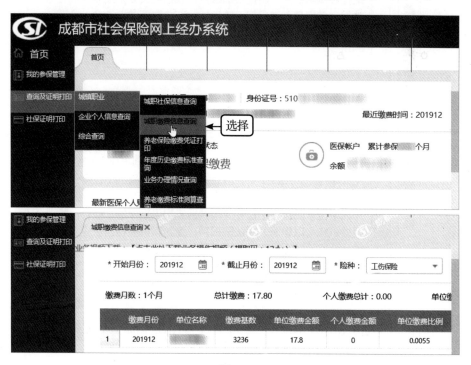

图 1-6

从图1-6可以发现，该用户的工伤保险单位缴费比例为0.55%，缴费基数为3 236元，对比表1-3可以发现，该单位属于五类行业，浮动档次为下浮二档。单位缴费金额计算公式如下：

单位缴费金额=3 236×0.55%=17.8元（四舍五入）

1.3.5 单位未按时足额缴纳工伤保险费的后果

工伤保险通常包含在社会保险中，社会保险是社会保障制度的一个最重要的组成部分，HR和企业管理者需要明白如果没有按时缴纳社会保险将会导致什么后果，如图 1-7 所示。

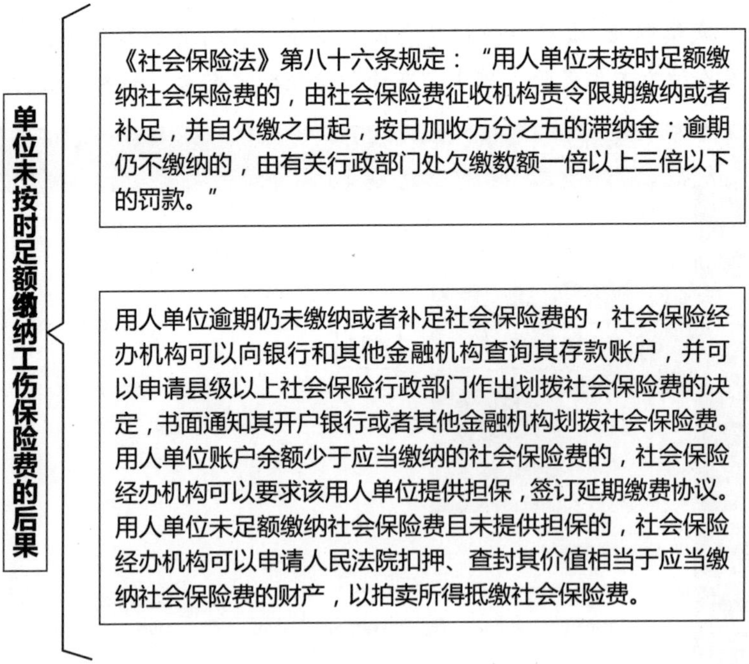

单位未按时足额缴纳工伤保险费的后果

《社会保险法》第八十六条规定："用人单位未按时足额缴纳社会保险费的，由社会保险费征收机构责令限期缴纳或者补足，并自欠缴之日起，按日加收万分之五的滞纳金；逾期仍不缴纳的，由有关行政部门处欠缴数额一倍以上三倍以下的罚款。"

用人单位逾期仍未缴纳或者补足社会保险费的，社会保险经办机构可以向银行和其他金融机构查询其存款账户，并可以申请县级以上社会保险行政部门作出划拨社会保险费的决定，书面通知其开户银行或者其他金融机构划拨社会保险费。用人单位账户余额少于应当缴纳的社会保险费的，社会保险经办机构可以要求该用人单位提供担保，签订延期缴费协议。用人单位未足额缴纳社会保险费且未提供担保的，社会保险经办机构可以申请人民法院扣押、查封其价值相当于应当缴纳社会保险费的财产，以拍卖所得抵缴社会保险费。

图 1-7

因此，企业HR和相关管理者需要注意，应当为公司所有的在职员工及时、足额缴纳社保，保障劳动者的合法权益。

如果用人单位未按员工工资标准足额缴纳工伤保险，员工在此期间出现工伤事故，而单位单方面降低缴费基数显属违法，侵害了劳动者的合法权益，应予赔偿劳动者的损失。

部分地区规定，用人单位未足额缴纳工伤保险费，导致职工工伤保险待遇下降的，其待遇差额部分由用人单位承担。

| 范例解析 |　未足额缴纳工伤保险费用的责任确定

某企业为节约企业用工成本，在为员工缴纳工伤保险费用时，并未按照规定的标准进行缴纳，而是按照当地同行业的社会平均工资进行缴纳。

该企业员工李某在从事生产劳动的过程中出现工伤事故，经过工伤认定、劳动能力鉴定等流程后，李某发现自己应得的工伤保险赔付与实际社保部门核算出的工伤赔付数据差距较大。李某为了解决问题，与社保部门和用人单位进行了多次沟通，但最终并未得到合理解决，于是李某向人民法院提起了诉讼。

法院审理后认为用人单位应当自用工之日起30日内为其职工向社会保险经办机构办理工伤保险、基本医疗保险、基本养老保险等社会保险登记手续。工伤保险缴费基数应按照本单位该职工的工资总额进行核算，及用人单位支付给该职工的工资总额。

在本案中，经过庭审已经确认了原告在被告单位的月平均工资总额数据，这个数据就是被告单位应该为原告足额缴纳工伤保险费的缴费基数，然而被告并未足额缴纳工伤保险，最终导致原告出现工伤事故获得的赔付低于足额缴纳工伤保险应当获得的工伤赔付。因此，应当由被告补足足额缴纳工伤保险应当获得的赔付与工伤职工实际获得的赔付之间的差额。

用人单位不仅要为职工缴纳工伤保险费，而且还要足额。否则发生工伤事故，赔偿的损失远高于当初少缴纳的工伤保险费。在加重用人单位生产经营成本的同时，也会也造成工伤职工损失。

1.3.6　如何办理社保缴费申报

企业的 HR 在日常工作中可能会涉及办理社保缴费申报，那么就需要对社保申报的相关知识有所了解。社保申报主要分为企业申报和个人申报，这里主要介绍企业申报的相关内容。

（1）社保申报常见方法

社保申报主要有三种方法，分别是网上申报、上门申报和简易申报，具体介绍如表 1-4 所示。

表 1-4　3 种社保申报方法介绍

申报方法	具体介绍
网上申报	缴费单位签订银行代扣代缴协议后，向税务机关申请网络申报业务，经核准后接受培训。申报时持税务机关提供账号及密码登录当地税务局网上办税系统，自行进行缴费申报，并在网上办税系统自行扣缴社保费
上门申报	缴费单位在申报期内持《社会保险费综合申报表》及《社会保险费明细申报表》（纸质申报）或电子数据资料（磁盘申报）到税务机关社会保险费业务窗口办理社保费缴费申报。电子数据资料（磁盘申报）需要自行带 U 盘到税务机关拷贝
简易申报	实行核定征收社保费的缴费单位与银行签订代扣代缴协议后，每月由税务机关在征收期内进行社保费批量扣费。需要注意的是，每月 15 日前必须保持账户有足够余额扣缴社保费，如因余额不足造成逾期未缴社保费，缴费人需到税务机关进行申报缴纳，并按规定加收相应的滞纳金

（2）网上社保申报注意事项

网上申报是目前较为常用的社保申报方法，虽然网上申报较为简单，但是 HR 需要了解网上申报的注意事项。

◆　参保单位如有人员变动，需先办理人员增减业务，并经分中心审核通过后再进行缴费工资申报。

◆ 在当年规定月份务必先完成"缴费申报"操作，再进行"单位有变动申报"。凡未在规定时间内核定年度缴费基数的，分中心将按照该单位上月职工缴费基数的 110% 批量核定该企业基数。

◆ 网上工资基数申报只能进行一次提交申报。即在提交申报前，单位可反复修改申报数据。申报一旦提交后，单位将不能在网上对申报数据进行修改和再次提交申报操作，只能至柜面进行申报修改操作。因此，单位在提交前应确保数据正确无误后再做提交操作。

◆ 网上申报的同时，单位还必须按柜面业务规定，将有职工签字的原始表交由相关社保经办机构备案。

◆ 申报完成后要及时缴纳社保费用，否则会产生滞纳金。

网上申报的流程较为简单，用户只需要按网站提示的操作流程进行申报即可。如果线下申报，则可直接咨询营业厅的相关营业员。

1.3.7 用人单位的社保缴费告知义务

用人单位不仅需要为员工按时、足额缴纳相应的保险费用，同时还应当履行相应的告知义务。这样既方便员工了解参保情况，同时还能对公司起到一定监督作用。

图 1-8 为相关法律规定的、用人单位应当履行的告知义务。

《社会保险费申报缴纳管理规定》第 14 条规定，用人单位应当按月将缴纳社会保险费的明细情况告知职工本人。

用人单位应当每年向本单位职工代表大会通报或者在本单位住所的显著位置公布本单位全年社会保险费缴纳情况，接受职工监督。

图 1-8

用人单位的社保缴费告知义务十分重要，且作用明显，主要包含以下几个方面：

◆ 实时公布企业员工的各项保险费用，方便员工了解保险信息，避免出现漏缴保费或是保费缴纳额度不足的情况。

◆ 公布社保缴费数据，让企业职工起到监督作用，避免在工伤事故发生时出现纠纷问题。

企业应每月都将工伤保险费缴纳的明细告知职工本人，并接受职工的监督。如果企业没有按月履行告知义务，社会保险行政部门发现后会责令企业限期改正，企业逾期没有改正行为的，社会保险行政部门有权对企业处以2 000元以上2万元以下的罚款。

第2章

工伤送医救治

规范员工医护流程

员工因工受伤是企业和员工都不愿意看到的，但是当事故真正发生时却不能无计可施。因此，作为企业的HR，掌握工伤相关救治和医护知识是很有必要的。

2.1
工伤后送医的具体操作

当工伤事故发生时，企业相关负责人应当知道如何处理工伤事件，如何快速送医，从而确保员工的生命安全。

2.1.1　用人单位发生工伤事故时应当履行的责任

用人单位发生工伤事故，出现员工受伤或死亡时，应当做好以下工作，切实履行自己应尽的责任：

◆ 发生伤亡事故时，用人单位应以书面形式或电话形式向社会保险行政部门和社保经办机构报告，采取措施使受伤职工得到及时救治，垫付有关费用，待工伤认定结束后再由工伤保险基金支付。对工伤死亡职工要妥善处理善后工作。

◆ 发生工伤事故时，用人单位应当实行快报制度。要求发生重特大事故时，参保单位应于事故发生后 24 小时内报告；发生一般事故或者被诊断、确认为职业病时，参保单位应于事故发生后 72 小时内报告。

◆ 工伤事故报告的主要内容应包括事故的简要经过、人员伤亡情况、受伤者住院治疗情况等，且报告内容必须真实、可靠，不得隐瞒与虚报。

用人单位只有做好这些工作，才能将工伤事故对企业的影响降到最低，才能既让员工快速得到救治，又能避免出现法律风险。HR 需要特别注意工伤事故发生后的必要事项。

2.1.2　如何选择工伤救治医院

面对工伤事故，企业负责人需要尽快将伤员送医。这就涉及工伤救治医院的选择，相关负责人需要引起注意。《工伤保险条例》对工伤送医进行了规定，主要分为两种情况，如图 2-1 所示。

通常情况	通常情况下，员工因工受伤后，治疗工伤应当在签订服务协议的医疗机构就医。如果无法完成救治，则可在有资质的其他医院进行就医。
特殊情况	当员工因工负伤，情况紧急，危及员工生命等情况下，可以先到就近的医疗机构急救，以确保员工的生命安全，待病情稳定后转移到定点医疗机构。

图 2-1

需要注意的是，如果员工是外出办公途中的异地急诊，病情稳定后需要回到当地定点机构继续治疗。

前面提到员工在签订服务协议的医疗机构就医，那么什么是签订服务协议的医疗机构呢？具备哪些特点呢？

◆ 应为合法医疗机构、辅助器具配置机构。应按照《医疗机构管理条例》等规定，经登记并取得合法、有效的医疗机构执业许可证。

◆ 具有相应的人员、技术设备和相对固定的服务对象，能保证及时提供服务。严格遵守有关质量规定，建立健全各项质量管理制度。

◆ 能够严格执行国家、省（自治区、直辖市）物价和计量部门规定的价格及计量标准，定期接受物价和计量部门的监督、检查，并取得合格证明。

◆ 应当具备能够为工伤职工有效提供基本医疗服务所需的资格与条件，包括能够严格执行有关工伤保险用药、诊疗、住院服务目录和标准等规定，制定与工伤保险日常管理相适应的内部管理制度，配备和使用必需的管理设备和手段。

下面通过具体的案例来看工伤送医的相关操作。

| 范例解析 |　未按规定对伤员进行送医

　　某生产加工有限公司发生一起车间事故，车间员工在进行相关产品的生产加工过程中出现了爆炸，导致员工李某的手臂、肩膀等多处被炸伤，生产材料也严重损坏。

　　情况发生时，公司的相关负责人并没有出现安排救援工作，其他员工在与负责人取得联系的同时，将其送至附近的一家诊所进行了简单的治疗和包扎，费用由公司支付。

　　没过几天，李某发现手臂和肩部异常疼痛，遂到医院进行检查，医生告知李某手臂已经出现坏死，最终造成手臂残疾。

　　从上例可以看出，该公司在出现工伤事故时并没有履行相关责任，甚至负责人都没有在第一时间对工伤事故进行处理。

　　在送医过程中也没有将李某送至签订服务协议的医疗机构，而是在附近的诊所进行简单的治疗，这是不符合法律规定的行为，李某可以向该公司要求索赔。

2.1.3　如何合理设置检查项目

　　在将工伤员工送医救治的过程中，涉及员工的伤情及身体检查，应当遵循医生的建议，合理设置检查项目。员工可以享受工伤医疗，但并不意味着可以过度医疗。

　　《工伤保险条例》对此进行了规定，治疗工伤所需费用需符合工伤保险诊疗项目目录、工伤保险药品目录、工伤保险住院服务标准，从工伤保险基金中支付。

　　工伤保险诊疗项目目录、工伤保险药品目录、工伤保险住院服务标准，由国务院社会保险行政部门会同国务院卫生行政部门、食品药品监督管理部门等部门规定。

在安排检查项目时，应当遵循以下原则。

遵循医生的建议。就诊医院的医生在对伤员的伤情有充分了解后，认为应当如何进行检查，就根据要求进行相应项目的检查。

要符合相关规定。职工遭受工伤事故伤害，享受工伤医疗待遇，但工伤医疗待遇并非可以过度医疗，检查项目由治疗工伤医疗机构根据伤情确定，符合工伤保险诊疗项目目录、工伤保险药品目录、工伤保险住院服务标准的，从工伤保险基金中支付。

无关项目自费。无关的检查治疗属于滥用医疗资源，不属于治疗工伤的费用，不能由工伤保险基金支付，应当按谁同意谁负担的原则办理。

| 范例解析 |　**工伤员工未经批准要求检查**

某食品加工企业的员工张某，在生产车间内因生产机器出现故障导致手指被碾压，血流不止。车间其他工作人员立刻向负责人报告，负责人随即叫来医护人员对其进行简单止血，并安排相关人员将其送至医院进行相关检查和救治。

而张某在住院治疗期间，未经企业负责人同意，私自要求医院给自己进行全方位的检查，这并不符合工伤检查流程。最终在张某出院后申请报销时，该项费用未得到报销。张某又向公司申请报销，公司以该项费用不符合规定为由，不予报销。

通过该案例可以看到，公司负责人切实履行了对张某的送医救治责任，但张某却在公司不知情的情况下私自要求医院对自己进行全身检查。这样做是不合理的，属于对医疗资源的浪费。

根据前面介绍的，不属于治疗工伤的费用，不能由工伤保险基金支付，应当按谁同意谁负担的原则办理。因此，该项检查费用应当由张某自己承担，无法报销。

2.1.4　如何采用内固定术

内固定术一般是指用金属螺钉、钢板、髓内针、钢丝或骨板等物直接在断骨内或外面将断骨连接固定起来的手术，称为内固定术。这种手术多用于骨折切开复位术及切骨术，以保持折端的复位。

采用内固定术的优点如下：

◆ 内固定术的主要优点是可以较好地保持骨折的解剖复位，比单纯外固定直接而有效。

◆ 有些内固定物有坚强的支撑作用，术后可以少用或不用外固定，坚强的内固定有利于伤肢的功能锻炼和早期起床，减少因长期卧床而引起的并发症。

同样的内固定术也存在缺点，如果滥用内固定术也会影响伤员伤口愈合。因此，HR 要知道内固定术的缺点，谨慎选择使用。

◆ 不论何种金属内固定物，对人体而言总是异物，内固定物的周围容易发生骨质疏松或吸收内固定松动。一旦发生感染，金属异物将会严重地阻碍伤口和骨折愈合。同时，安置内固定，需广泛剥离软组织和骨膜，必然影响血液运行，延迟骨折的愈合。

◆ 片面追求骨折的解剖复位，滥用内固定是极其错误的，必须严格掌握适应症。内固定虽有一定的支撑作用，但不能代替骨折的愈合，术后必须采取不同的保护性措施。否则，将会发生内固定疲劳、弯曲或折断。

◆ 各种加压内固定物（如加压钢板、加压螺钉等）除可促进骨折愈合，尚可不用或少用外固定，以便早期活动甚至负重。加压内固定也有一般内固定固有的缺点，加压内固定可引起骨折部骨萎缩，甚至拆除内固定后发生再骨折。

在了解了内固定术的优缺点后，如何合理选用内固定术就成了一个问题。常见的必须要使用内固定术的五种情况，如图 2-2 所示。

情况一 骨折复位后，用外固定难以保持骨折端复位者，应行内固定：
①骨折一端有肌肉强烈收缩者；②关节内骨折，要解剖复位者；
③一骨多处骨折或全身多发性骨折，单用外固定难以维持复位；
④脊柱骨折合并截瘫，术后为保持脊柱的稳定性者。

内固定可以促进骨折愈合者。如股骨颈骨折，多发生于老年人，
外固定效果差，并发症多，内固定治疗可以提高愈合率，减少死
亡率。 **情况二**

情况三 骨折治疗不当或其他原因所致的不愈合；先天性胫骨假关节症；
骨切除术或严重损伤等原因所致的骨缺损等。在治疗中需要同时
做骨移植，必须有牢靠的内固定，才能保证植骨的愈合。

按计划切骨矫正畸形后，需行内固定，以保持矫正后的良好位置
（如膝、肘部内、外翻的切骨矫形术，股骨转子间、转子下切骨术，
脊柱切骨术等）。 **情况四**

情况五 8 ～ 12 小时以内、污染轻的开放性骨折，彻底清创和复位后，
可行内固定术。但以简单的内固定物为宜（如螺钉、钢针、钢丝、
小型钢板等）。

图 2-2

如果受伤员工出现以下情况，是不能采用内固定的：

①对粉碎性骨折，内固定不能有效地保持复位，手术又损害骨折块血运，一般多不做切开复位、内固定。但关节内粉碎性骨折和长骨蝶形骨折复位后不能保持位置者，应施行内固定。

②开放性骨折超过 12 小时，或虽在 12 小时以内，但污染较严重者。

③骨折区有急性感染者。

| 范例解析 | 未按规定使用内固定术

　　某公司员工刘某因工伤事故被送往医院进行治疗，经诊断为全身多处出现骨折现象，部分肌腱断裂。住院后经过紧急治疗，保住了性命。经过一段时间后，根据治疗需要，刘某被安排进行相应的内固定术，手术后经过康复治疗最终出院。

　　在进行伤残鉴定时，刘某被鉴定为八级伤残。之后因为需要在四年后取出内固定，刘某再次入院。结果在进行内固定取出手术时出现问题，导致内固定无法完全取出，术后只能接受止痛止血治疗。

　　刘某治疗期间花去医药费40 000元，刘某与该医院进行协商未果。之后刘某又去另一家医院，取出内固定。于是刘某请假休息了3个月，公司却停发了刘某的工资共9 000元。

　　无奈之下刘某只能通过法律途径保护自己的权益，最终审判结果为由该医院承担了刘某损失的90%（包括误工费、取出内固定医药费、检查费等），剩余的10%由刘某自行承担。

　　通过上述案例可以发现，刘某就诊的医院可能存在未按规定使用内固定术的情况，从而导致内固定物无法正常去除取出，只能对当前情况进行止血治疗，从而对当事人造成影响。医院方面存在较大的过失，最终导致伤员遭受了较大的身体和心理伤害，并且在事后医院方也没有积极与患者协调解决，最终遭到了患者的起诉。

　　因此员工出现工伤事故后，在采取内固定术时，医院、企业和伤员应考虑清楚是否需要使用内固定术，毕竟内固定术存在一定的风险。只有合理实用的内固定术才能避免受伤员工遭受二次伤害。

2.2
工伤后送医的具体操作

当员工受伤送医救治后需要住院治疗或是在家休养而无法工作和正常生活时，就涉及员工送医后的相关操作和事项。HR 需要根据相关制度办理，免除员工后顾之忧。

2.2.1　工伤员工在停工留薪期间的护理及护理费标准

停工留薪期，是指工伤职工遭受事故伤害，停止工作，接受工伤医疗的期限，包括住院治疗和出院后休养的期限。停工留薪期一般不超过 12 个月，伤情严重或者情况特殊，经劳动能力鉴定委员会确认后可以延长，但延长期限不得超过 12 个月。

（1）护理费用的确定

关于停工留薪期间的护理费用，因为这期间劳动关系依旧存续，所以 HR 要明白，如果员工是因工受伤，则护理费用由企业（用人单位）支付。

①职工发生工伤事故应该按规定向劳动保障局工伤部门申请工伤认定，职工被劳动部门认定为工伤的可以享受工伤待遇。

②《工伤保险条例》规定："生活不能自理的工伤职工在停工留薪期需要护理的，由所在单位负责。"

（2）护理费标准

生活护理费按照生活完全不能自理、生活大部分不能自理和生活部分不能自理三个不同的等级支付，其标准分别为统筹地区上年度职工月平均工资的 50%、40% 或者 30%。

需要注意，如用人单位未提供护理或同意职工自己安排护理的，护理费标准按以下情形处理：

◆ 住院期间有专门护工护理的，按护理费单据载明的金额确定。

◆ 安排有固定收入来源的亲属护理的，按其亲属收入证明载明的金额确定，但不得超过当地上一年度职工社会平均工资。

◆ 安排无固定收入来源的亲属护理的，可按当地一般护工市场价格水平确定。

护理人员原则上为一人，但医疗机构或者鉴定机构有明确意见的除外。

工伤职工出院后，如需护理的，应凭医疗机构证明，安排护理人员。用人单位安排护理人员的话，单位无须再另行支付护理费。

| 范例解析 | 停工护理费用仲裁

孙某是某机械公司的员工，在工作中因更换设备组件出现事故受伤，被送到医院接受治疗并住院近一年时间。

住院期间，公司为孙某支付了8万多元的医疗费用，经过工伤保险部门认定为工伤，出院后进行劳动能力鉴定，结果为五级伤残，二级护理。至此，公司未支付过任何赔付。

孙某与公司交涉未果，向当地劳动委员会申请仲裁，要求终止劳动关系，并要求公司支付停工留薪期的工资（5 000元）、停工留薪期间护理费（25 000元），工伤医疗补助金和伤残就业补助金（100 000元）。

经过仲裁协商，该公司认为孙某的赔付金额计算错误，停工留薪期间护理费应该按照最低工资标准1 700元/月进行计算，并不是按照护理人员的实际工资计算。最终仲裁庭认为该标准可以参照适用民事人身损害赔偿的标准。最终双方达成共识，和解结案。

根据相关规定，停工留薪期间劳动关系依旧存续，而这期间的护理费用，根据《工伤保险条例》第 33 条第 3 款规定"生活不能自理的工伤职工在停工留薪期需要护理的，由所在单位负责"，但并没有明确规定是按照何种标准，所以单位负担是按照最低工资标准还是按护理人员本人的收入标准，这之间就有可调幅度，双方可以进行协商。

通常情况下，职工可能希望按护理人员的收入标准，毕竟很多伤员都不会请护工，而是让自己的亲人来照顾自己，那么相应的用人单位就应该负担这部分损失。但是对于单位而言，即使认定为工伤，单位也没有强行性义务在护理方面按照最高标准支付护理费。这一部分的费用双方协商一致是最好的。

 知识延伸｜工伤医疗期和停工留薪期有什么区别

①停工留薪期内，工伤职工原工资福利待遇不变、需要护理的由单位负责；工伤医疗期内，工伤职工继续享受工伤医疗待遇、可得到病假工资或伤残津贴，单位不需对其护理负责。

②停工留薪期一般不超过12个月，伤情严重或者情况特殊，经设区的市级劳动能力鉴定委员会确认，可以适当延长，但延长不得超过12个月；工伤医疗期的期限没有明确规定，工伤严重的情况会持续到退休。

③停工留薪期限不计入劳动者医疗期的期限。

2.2.2　住院期间员工的基本生活标准

关于员工住院期间的基本生活标准，不同地方有不同的标准，在实际操作中难以统一，可以咨询当地的人社局进行了解。

住院期间的员工基本生活标准介绍如下：

◆ 职工住院治疗工伤的，由所在单位按照本单位因公出差伙食补助标准的 70% 发给住院伙食补助费。

◆ 工伤职工已经评定伤残等级并经劳动能力鉴定委员会确认需要生活护理的，从工伤保险基金按月支付生活护理费。

◆ 职工因工致残被鉴定出伤残等级的，从工伤保险基金按伤残等级支付一次性伤残补助金，不同的伤残等级有不同的伤残补助金标准。

2.2.3 交通费的报支标准

交通费的报销是受伤员工治疗过程中可能会涉及的一件事，因为治疗需求，可能会产生大量的交通费。企业 HR 也需要明白其中是否存在由企业负责报销的并及时告知员工。

（1）相关法律对工伤交通费的规定

根据《工伤保险条例》第 30 条第 4 款规定：工伤职工到统筹地区以外就医所需的交通、食宿费用从工伤保险基金中支付，基金支付的具体标准由统筹地区人民政府规定。

因此，交通费的报销需要具体咨询当地人民政府，确定哪些项目在报销范围内。

知识延伸 │《社会保险法》的相关规定

为了保障职工的生命健康权，在职工发生工伤后不因医疗费问题而导致无法及时就医治疗，《社会保险法》规定了两种先行支付的情形：（1）职工所在用人单位未依法缴纳工伤保险费，发生工伤事故的，由用人单位支付工伤保险待遇。用人单位不支付的，从工伤保险基金中先行支付。（2）由于第三人的原因造成工伤，第三人不支付工伤医疗费用或者无法确定第三人的，由工伤保险基金先行支付。

（2）交通费具体的赔偿方式

交通费的报销需要遵循一定的原则，下面来具体介绍交通费赔偿的相关内容，如表 2-1 所示。

表 2-1　交通费赔偿的相关内容

要　　点	具体介绍
交通费赔偿范围	交通费只是受害人及其必要的陪护人员因就医或者转院治疗时实际发生的费用，其他人的交通费用不属于赔偿范围
交通费赔偿凭证	交通费应当以正式票据为凭，有关凭据应当与就医地点、时间、人数、次数相符合。在审核交通费用凭证的关联性时可根据病历本中记载的就医时间及就医次数进行核对，对与治疗无关的交通费用可予以剔除
交通费赔偿标准	当事人及其亲属参加处理交通事故时采用租车、自行开车方式或者乘坐飞机、火车软卧前往的，租车费、汽油费或者机票费、软卧费以不超出国家机关一般工作人员的差旅费标准为限，超出部分不列入赔偿范围。但是，属情况紧急需迅速赶赴事故现场协助处理事故的，其交通费用由公安交通管理部门和人民法院视具体情况酌定
交通费赔偿费用计算	交通费一般应当参照侵权行为地的国家机关一般工作人员的出差的车旅费标准支付交通费。乘坐的交通工具以普通公共汽车为主。特殊情况下，可以乘坐救护车、出租车，但应当由受害人说明使用的合理性。交通费应当以正式票据为凭；有关凭据应当与就医地点、时间、人数、次数相符合。如不符合，就应从赔偿额中扣除相应的款项

2.2.4　如何控制医疗费中的自费部分

员工因工受伤在治疗过程中可能产生自费部分，但这里的自费部分不是由个人自付的意思，而是指不在工伤保险范围内的费用。

这部分费用通常是由个人与用人单位协商解决，因此在治疗过程中就要有意识地控制自费项目，这也是 HR 需要注意的。

要控制医疗费用中的自费部分需要考虑以下内容：

◆ 职工治疗工伤应在签订服务协议的医疗机构就医，擅自到非定点医疗单位治疗的，产生的费用需要自理。

◆ 治疗工伤所需药品必须符合工伤保险诊疗目录、工伤保险药品目录、工伤保险住院服务标准，不符合的，自费。

◆ 工伤职工治疗期间，引发的其他疾病，不享受工伤医疗待遇。如无医疗保险，自费。

◆ 安装假肢、矫形器、假眼、假牙和配置轮椅等辅助器具，所需费用按照国家规定的标准，超出标准的，自费。例如安装进口的超过国家标准的器具，就需要自费。

◆ 因工作遭受事故伤害或者患职业病需要暂停工作接受工伤医疗的，停工留薪期一般不超过 12 个月，超过，自费。

◆ 伤情严重或者情况特殊的，可以享受生活护理费，按完全不能自理、大部分不能自理、部分不能自理 3 个等级支付，标准为本地区上年度职工月平均工资的 50%、40%、30%，其余的部分，自费。

因此，企业 HR 在员工治疗的过程中应当与员工充分协商，在固定的医疗机构就医、按照国家要求安装相关辅助器具，尽量减少可能产生的自费费用，为双方减轻负担。

| 范例解析 | 大量使用进口产品产生大量自费费用

2019 年，王某到某化工公司从事货物管理和进出库工作。同年 11 月他在运输货物时不慎摔伤，公司当即将其送往医院进行治疗，最终诊断为全身多处骨折。住院期间，公司垫付治疗费用及其借支共计 9 万余元。王某经人力资源和社会保障局认定为工伤，出院后，并经劳动能力鉴定委员会鉴定为九级伤残。

因为公司为王某购买了工伤保险，所以王某的治疗费用保险支付了 5 万余元。然而其中有 3 万多元是因为治疗过程中使用了自费药和进口的各项和医疗器具，无法进行报销。最终通过法律仲裁和协商，最终由王某所在公司承担这部分分费用。

从上述实例可以看出，王某因工伤治疗过程中使用大量进口药产生了大量的自费费用，按理应当由接受治疗的员工承担，但最终由企业承担。

因此，HR 应当在员工治疗过程中留意相关费用，尽量控制，尽量使用能够进行保险的费用，没有硬性要求，尽量不使用无法报销的药品和进口器具，这也是 HR 需要注意的工作。

2.2.5　社会保险工伤基金报支余下的费用由谁承担

社会保险工伤基金报支余下的费用由谁承担的问题，目前由于立法的模糊，没有明确规定自费部分应该由员工承担还是企业承担，导致了实际中产生了大量的分歧和争议。

（1）从保护职工来看，应由企业承担

工伤保险实行的是无责任补偿原则、补偿直接经济损失原则，所以无论伤者在事故中有没有责任，发生工伤后都应依法得到补偿。

用人单位依法为职工缴纳了工伤保险，并不意味着发生工伤后，用人单位就无须承担任何责任。因此工伤医药费报销的自费部分，由用人单位承担，更符合工伤保险制度设立的基本原则。

（2）实际操作中应该如何确定

企业 HR 需要注意的是，可以通过与员工沟通的方式，对自费费用进行沟通，避免出现自费费用纠纷等情况。主要可以从两个方面进行操作：

事先沟通。事实上，如果自费部分在 100 元以内，员工和企业都不会过多计较。关键在于，治疗过程中有不少未知的因素，导致企业也不敢全部答应下来。所以工伤之初，企业就应该告知员工，在治疗过程中，可能会产生一部分自费的药费，这是需要员工自行承担的。如果数额比较大，可以及时和企业沟通，进行协商。

合理分摊。员工已经遭受了伤痛的困扰，从关怀员工的角度，企业应该承担医药费自费部分。不过具体情况应具体分析。如果自费部分是治疗所必需的，那么可以全部要求单位来承担。如果是可以选择，比如骨折了，用国产钢板可以免费，用进口的需要一部分自费，这种问题应当充分协商，合理解决。

例如，可以和员工协商，自费 5 000 元以内，公司全部承担；5 000 元以上公司和员工各自承担 50%，这样可以比较妥善地解决当时的问题，避免后期可能出现的纠纷。

| 范例解析 |　社会保险工伤基金报支余下的费用承担

孟××原是某食品有限公司的一名职工，两年前在车间工作时右手中指被机器压伤，前后花费医疗费3.5万元，其中自费药款7 000元，食品公司将医疗费全额垫付。同年10月，经劳动和社会保障部门认定，孟××为工伤十级，社保局向其所在食品公司拨付孟××此次工伤医疗费2.8万元。食品公司认为，公司支付医疗费3.5万元，社保基金只报销了2.8万元，那剩下的7 000元自费药款应当由孟××个人承担。

于是，食品公司向该市劳动争议仲裁委员会申请仲裁，要求孟××返还公司垫付的自费药款7 000元。仲裁委裁决支持了食品公司的请求。孟××不服，向当地法院提起诉讼。她满腹委屈地说："我是因工受伤，公司就应当承担所有的医疗费用。身体上的伤害已经让我受到了巨大的打击，现在还要求我自己来承担医药费，这合理吗？"

根据《工伤保险条例》第三十条的规定："职工因工作遭受事故伤害或者患职业病进行治疗，享受工伤医疗待遇。治疗工伤所需费用符合工伤保险诊疗项目目录、工伤保险药品目录、工伤保险住院服务标准的，从工伤保险基金支付。"而对于不符合诊疗目录的工伤医疗费应当由谁承担的问题，条例并未作出明确的规定。

由于立法的缺失，导致了实践中产生分歧和争议。工伤保险实行的是无责任补偿原则、补偿直接经济损失原则，无论伤者在事故中有没有责任，发生工伤后都应依法得到补偿。

用人单位依法为职工缴纳了工伤保险，并不意味着发生工伤后，用人单位就无须承担任何责任。治疗工伤产生的医疗费属于直接经济损失，医疗费中不符合工伤保险基金支付标准的费用，由用人单位承担更符合工伤保险制度设立的基本原则。最终，××市人民法院依法作出判决，由公司承担孟××工伤医疗费自费部分7 000元。

2.2.6　如果用人单位对自费费用有异议，应如何处理

因为相关法律法规对工伤自费费用的赔付方面的规定不够细致，所以容易引起纠纷。出于保护劳动者的目的，企业在这方面显得比较被动。那么面对高额的自费费用，企业就必须要承担吗?

（1）拒绝不合理赔付

企业需要注意审核工伤员工的自费账单费用项目，对于其中的合理项目可以进行赔付，但对于其中的不合理项目则可以拒绝赔付。具体介绍如表2-2所示。

表2-2　自费赔付的相关情况

情　　况	具体介绍
工伤急救	进行急救、抢救期间，用药、诊疗范围不受"三个目录"限制，由医疗机构根据工伤职工的救治需要实施救治。由此产生的自费费用，用人单位承担
员工未经同意产生自费项目	在治疗过程中，工伤医疗机构已向工伤职工说明，工伤职工自行选择超出目录范围的治疗方案所产生的费用，未经用人单位和基金同意的，由工伤职工自行承担
私自购买与工伤无关的物品	工伤员工在工伤治疗期间，未经用人单位同意，私自购买与工伤治疗无关的产品、药品，或要求医院进行相关服务，产生的自费费用，用人单位可以不予报销

（2）建立健全企业工伤管理制度

工伤不仅会对劳动者产生影响，同样也会对用人单位产生影响。想要最大限度降低这种风险，避免可能出现的工伤纠纷，企业可以建立工伤管理制度，对可能出现的情况进行规定和说明。

需要注意的是，企业制定的工伤管理制度需要符合国家的相关法律法规。如果与国家法律法规相违背，那么该制度就不具备法律意义了。

| 范例解析 |　某企业工伤管理制度关于费用报销及福利

工伤管理制度

1.目的

为规范公司内部关于工伤事故的申报、处理流程，明确工伤事故责任，预防和减少工伤事故的发生，促进安全生产，保障公司和员工的合法权益。根据《工伤保险条例》《××市工伤保险实施暂行办法》等有关法律法规，结合本公司实际情况，制定本制度。

2.适用范围：本制度适用于公司全体员工。

……

7.工伤医疗费用报销

7.1 一般情况下，工伤员工必须在工伤中心指定的医院进行治疗，治疗费用由公司根据实际情况先行垫付或向工伤中心申请医院垫付。医疗终结后，由公司向工伤中心统一结算，不存在任何报销情况。

7.2 如因工伤中心指定医院的医疗条件有限需要转院的，应当由指定医院提出，并经安保部审核、公司分管领导同意后，方可转到工伤中心认可的其他医院就诊。工伤员工报销费用时必须提交下列资料：工伤事故当事人的身份证明；事故伤害调查报告（如出差期间发生的交通事故或安全事故还需出具交通部门或公安部门的报告）；工伤中心认可的医疗机构出具的医疗诊断证明、病历、处方；医疗、医药费原始票据等。

7.3 经指定医疗机构出具证明，报经工伤中心同意，工伤员工到统筹地区以外就医的，所需往返交通费由公司按照因公出差标准报销。

7.4 上班时间，员工在厂区内发生工伤事故后，在当日下班前既未向车间或部门直接领导汇报，又未向安保部或办公室汇报，事后再提出工伤医疗申请的，公司将以无法认定或判明的情形不予受理，所有费用和后果由其本人承担。

7.5 发生工伤事故后，工伤员工在没有得到公司同意的情况下，私自到外就诊，所产生的一切医疗费用，由其本人承担。

7.6 工伤员工在治疗工伤期间，所需费用必须符合工伤保险诊疗项目目录、工伤保险药品目录、工伤保险住院服务标准，否则，所产生的自费部分由员工个人承担。

8.工伤医疗期及工资待遇

8.1 员工因工作遭受事故伤害或者患职业病需要暂停工作接受工伤医疗的，停工留薪医疗期在30天以内的，根据公司指定的医疗机构出具的诊断意见确定；停工留薪医疗期超过30天的，公司保留向劳动鉴定委员会申请鉴定的权利。

8.2 在停工留薪医疗期内，工伤员工的工资福利待遇按《工伤保险条例》和《××市工伤保险实施暂行办法》有关规定执行。

8.3 工伤员工评定伤残等级后，继续与公司保留劳动关系的，停发原待遇（停工留薪待遇），按照《工伤保险条例》和《××市工伤保险实施暂行办法》的有关规定享受伤残待遇。

8.4 工伤员工在停工留薪期满后，一个工作日内必须到公司报到。否则，将按旷工进行处理；超过5日未向公司报到的，按自动离职处理，一切后果由其本人承担。

……

10.附则

10.1 本制度中未尽事宜，按《工伤保险条例》和《××市工伤保险实施暂行办法》的有关规定执行。

……

该工伤管理制度中对工伤医疗费用的报销进行了详细规定，主要包括费用的结算方式、费用报销所需材料、私自就诊费用问题以及工伤自费费用的支付问题等。

例如该制度中对自费费用的规定："工伤员工在治疗工伤期间，所需费用必须符合工伤保险诊疗项目目录、工伤保险药品目录、工伤保险住院服务标准，否则，所产生的自费部分由员工个人承担。"这样可以促使员工尽量选择能够报销的医疗项目和药品，从而减少自费费用。

企业 HR 可以参考前面介绍的工伤管理制度，结合自身行业的特点，制定符合企业情况的工伤管理制度。

2.2.7　门诊病历能否替代诊断证明作为申报工伤的材料

通常情况下，门诊病历是不能替代诊断证明作为申报工伤的材料的。《工伤保险条例》第十八条中有规定，申报工伤必须要提供医疗诊断证明或者职业病诊断证明书（或者职业病诊断认定书）。

那么，门诊病历和诊断证明究竟有什么区别呢，如图 2-3 所示。

可以看出，诊断证明信息更加全面、专业，具有权威性。而同一病人在相同医疗机构，不同时间的病历也可能不同，故门诊病历不能作为相应的认定依据。企业 HR 需要提醒工伤员工，应当及时开具诊断证明。

诊断证明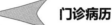

诊断证明是医疗单位出具、盖有医疗单位公章、代表医疗单位意见、具有一定法律效力的医疗文件，包括健康证明、疾病证明、诊断证明、伤残证明、功能认定书、医学死亡证等，是司法鉴定、因病退休、工伤、残疾鉴定、保险索赔等的重要依据之一。

病历则是医务人员在医疗活动过程中形成的文字、符号、图表、影像、切片等资料的总和。它只是代表医务人员个人的意见，由医务人员个人签名出具，且受病人身体状况、医疗设备、医务人员专业水平、治疗过程等多种因素制约，甚至同一病人在不同医疗机构的病历都可能存在差异。

门诊病历

图 2-3

表 2-3 为某医院的诊断证明。

表 2-3　某医院的诊断证明

××医院

诊断证明书

姓名		性别		年龄		科别	
住院号				条形码			
住址或工作单位：							
主要诊断：							
处理意见：							

医师签字：

日　　期：

（注：此证明加盖诊断证明章后生效）

| 范例解析 | 门诊病历无法取代诊断证明

林女士是一家公司的白领。前不久，她在工作的过程中，不慎被砸伤。经医院治愈后，她持医生亲笔签字的治疗病历向人力资源社会保障部门申请工伤认定，却遭到拒绝。工作人员告诉她应当提交医院诊断证明，而不是治疗病历，即不能用治疗病历取代诊断证明。

可林女士觉得治疗病历同样可以甚至还能更加详细、具体地反映自己的伤情和治疗情况，从而达到证明目的，人力资源社会保障部门的做法纯属刁难，没有实际意义。

在上述案例中人力资源社会保障部门的做法是比较合理的，林女士应当事先了解相关规定，门诊病历无法取代诊断证明。如果林女士想要申请工伤认定，就必须要提供诊断证明，否则无法办理。

2.3
员工休养期间的管理

员工因工受伤进入休养期后，还有许多事务需要企业 HR 注意，包括受伤员工的停工留薪以及员工休养期间企业需要注意的问题等。

2.3.1　停工留薪期具体指什么

在前面我们已经对停工留薪进行了简单介绍，停工留薪是《工伤保险条例》规定的一个概念，是指职工因工作遭受事故伤害或者患职业病需要暂停工作接受工伤医疗，原工资、薪水、福利、保险等待遇不变的期限。

关于停工留薪期的确定，《工伤保险条例》没有明确的规定，通常根据各省、直辖市、自治区的规定，一般按以下办法进行确定：

◆ 部分地区社会保险行政部门和卫生行政部门制定有《工伤职工停工留薪期管理办法》《工伤职工停工留薪期分类目录》（如福建省、北京市、山东省、重庆市等），对各类伤情停工留薪期期限进行了规定。在这些地区，由工伤职工提交治疗工伤医疗机构书面休假证明，由用人单位按《停工留薪期分类目录》确定，书面通知本人。工伤职工或者用人单位有异议的，以及停工留薪期期限满 12 个月的，提交设区的市级劳动能力鉴定委员会确认。

◆ 在没有制定《工伤职工停工留薪期分类目录》的地区，凭职工就诊的签订服务协议的医疗机构，或者签订服务协议的工伤康复机构出具的休假证明确定。停工留薪期超过 12 个月的，以及有争议的，需经设区的市劳动能力鉴定委员会确认。

不同地区的停工留薪的时间和项目不同，不同项目的停工留薪时间也不同，这主要根据工伤的类型来确定。

前面提到的《工伤职工停工留薪期分类目录》并不是统一制定的，通常不同的地区，其内容会存在一定的差异。企业 HR 到所在地的人力资源和社会保障部的官网查看对应的《工伤职工停工留薪期管理办法》和《工伤职工停工留薪期分类目录》。

下面以成都市的《工伤职工停工留薪期分类目录》为例进行展示，图 2-4 为成都市工伤职工停工留薪期分类目录（暂行）的部分内容。

如图 2-4 所示，对工伤的部位进行了具体的划分，不同部位、不同伤害对应了不同的停工留薪时间。

成都市工伤职工停工留薪期分类目录2（暂行）

伤害部位			停工留薪期
头部损伤 (S00—S09)	头部挤压伤 S07		1个月
	头部分割伤 S08	头的部分切断 S08.0	6个月
		耳创伤性切断 S08.1	3个月
		头部其他部位的创伤性切断 S08.8	3个月
		头部未特指部位的创伤性切断 S08.9	3个月
	头部其他和未特指的损伤 S09	头部血管损伤 S09.0	1个月
		头部肌肉和肌腱损伤 S09.1	1个月
		耳鼓膜创伤性破裂 S09.2	1个月
		头部多发性损伤 S09.7	6个月
颈部损伤 (S10—S19)	颈部浅表损伤 S10		1个月
	颈部开放性伤口 S11		1个月
	颈部骨折 S12	第一颈椎骨折 S12.0	6个月
		第二颈椎骨折 S12.1	6个月
		颈部脊柱多发性骨折 S12.7	8个月
		颈部其他部位的骨折 S12.8	4个月
	颈部水平的关节和韧带脱位、扭伤 S13	颈部椎间盘创伤性破裂 S13.0	6个月
		颈椎脱位 S13.1	6个月
		颈部多发性脱位 S13.3	8个月
		颈部扭伤 S13.4	2个月
		甲状腺区扭伤 S13.5	2个月
	颈部水平的神经和脊髓损伤 S14	颈部脊髓的震荡和水肿 S14.0	12个月
		颈部脊髓神经根的损伤 S14.2	12个月
		臂丛神经损伤 S14.3	12个月
		颈部周围神经损伤 S14.4	12个月
		颈部交感神经损伤 S14.5	12个月
	颈部水平的血管损伤 S15	颈动脉损伤 S15.0	6个月
		颈部多处血管的损伤 S15.7	6个月
	颈部挤压伤 S17		1个月
胸部损伤 (S20—S29)	胸部浅表损伤 S20	乳房损伤 S20.0	2个月
		胸部挫伤 S20.2	1个月
		胸部多处浅表损伤 S20.7	2个月
	胸部开放性伤口 S21		2个月
	肋骨、胸骨和胸椎脊柱骨折 S22	胸椎骨折 S22.0	6个月
		胸骨脊柱多发性骨折 S22.1	8个月
		胸骨骨折 S22.2	6个月
		肋骨骨折 S22.3	3个月
		肋骨多发性骨折 S22.4	4个月
		骨性胸廓其他部位骨折 S22.8	3个月

成都市工伤职工停工留薪期分类目录4（暂行）

伤害部位			停工留薪期
腹部下背腰椎和骨盆损伤 (S30—S39)	腹部、下背和骨盆水平的神经和腰部脊髓损伤 S34	腰部脊髓的震荡和水肿 S34.0	12个月
		腰部和骶部脊柱神经根损伤 S34.2	12个月
		马尾损伤 S34.3	12个月
		腰骶丛损伤 S34.4	12个月
		腰部、骶部和骨盆交感神经损伤 S34.5	12个月
		腰部、骶部和骨盆周围神经损伤 S34.6	12个月
	腹部、下背和骨盆水平的血管损伤 S35		6个月
	腹部器官损伤 S36	脾损伤 S36.0	6个月
		肝或胆囊损伤 S36.1	6个月
		胰损伤 S36.2	6个月
		胃损伤 S36.3	6个月
		小肠损伤 S36.4	6个月
		结肠损伤 S36.5	6个月
		直肠损伤 S36.6	6个月
		多个腹内器官损伤 S36.7	8个月
		其他腹内器官损伤 S36.8	6个月
	盆腔器官损伤 S37	肾损伤 S37.0	6个月
		输尿管损伤 S37.1	6个月
		膀胱损伤 S37.2	4个月
		尿道损伤 S37.3	12个月
		卵巢损伤 S37.4	3个月
		输卵管损伤 S37.5	3个月
		子宫损伤 S37.6	3个月
		其他盆腔器官损伤 S37.8	3个月
	腹部下背骨盆部分挤压伤和创伤性切断 S38	外生殖器创伤性挤压伤 S38.0	6个月
		外生殖器创伤性切断 S38.2	
	腹部、下背和骨盆其他未特指的损伤 S39		6个月
肩和上臂损伤 (S40—S49)	肩和上臂浅表损伤 S40		1个月
	肩和上臂开放性伤口 S41		1个月
	肩和上臂骨折 S42	锁骨骨折 S42.0	3个月
		肩胛骨骨折 S42.1	6个月
		肱骨上端骨折 S42.2	3个月
		肱骨干骨折 S42.3	3个月
		肱骨下端骨折 S42.4	6个月
		肩和上臂其他部位的骨折 S42.8	3个月
	肩胛带的关节和韧带脱位扭伤 S43	肩关节脱位 S43.0	6个月
		肩锁关节脱位 S43.1	6个月
		胸锁关节脱位 S43.2	6个月
		肩关节扭伤 S43.4	2个月

图 2-4

伤情严重或者情况特殊，经设区的市级劳动能力鉴定委员会确认，可以适当延长，但延长不得超过12个月。工伤职工在停工留薪期满后仍需治疗的，继续享受工伤医疗待遇。

2.3.2 如何确定停工留薪期待遇

员工因工受伤暂时或永久丧失劳动能力，在停工留薪期间应当享有法律规定的待遇。对于企业而言，应当按时支付员工的停工留薪待遇，确保员工的基本生活。

（1）停工留薪期基本待遇

员工在停工留薪期内，可以享受的基本待遇主要有以下三类：

◆ 工伤职工可以享受工伤医疗待遇。

◆ 工伤职工的原工资福利待遇不变，由所在单位按月支付。

◆ 生活不能自理的工伤职工，在停工留薪期需要护理的，由所在单位
   负责。

"工资"是指用人单位根据国家有关规定或劳动合同的约定，以货币形
式支付给本单位劳动者的劳动报酬，一般包括计时工资、计件工资、奖金、
津贴和补贴以及特殊情况下支付的工资等。

（2）停工留薪期福利待遇

工资是劳动者收入的主要组成部分，以下收入不属于工资，但应当属于
福利的范围：

◆ 单位支付给劳动者个人的社会保险福利费用，如生活困难补助费、
   计划生育补助费等。

◆ 劳动保护方面的费用，如用人单位支付给劳动者的高温津贴、清凉
   饮料费用等。

◆ 按规定未列入工资总额的各种劳动报酬及其他收入。

（3）停工留薪待遇的其他规定

停工留薪期并不是永久性发放的，这一点需要 HR 注意，下面具体介绍
停工留薪的终止和继续享受的情况：

◆ 工伤职工经劳动能力鉴定委员会评定伤残等级后，停发原待遇，按
   照有关规定享受伤残待遇。因此，停工留薪期是有期限的，是暂时的，
   工伤职工不能无限期享受停工留薪期待遇。

◆ 工伤职工在停工留薪期期满后仍需治疗或因旧的工伤复发需要治疗
   的，继续享受工伤医疗待遇。

知识延伸 | 工伤不享受停工留薪待遇的情况

　　职工享受停工留薪期待遇的前提是职工因工作遭受事故伤害或者患职业病需要暂停工作接受工伤医疗。如果职工虽然发生了工伤，但伤势并不严重，可以边工作边治疗，并不需要暂停工作接受治疗的，工伤职工不享有停工留薪期待遇。

| **范例解析** | 　停工留薪期工资的赔付

　　陈某在下班的路上出现交通事故，入院治疗，经过鉴定，对方负全部责任。经人力资源和社会保障局认定为工伤，经劳动能力鉴定委员会鉴定为九级伤残。

　　事故发生后陈某获得了来自保险公司和肇事方的赔偿，包括医疗费、误工费、伤残费等。治疗出院后，林某向所在单位提出要解除劳动关系，要求公司按照相关规定支付其应得的保险待遇。

　　然而陈某所在的公司却并不同意，认为陈某已经从保险公司和第三方肇事者处得到了相应的赔偿，不应该再向公司申请赔偿，且这件事与公司并没有多大关系。并且误工费与停工留薪期工资是同一性质的赔偿，陈某不应该因为同一事故获得重复赔偿。

　　双方僵持不下，仲裁未果，最终对簿公堂。法院最终判决公司仍要支付陈某停工留薪期工资。

　　该案例中是因第三人侵权构成工伤的，《全国法院民事商事审判工作会议（民事部分）纪要》及《最高人民法院关于审理工伤保险行政案件若干问题的规定》从工伤赔偿、工伤行政诉讼的角度规定了相同的内容，总结为：在提起工伤认定和工伤待遇赔偿时，无论侵权人是否赔偿都不影响工伤认定和工伤待遇赔偿，劳动者可以要求除医疗费之外的工伤待遇。

　　停工留薪期工资不属于医疗费，所以劳动者可以获得误工费与停工留薪期的双重赔偿。

2.3.3 已享受停工留薪期的工伤职工能否再享受带薪年休假

企业员工因工受伤，可能会停工留薪，视伤情不同，停工留薪时间可能较长（12 个月以内）。那么员工没有为企业做出任何贡献，能否享受企业带薪年假呢？

答案是肯定的，这是企业管理者和 HR 需要了解的。《企业职工带薪年休假实施办法》第六条明确规定，职工依法享受的探亲假、婚丧假、产假等国家规定的假期以及因工伤停工留薪期间不计入年休假假期。

下面具体介绍停工留薪和带薪年假两者之间的关系，如图 2-5 所示。

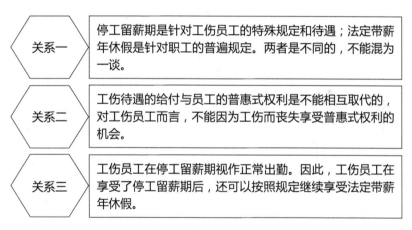

关系一　停工留薪期是针对工伤员工的特殊规定和待遇；法定带薪年休假是针对职工的普遍规定。两者是不同的，不能混为一谈。

关系二　工伤待遇的给付与员工的普惠式权利是不能相互取代的，对工伤员工而言，不能因为工伤而丧失享受普惠式权利的机会。

关系三　工伤员工在停工留薪期视作正常出勤。因此，工伤员工在享受了停工留薪期后，还可以按照规定继续享受法定带薪年休假。

图 2-5

| 范例解析 |　已停工留薪员工应当享受带薪年假

【案例一】张某在某公司从事车间维修管理工作，根据公司相关规定，张某每年都会进行年休假。到2018年为止，张某工作已满20年，应当享受15天年假。2019年7月25日，张某在维修设备过程中出现事故，被送往医院住院治疗1个月。出院后，张某根据医生医嘱向公司连续请假休息至2019年12月25日。此后，张某被认定为工伤8级。

2019年12月31日，该公司以劳动合同到期为由，终止了与张某之间的劳动合同。张某要求该公司支付2019年的未休年休假工资报酬，遭到拒绝，张某遂申请劳动争议仲裁。

【案例二】周某到浙江某服装加工公司从事生产工作，到2018年周某累计工作已满20年，按照相关规定，应当享受15天年休假。

2019年5月10日，周某在工作中因工作原因受伤，用人单位为其申请了工伤认定。受伤后周某在医院修养了近一个月，出院后按照医生的嘱托休息至7月底。

康复后，周某回到工作单位继续工作，一段时间后周某申请休年假却遭到公司的拒绝。公司认为该员工受伤后已经休息了近两个月，因此不能够再继续休年假了。

案例一中，虽然张某在因工伤休息在15天以上，这段休息时间属于停工留薪期，按规定不应计算为用人单位安排的年休假假期。综上所述，由于双方劳动合同已经终止，该公司已经无法再安排张某休年休假，应当向张某支付未休年休假工资报酬。

案例二中，周某单位的说法是错误的。虽然周某因工伤休息了近2个月，但这些休息天数属于停工留薪期，用于员工进行治疗和休养，按规定不应计算为用人单位安排的年休假假期。因此，周某是可以继续休年假的，这是其应得的合法权益。

2.3.4 职工违章操作造成工伤，应当如何处理

在日常工作中，许多时候是因为职工未按照单位安全操作规范操作设备或者佩带防护用具，而引发的伤害事故。此时用人单位则以职工违章操作为由拒绝按工伤处理，这是不合理的。

（1）职工违章操作造成工伤也应当享受工伤待遇

工伤保险实行的是用人单位无过错责任，不考虑劳动者是否有过错。所

以，劳动者不论是否有过错，只要发生工伤，工伤保险经办机构就应给予全额保险待遇。因此，虽然违章作业造成了损伤，但仍可要求用人单位赔偿，可以享受工伤保险待遇。

因此，无论员工是否违规操作，只要符合第一章介绍的工伤认定条件和视同工伤的条件，就可以被认定为工伤。

（2）职工违章操作的处理方法

我国工伤保险实行无过错责任赔付，员工不因本身过错影响工伤保险待遇。但职工却因本身过错造成工伤事故的，用人单位可以按照《安全生产法》和国务院安全事故处理"事故原因未查清不放过；责任人员未处理不放过；责任人和群众未受教育不放过；整改措施未落实不放过"四不放过原则，对其进行处罚。

工伤职工按无过错原则享受工伤保险待遇与按安全生产法规进行处罚是不同的法律关系，二者互不影响。

 知识延伸 | 《安全生产法》相关规定

《安全生产法》第一百零四条：生产经营单位的从业人员不服从管理，违反安全生产规章制度或者操作规程的，由生产经营单位给予批评教育，依照有关规章制度给予处分；构成犯罪的，依照刑法有关规定追究刑事责任。

| 范例解析 | **职工违章操作造成工伤后的薪资发放**

某公司通过职工代表大会讨论制定了一份安全管理办法，其中有一条重要规定，如果员工因违章操作、自己安全保护不到位等造成伤害的，由具体的责任人按照职工工伤期间法律法规规定的薪酬标准的20%赔偿公司的人力资源损失。该规定已经通过各种途径告知全体员工。

后来，职工罗某在实际工作中因为违规操作，导致手臂受伤，被送到医院治疗。之后罗某被认定为工伤，出院后经过劳动能力鉴定为八级伤残。

事故发生后，公司根据罗某的诊断证明对罗某进行赔偿，首先确定了罗某的停工留薪期为6个月，但公司认为罗某在工作过程中存在重大违章行为，应当按照公司规定，按罗某工资的80%（原工资5 000元）计发停工留薪期的工资。

罗某不服，认为应当全额计发停工留薪期的工资，双方就此产生争议，并进行了劳动仲裁。结果为煤矿公司支付罗某6个月停工留薪期工资差额6 000元。

罗某是工伤职工，由于工伤的无过错责任原则，该公司制度要求工伤职工承担过错（或过失）责任，违反《工伤保险条例》第33条的规定，应认定为不合法。

由此可见，该公司制定的安全管理办法是不合理的，与《工伤保险条例》的相关内容存在冲突。

因此，职工遭受工伤，应由用人单位依法承担工伤保险待遇支付责任。故本案中，该煤矿公司应依据《工伤保险条例》第33条的规定，足额支付罗某停工留薪期工资。

第3章

工伤申报认定

细化流程更高效

工伤的申报认定是工伤处理事务中最容易出现错误和纠纷的一个阶段。企业只有依照相关法律规定履行自己的义务，才能让整个工伤处理流程更加规范、高效。

3.1 申报的时效和所需材料

工伤申报时效和所需材料是进行工伤申报、认定需要特别注意的地方，企业应当提醒并帮助工伤员工准备好所需材料，在规定的时间内进行工伤申报与认定，避免出现纠纷。

3.1.1 申报工伤必须在一定期限内进行吗

工伤申报是具有一定时效性的，对于企业而言，需要特别注意，如果没有在规定的时间内进行工伤申报，将可能承担不必要的损失。

企业 HR 需要注意工伤申报的时效性，具体内容见表 3-1。

表 3-1 工伤申报时效性的内容

主要内容	具体介绍
按时申报	用人单位应当在工伤事故发生后的 30 日内向统筹地区社会保险行政部门提出工伤认定申请
特殊情况	企业申报工伤遇有特殊情况，经报社会保险行政部门同意，申请时限可以适当延长

用人单位需要注意，一定要在规定的时间内进行工伤申报。不申报工伤并不意味着就能躲避工伤赔付，相反，可能会承担更多的费用。

如果用人单位未按照相关规定，在工伤事故发生后的 30 日内申报工伤，就会出现以下两种情况：

◆ 用人单位未按规定提出工伤认定申请的，工伤职工或者其近亲属、工会组织在事故伤害发生之日或者被诊断、鉴定为职业病之日起1年内，可以直接向用人单位所在地统筹地区社会保险行政部门提出工伤认定申请。

◆ 用人单位未在规定的时限内提交工伤认定申请，在此期间发生符合本条例规定的工伤待遇等有关费用由该用人单位负担，工伤保险不对这段时间的费用进行赔付。

| 范例解析 |　企业未按规定申报工伤，承担赔偿责任

杨某是某公司的正式员工，公司为其办理了保险。后来杨某在工作中不慎受伤，住院治疗了近20天，总共花费了3万元左右。

然而出现事故后，该公司并没有尽到自己的责任，在规定的时间内为员工申报工伤，而是由杨某自行进行工伤申报。经过工伤鉴定和劳动能力鉴定后，杨某向社保机构申请医疗费、伙食补助费等费用的赔付。但社保机构认为杨某所在公司并未在规定的时间（30日）内申请工伤认定，所以社保机构不予支付工伤相关赔付费用。

之后，杨某申请劳动仲裁未被受理。于是杨某起诉公司，要求其承担相关费用的赔付。

庭审中，该公司认为已为杨某办理了工伤保险，自己应当不承担任何责任，上述费用应当由社保基金支付。社保基金拒绝支付，杨某应当提起行政诉讼。最终法院审理认为，治疗工伤的医疗费、住院伙食补助费由该公司全部承担。

从上述案例可以发现，治疗工伤的医疗费、住院伙食补助费，按照国家规定应从工伤保险基金中支付。但被告公司未在杨某发生事故伤害之日起30日内提交工伤认定申请，也没有报社会保险行政部门申请延长申报时限。因此，这段时间发生的医疗费、住院伙食补助费应由被告公司负担。

3.1.2 企业和个人都未在时限内申请工伤认定，能否赔付

申请工伤认定对受伤职工来说是权利；而对用人单位来说是权利，更是义务。如果用人单位在其职工受伤后不积极履行这项义务，最终导致申请工伤认定超过时限，那么由此引发的后果和责任只能由用人单位承担。

如果企业和工伤员工个人都未在规定的期限内进行工伤申报，企业就能避免赔付了吗？其实不是，如果员工个人提供相关证明进行仲裁或向相关法院进行起诉，企业仍然可能面临赔付。

因此，企业要特别注意，在工伤事故发生时，要及时进行工伤申报，避免可能造成的纠纷和经济损失。

| 范例解析 |　用人单位和个人都未申报工伤怎么办

王某在某机械公司先后从事十多个技术岗位，在一次工作过程中，因操作不慎，右手被机器碾压。当天就被送到了市中心医院进行治疗，后因治疗需要转院进行手术，治疗后疗养了较长时间然后出院。

然而该公司并未在法定的时间内为王某申报工伤，王某也没有留意，自己也没有在能申报工伤的时间内进行工伤申报。直到几年后，王某的亲属才到公司要求公司给个说法，然而企业负责人却找借口，推卸责任。

后经劳动能力鉴定，王某构成十级伤残。于是王某向劳动争议鉴定委员会申请仲裁，要求该公司按照相关法律规定承担工伤赔付，并支付赔偿金。

经过多次调解和沟通，双方终于就该问题达成一致，该机械公司终于同意按法定的工伤标准予以赔偿。由该机械公司向王某支付一次性伤残补助金、一次性工伤医疗补助金、伤残就业补助金及住院伙食补助费4项工伤待遇近5万元。

本例中王某作为该公司的职工，在工作中受伤，完全符合《工伤保险条

例》的"三工"（工作时间、工作场所、工作原因）规定，显然属工伤范围，应当依法享受工伤待遇。

然而，王某和该公司均未在法定时限内提出工伤认定申请，但这只是不再适用工伤认定的行政程序，并不能因此剥夺王某作为劳动者应当享有和获得工伤赔偿的法定利益。该公司作为用人单位仍然负有支付王某工伤待遇各项费用的法定义务。

3.1.3 申请工伤认定需要提交什么材料

在申请工伤认定时，需要提供相应的材料，只有资料齐全，劳动保障行政部门才能进行工伤认定。

因此当工伤事故发生时，HR 就要开始着手准备相关材料，及早进行工伤申报，申报需要提供的基本材料如下：

◆ 提出工伤认定申请应当填写《工伤认定申报登记表》《工伤认定申请表》《工伤申报证据清单》。

◆ 《劳动合同》复印件或其他建立劳动关系的有效证明（如：工资卡明细单、工资条、胸卡、考勤卡等复印件，原件需同时带好）；个人申报的需提供《企业工商注册登记档案》。

◆ 受伤害职工居民身份证复印件。

◆ 医疗机构出具的医疗诊断证明或者职业病诊断证明书（或者职业病诊断鉴定书）。

◆ 两人以上旁证证明（证人证言，需手写，附证明人身份证复印件）。

除了上面介绍的基本材料外，对于一些特殊情况，还需要提供相应的证明材料，如表 3-2 所示。

表 3-2　工伤申报的相关证明材料

情　　况	具 体 介 绍
因工外出受伤	因工外出期间，由于工作原因，受到交通事故或其他意外伤害的，需提交如"派工单""出差通知书"，或者其他能证明因工外出的"原始证明"材料
上下班机动车事故	属于上下班受机动车事故伤害的，需提交上下班的作息时间表、单位至职工居住地的正常路线图；公安交通管理部门的《交通事故责任认定书》和《交通事故损害赔偿调解书》；个人驾驶机动车发生交通事故的，需提供机动车驾驶证
借用、劳务输出人员因工受伤	属于借用、劳务输出人员，需提交双方单位的协议书；借用或劳务输入单位的事故调查报告；并由劳动关系所在单位申报并提交劳动合同文本或其他建立劳动关系的有效证明；劳务输出职工名单（需经双方单位盖章确认）
委托他人工伤认定	直系亲属代表伤亡职工提出工伤认定申请的，还需提交有效的委托证明、直系亲属关系证明。 单位工会组织代表伤亡职工提出工伤认定申请的，还需提交单位工会介绍信、办理人身份证明
公益活动中受伤	属于从事抢险、救灾、救人等维护国家利益、公共利益的活动中受到伤害的，需提交单位或县级民政部门、公安部门出具的相关证明
突发疾病死亡	在工作时间和工作岗位，突发疾病死亡或者在 48 小时之内抢救无效死亡的，需提交医疗机构的抢救证明

除了表 3-2 中对工伤申报所需特殊材料的介绍外，还有其他的特殊情况，例如属于因战、因公负伤致残的转业、复员军人，旧伤复发的，需提交《革命伤残军人证》及劳动能力鉴定机构对旧伤复发的确认等。

3.1.4　用人单位在申报时效内，如材料不全怎么办

在实际的工伤情况中，很容易出现工伤员工因为各种原因导致工伤申报

所需材料不足的情况。那么如果工伤申报材料不足能否进行工伤申报呢？

工伤材料不足，工伤申报是不会被受理的。《工伤保险条例》中规定，工伤认定申请人提供材料不完整的，社会保险行政部门应当一次性书面告知工伤认定申请人需要补足的全部材料。申请人按照书面告知要求补足材料后，社会保险行政部门应当受理。

在得知工伤申报材料不足时，应当及时补充相关缺乏材料，在规定的时间内补足，才能进行正常申报。

 知识延伸 | 社会保险行政部和经办机构的责任

　　劳动保障行政部门工作人员有下列情形之一的，依法给予行政处分；情节严重，构成犯罪的，依法追究刑事责任：①无正当理由不受理工伤认定申请，或者弄虚作假将不符合工伤条件的人员认定为工伤职工的；②未妥善保管申请工伤认定的证据材料，致使有关证据灭失的；③收受当事人财物的。

　　经办机构有下列行为之一的，由劳动保障行政部门责令改正，对直接负责的主管人员和其他责任人员依法给予纪律处分；情节严重，构成犯罪的，依法追究刑事责任；造成当事人经济损失的，由经办机构依法承担赔偿责任：①未按规定保存用人单位缴费和职工享受工伤保险待遇情况记录的；②不按规定核定工伤保险待遇的；③收受当事人财物的。

3.1.5　如何制定工伤认定申请表

前面介绍了工伤认定申请表是申报工伤必需的材料，所以 HR 应当了解如何制定和填制工伤认定申请表。

图 3-1 为《工伤认定申请表》的模板，不同地区可能有所不同，企业在进行工伤申报时，可以咨询当地的负责部门。

编号：

工伤认定申请表

申请人：

受伤害职工：

申请人与受伤害职工关系：

单位参保编码：

职工社保编码：

申请人地址：

邮政编码：

联系电话：

填表日期：　　年　　月　　日

劳动和社会保障部　制

职工姓名		性别		出生年月	
身份证号码					
工作单位					
联系电话					
职业、工种或工作岗位		参工时间		申请工伤或视同工伤	
事故时间		诊断时间		伤害、疾病名	
接触职业病危害时间		接触职业病危害岗位		职业病名称	
家庭详细住址					
伤害经过简述（可附页）：					
受伤害职工或亲属意见： 签　字： 年　月　日					
用人单位意见： 法定代表人签字： 印章 年　月　日					
劳动保障行政部门审查资料情况和受理意见： 印章 年　月　日					
备注：					

图 3-1

工伤认定申请表的填制，需要遵循一定原则，才能制作出规范的表单，具体填制要求如下：

◆ 钢笔或签字笔填写，字体要工整清楚。

◆ 申请人为用人单位或工会组织的，需要在名称处加盖公章。

◆ 事业单位职工填写职业类别，企业职工填写工作岗位（或工种）类别。

◆ 伤害部位一栏填写受伤的具体部位。

◆ 诊断时间一栏，职业病者，按职业病确诊时间填写；受伤或死亡的，按初诊时间填写。

◆ 职业病名称要按照职业病诊断证明书或者职业病诊断鉴定书进行填写，接触职业病危害时间按实际接触的时间填写。不是职业病的不用填写。

◆ 受伤害经过简述，应写清事故时间、地点，当时所从事的工作，受伤害的原因以及伤害部位和程度。

◆ 受伤害职工或亲属意见栏应写明是否同意申请工伤认定，以上所填内容是否真实。

◆ 用人单位意见栏，单位应签署是否同意申请工伤，所填情况是否属实，法定代表人签字并加盖单位公章。

除此之外，也可以参考工伤认定申请表附带的填写方法进行填写或是咨询相关的工作人员。

3.1.6　用人单位被要求提供举证材料，如何处理

相关法律法规出于对劳动者的保护，使得一些居心不良的人伪装成弱势群体趁机对企业进行诈骗。为了避免出现这些情况，用人单位接到社会保险行政部门要求提供举证材料时，要积极配合举证。

在工伤认定中，举证主要包含劳动关系认定和工伤认定两方面内容，具体如表 3-3 所示。

表 3-3　劳动关系认定和工伤认定举证

情　　况	具体介绍
劳动关系举证	如果劳动者主张劳动关系成立，而单位有不同意见的，则需要单位拿出劳动关系不成立的证据。比如说在没有签订劳动合同的情况，劳动者主张劳动关系确实存在（拿出工作牌等证明），而单位否认劳动关系的话，就必须证明劳动者拿出的劳动关系证明是不成立的（比如说证明工作牌只是临时工作发放的）
工伤认定举证	用人单位不认为是工伤的，应承担举证责任；工伤只有经过认定后才能得到工伤保险赔偿，需要员工向单位提出认定申请，如果单位不予认定工伤的话，根据《工伤保险条例》第 19 条相关规定：职工或者其直系亲属认为是工伤，用人单位不认为是工伤的，由用人单位承担举证责任

| 范例解析 |　用人单位应当根据实际情况进行举证

孙某为某单位的雇用员工，主要负责单位的早餐和午餐制作，其余时间孙某可自由安排。一天下午孙某在单位做完工作回家，4 时左右驾驶三轮车

携带水桶外出，被杨某驾车超车时撞倒后当场死亡。经鉴定，杨某对该事故负主要责任。

孙某家属认为孙某是在上下班途中受到伤害，应当认定工伤。但单位认为不是在上班途中，而是在下班后从事其他活动的过程中受到的伤害，不是工伤。根据《工伤保险条例》第十九条"职工或者近亲属认为是工伤，用人单位不认为是工伤的，由用人单位承担举证责任"的规定，该单位负有举证责任。

为此，该单位提供了代理律师调查证人王某的证言，证明单位自来水供应正常，不需要炊事员拉水；调查证人李某的证言，证明孙某事发当日下午3时回家途中在其经营的馒头店时称自己回家，顺路给家里拉一桶水；调查证人张某证言，证明孙某中午下班时称其妻子打电话让他给家里拉一桶水。

上列证言只证明了孙某当日下班回家的目的，并未证明孙某离家携带水桶，是直接去水站拉水，还是如原告在公安局交通警察大队调查时所陈述的，孙某于事发前从家中出发准备去单位，拉着水桶打算第二天回家的时候拉水。

在该单位不能举证证明孙某确实非因工作原因受到伤害，就应当承担举证不能的不利后果。因此孙某系在上下班途中发生交通事故，应当认定为工伤，应当享受工伤待遇。

在上述案例中，该单位作为用人单位，认为孙某的事故不能构成工伤，并进行了举证。但是该单位的举证并不能证明孙某确实不是因为工作原因受到伤害，因此举证不成功，最终孙某系在上下班途中发生交通事故，应被认定为工伤。

由此可见，在工伤认定案件中用人单位的举证责任更大，这也是为了保障劳动者的合法权益。除此之外，用人单位积极举证，还能够避免企业自身遭受一些不必要的损失。

3.2
工伤认定需要注意的问题

前面介绍了工伤申报的时间限制以及需要准备的材料，那么完成工伤申报在工伤认定过程中需要注意哪些问题呢？本节中将进行具体介绍。

3.2.1 职工在两个单位同时就业，工伤保险责任如何划分

根据劳动者工作状况的不同，可能存在特殊的劳动关系，如职工在两个单位同时就业。当职工同时在两个单位就业时，其工伤保险应当如何购买呢？出现工伤事故后，责任如何承担呢？

◆ 在多个单位同时就业时的保险购买问题

根据《劳动和社会保障部关于实施〈工伤保险条例〉若干问题的意见》，职工在两个或两个以上用人单位同时就业的，各用人单位应当分别为职工缴纳工伤保险费。

因为劳动关系的存在，劳动者工作的单位都应当为劳动者购买工伤保险，从而确保劳动者的合法权益。

◆ 在多个单位同时就业时的保险责任划分

在多个单位同时就业的劳动者一旦出现工伤事故，应当由员工出现工伤事故所在单位承担工伤责任。

因此企业不能存有侥幸心理，认为该劳动者在其他单位已经购买了工伤保险就可以不为其再购买工伤保险。一旦在本单位出现工伤事故时，企业将承担较大的赔偿责任。

| 范例解析 | 与两家用人单位存在劳动关系，工伤责任的确定

任某最开始在某设计公司从事设计相关工作，一直工作到2015年3月底，

在此期间由设计公司为任某依法缴纳社会保险费。在同一年4月份，任某又与当地一家工程设计公司签订了为期一年的劳动合同，该工程设计公司从4月份开始为任某缴纳社会保险。

然而，在3月25日19:00任某在工程设计公司工作时出现工伤事故，任某受伤入院。人力资源和社会保障局作出工伤认定决定书，认定任某为因工受伤。任某多次要求社会保险事业处支付工伤保险待遇，但社会保险事业处认为3月时任某同时在两个用人单位就业，两个用人单位都应当为其缴纳社会保险，而工程设计公司没有为任某缴纳3月的社会保险，应由用人单位即工程设计公司支付任某的工伤保险待遇。任某不服，于是向法院提起行政诉讼。

法院审理后，认为任某3月25日在工程设计工作时与原公司未解除劳动关系，属于同时在两个用人单位工作，双方都应当为任某缴纳工伤保险。然而工程设计公司并未缴纳，且任某的工伤事故是发生在该工程设计公司，依法应当由工程设计公司负责赔偿。

依据《工伤保险条例》第六十二条规定："依照本条例规定应当参加工伤保险而未参加工伤保险的用人单位职工发生工伤的，由该用人单位按照本条例规定的工伤保险待遇项目和标准支付费用。"工程设计公司应当依法承担工伤保险责任。

在上述案例中任某分别与某设计公司和某工程设计公司两个用人单位存在劳动关系，而任某出现事故的月份只有设计公司为其缴纳了工伤保险，而任某的工伤事故却发生在工程设计公司，按理说任某已经具有工伤保险，直接进行理赔即可，但事实并非如此。

因为在工程设计公司出现事故，而该公司未按照规定为任某缴纳工伤保险，即使其他公司为任某缴纳了保险，但工伤保险仍然不会进行赔付，工程设计公司应当依法承担工伤保险责任。

3.2.2 员工早退发生交通事故算不算工伤

职工在上下班途中，受到非本人主要责任的交通事故属于工伤为大多数人理解并接受。但如果职工未履行正常的请假手续提前回家，在回家途中发生非本人主要责任的交通事故属不属于工伤呢？

对于这一问题争议比较大，通常存在两种不同观点和判断。

（1）提早下班不符合上下班途中的时间要求，不能认定为工伤

这一种观点，涉及的法律法规如下：

◆ 《工伤保险条例》规定在上下班途中，受到非本人主要责任的交通事故或者城市轨道交通、客运轮渡、火车事故伤害的，应当认定为工伤。

◆ 《关于执行〈工伤保险条例〉若干问题的意见（二）》规定职工以上下班为目的、在合理时间内往返于工作单位和居住地之间的合理路线，视为上下班途中。

这种观点认为，职工上下班途中遭受交通事故伤害，认定为工伤，必须具备"合理时间""合理路线""本人不负主要责任"三个要素。早退回家途中出车祸，不是合理时间，不能认定为工伤。

| 范例解析 | 提早下班不符合上下班途中的时间要求，不能认定为工伤

张某在某建筑工程公司担任保安，有一天张某在公司值中班（时间为15:00～23:00）。22:10左右，张某在未征得公司领导同意的情况下，提前从保安岗位亭离开。22:30左右，张某驾驶电动自行车与一辆客车相撞，身体多处受伤，张某在事故中负次要责任。

之后张某被送往医院进行急救，3日后张某因身体多处器官功能衰竭而死亡。之后张某家属向当地社保局就张某这一事件申请工伤认定。

社保局认为张某正常的下班时间为23:00，但是其发生事故的时间是

22:30，并不属于上下班时间。所以张某此次事故不属于"在上下班途中，受到非本人主要责任的交通事故或者城市轨道交通、客运轮渡、火车事故伤害的"情形。因此社保局认为不能认定为工伤，并出具了《不予认定工伤决定书》。

（2）早退不属于不得认定或视同工伤的情形，应当认定为工伤

这一种观点认为，"早退"属于违反劳动纪律的行为，职工应承担相应的违反劳动纪律的责任，但是"早退"不影响员工发生交通事故是在上下班途中的性质认定，公司不能以"早退"为由否定职工获得工伤赔偿的权利，若符合其他法定条件，应当认定为工伤。

| 范例解析 | 早退并不属于不得认定或视同工伤的情形，应当认定为工伤

周某的丈夫郑某生前在某公司工程部从事维修工作。工程部白班的工作时间是8:00～16:00，中午11:00～12:00是午餐时间。某一天上午10:25左右，郑某未经单位许可，提前下班回家，其驾驶无号牌的二轮摩托车与小型轿车发生碰撞，致郑某受伤被送至医院抢救无效死亡。公安机关认定郑某负本次事故同等责任。

之后，周某向该市人力资源和社会保障局提出工伤认定申请，人力资源和社会保障局经审查后，作出《工亡认定决定书》，认定为工伤。郑某所在公司对该工伤认定决定书不服，向该院提起诉讼。

根据《工伤保险条例》第十四条第（六）规定，职工在上下班途中，受到非本人主要责任的交通事故或者城市轨道交通、客运轮渡、火车事故伤害的，应当认定为工伤。本案中，郑某上午提前离开工作岗位，受到非本人主要责任的交通事故伤害，应当认定为工伤。郑某虽然提前离开工作岗位，但不属于《工伤保险条例》第十六条规定的排除工伤认定的情形，人力资源部门和社会保障局认定其为工伤并无不当。

需要特别说明的是，尽管职工早退回家受到交通事故伤害有可能被认定为工伤，但作为职工应当遵守用人单位的规章制度，如果确有特殊情况需要

提前下班的，应当履行正常的请假手续，否则一旦出现工伤事故，将会增加工伤认定的难度。

如果没有按照用人单位的规定出现工伤，可能会面临用人单位的用工惩戒，还有可能因为没有被认定为工伤，遭受身体和经济上的双重损失。

3.2.3　实习人员发生工伤事故能否按照工伤处理

企业与参加实习的人员也很容易产生工伤纠纷问题，企业 HR 要了解实习人员出现事故时是否能认定为工伤，以及处理方式。

（1）实习人员发生工伤事故能否认定工伤

《工伤保险条例》规定，只有属于工伤事故范围的职工，才能向用人单位提出工伤损害赔偿请求。

"职工"是指与用人单位存在劳动关系（包括事实劳动关系）的劳动者。由于在校学生实习时与实习单位之间并没有建立劳动关系，实习期间所签订的实习合同只是劳务合同，而非劳动合同。

所以，实习人员在实习期间因工作造成的人身伤害，通常无法被认定为工伤。

（2）实习人员的工伤赔付问题

实习期实习人员工伤无法进行工伤认定，那么工伤应当由谁承担责任呢？主要责任应由用人单位进行赔偿，具体介绍如图 3-2 所示。

> **1** → 《最高人民法院关于审理人身损害赔偿案件适用法律若干问题的解释》规定，雇员在从事雇佣活动中遭受人身损害，雇主应当承担赔偿责任。

> **2** → 学生实习期间，由公司对学生进行现场监督管理，公司是受益人，两者之间的关系实际上形成了雇用关系，所以，受伤的学生应该向公司主张赔偿。

图 3-2

通过上面介绍可知，虽然用人单位和实习人员并没有签订劳动合同，但两者之间的关系实际上形成了雇用关系，因此，仍然需要用人单位负责赔付。

（3）用人单位如何规避风险

用人单位需要注意，与实习人员出现纠纷，该争议不属于劳动争议，只能按照一般人身损害赔偿处理。

既然用人单位在面对实习人员工伤事故时承担了较大的责任，那么用人单位应当如何规避风险呢？

◆ 用人单位可以和学校协商，在实习前学校可以为学生购买意外伤害保险，最大限度保护学生权益。

◆ 实习单位也可以为实习的学生购买人身意外伤害险，以便通过保险来转嫁可能会存在的赔偿风险。

 知识延伸｜相关法律法规介绍

教育部职业教育与成人教育司印发了《中等职业学校学生实习责任保险实施方案》的通知，为了避免实习造成的人身伤害风险，公司和学校可以在实习合同中约定，由学校为学生办理实习责任保险，这样学生在实习过程中造成人身伤害，可依法由保险公司负责赔偿。

| 范例解析 | 实习员工因工受伤由企业和学校负责赔付

赵某在浙江某技术学校就读，实习期间学校将赵某安排到一设计公司。赵某、学校和公司签订了三方实习协议，实习期为1年，每月的实习津贴为1 800元至2 000元。

实习中，赵某经常被安排加班。因为长期加班加上缺乏指导，赵某在工作过程中出现了工伤事故，手指多处受伤。之后赵某立即被送到医院进行救治，治疗期间公司垫付了近8万元的医疗费用。最终通过劳动能力鉴定，赵某构成8级伤残。

赵某的父母聘请了律师与公司和学校进行了多次协商，仍然无法得到合理的结果。于是将学校和企业告到法院，要求赔偿赵某的相关治疗费用以及应当享受的工伤待遇。

法院认为：①赵某受伤是因为从事企业安排的工作导致的，虽然是其独自操作，但缺少有经验的人指导，只是一般过失，并非重大过错，不能由其自担损失。该公司未尽到劳动保护的职责，应当承担主要责任。②学校作为实习派出方，应当控制和防范实习风险，而赵某经常被安排加班并在加班中发生事故，学校未能证明其已尽到对实习单位的安全防范督促义务，故学校应承担部分责任。

因此，赵某的损失应当由该企业与学校共同承担，公司承担主要责任，赔偿2/3的损失；学校承担次要责任，赔偿1/3的损失。

通过上述案例可以看到，企业作为用人单位应当承担主要责任，而学校因为未能证明其已尽到对实习单位的安全防范督促义务，所以也需要承担赔偿责任。

因此HR需要注意，要加强企业实习人员的管理，注意工作安排，同时做好劳动保护，避免意外事故的发生。

3.2.4 单位组织旅游过程中，职工受伤是否构成工伤

现在很多企业都存在公费旅游的福利项目，然而旅游过程也是事故高发

的时间段。企业 HR 需要注意，在公司组织的旅游过程中出现哪些情况属于工伤。

（1）公司组织旅游工伤认定标准

有的 HR 可能会认为旅游属于福利项目，且不在工作场所内，所以不应当被认定为工伤。其实这是一种片面的看法。

人社部发布了《关于执行〈工伤保险条例〉若干问题的意见（二）》，其中第四条规定："职工在参加用人单位组织或者受用人单位指派参加其他单位组织的活动中受到事故伤害的，应当视为工作原因，但参加与工作无关的活动除外。"

单位组织的旅游活动属于单位组织的活动，而旅游期间受伤是否属于工伤，关键点在于单位组织的旅游活动是否属于工作原因。

可以从以下几点具体考量企业组织旅游是否属于工作原因：

◆ 单位组织的旅游活动与工作原因的相关性不应简单切割，应当从活动的目的性、单位是否鼓励参加、是否承担费用、是否利用工作日等因素综合考虑。

◆ 随着现代管理理念的转变，用人单位组织旅游已不仅仅是为了"吃喝玩乐"，更多的是出于团队建设的目的。

◆ 通过集体活动增强团队凝聚力、调动员工工作积极性。

从上可以看出活动策划的目的是让员工放松身心、加强沟通，继而更好地投入工作，所以此类活动具有明显的集体属性，应当视作工作原因的延伸。

需要注意的是，如果员工在单位组织的旅游活动中脱离团队私自活动，参加公司安排以外的其他活动受伤，则不属于工伤。

除此之外，假如单位在组织旅游过程中存在过错，并与劳动者受到伤害有因果关系，则可以根据民法的有关规定要求单位承担一定的法律责任。

（2）单位旅游认定工伤的综合考虑因素

前面介绍到旅游活动的相关性不应简单切割，需要考虑活动的目的性、单位是否鼓励参加、是否承担费用等因素，下面进行具体介绍，如表3-4所示。

表3-4　认定工伤的综合考虑因素

因　素	具体介绍
单位组织旅游的目的性	单位组织旅游的目的是否与企业利益相关是考量的一个因素。随着现代管理理念的转变，用人单位组织旅游更多的是出于团队建设的目的。通过集体活动增强团队凝聚力、调动员工工作积极性。此类活动具有明显的集体属性，应当视作工作原因的延伸
从单位组织旅游的过程考量	单位组织旅游是否是公司组织或强制安排（区别于自愿报名参加）；外出旅游期间是否安排了学习开会任务。如果公司组织员工自愿报名参加的纯旅游活动性质，没有学习和开会任务，虽带有福利性质，且公司承担了费用或者正常支付员工旅游期间的工资，员工受到意外事故被认定工伤的概率较低
私人活动（包括个人疾病）还是在集体活动中受伤	如果员工在单位组织的旅游中脱离集体，因个人的原因受伤甚至死亡的，与单位的联系因素不大，"因公"的属性不大，不应当认定为工伤
单位组织的旅游是否利用工作日	有时单位组织旅游是否利用工作日也会成为考量的因素。有时可能因为旅游在工作日进行而认定为单位行为，应属于工作内容的组成部分

| 范例解析 |　公司组织旅游员工溺水身亡工伤认定

某科技公司组织员工前往某市景点旅游，可以携带家属，旅游期间带薪。14:30，导游带领员工到景区的旅游区海边游泳。16:00左右，员工韦某被泳场救护人员发现溺水死亡。韦某妻子到人社局请求工伤认定，却被认定为属于非工伤，韦妻不服提起行政复议。

本案是职工在参加单位组织的旅游活动中溺水死亡而引发的工伤认定行政案件，是近几年出现频率较高的一类案件。本案在审理过程中争议较大的是职工参加单位组织的旅游活动是否属于因工外出，在旅游中受伤或死亡是否属于工作原因。

法院认为根据《工伤保险条例》第十四条规定：职工有下列情形之一的，应当认定为工伤，其中就包括"因公外出期间，由于工作原因受到伤害或者发生事故下落不明的"。在本案中，韦某在公司的组织下参与了带薪旅游活动，旅游时间占用了正常的工作日，公司承担大部分旅游费用，因此应当认定为工伤。

根据上述案例可知，单位组织的旅游活动是职工工作的延续，从性质上看是职工在工作过程中受伤，单位组织旅游外出的行为，就可以认为是因工作原因外出的行为，在此过程中受到的伤害就是"由于工作原因受到伤害"的情形，所以应当被认定工伤。

不仅如此，该旅游为公司组织，占用了工作日，同时带薪，是有组织的活动，员工死亡也是在参加公司组织的活动中发生的，因此应当认定工伤。

3.2.5 从事预备性工作时受伤可不可以认定为工伤

提到预备性工作就不得不提收尾性工作，其虽然不是在正常工作时间进行的工作，但却是从事与工作相关的工作。

首先 HR 需要了解什么是预备性工作和收尾性工作，具体介绍如表 3-5 所示。

表 3-5　认定工伤的综合考虑因素介绍

分　类	具体介绍
预备性工作	所谓"预备性工作"，是指在工作前的一段合理时间内，从事与工作有关的准备工作。如运输、备料、准备工具等
收尾性工作	所谓"收尾性工作"，是指在工作后的一段合理时间内，从事与工作有关的收尾性工作，如清理、安全贮存、收拾工具和衣物等

《工伤保险条例》第三章第十四条规定，工作时间前后在工作场所内，从事与工作有关的预备性或者收尾性工作受到事故伤害的，应当认定为工伤。

"预备性工作"是要以"与工作有关"为限定条件的，如进入工作场地、换工作服、准备工具等，这些都是从事与工作有关的预备性工作，也是开展工作的前提条件。

但是，如果在开展预备性工作中间又转而去办其他私事，此时若受到事故伤害，则与工作无关系，按规定不能认定为从事与工作有关的预备性工作。

| 范例解析 |　上班前整理机器出现工伤事故

王某是工厂一位车间操作员工，厂里规定上班时间为 8:00～17:00。2017年 10月16日早上 7:30，王某提前到厂里对设备进行保养、预热以及整理，不慎从高空坠落，导致全身多处骨折。2018年1月，王某要求工厂支付工伤待遇，但工厂认为王某是在非上班时间受伤，拒绝了王某的要求。

案例中的王某上班前从事预备性工作受伤算工伤。根据《工伤保险条例》第 14 条规定，工作时间前后在工作场所内，从事与工作有关的预备性或者收尾工作受到伤害的，应当认定为工伤。

也就是说，劳动者和用人单位之间存在劳动法律关系或事实劳动关系的前提下，工作时间前后在工作场所内，从事与工作有关的预备性或者收尾性工作受到事故伤害的，应当认定为工伤。即使是在该厂规定工作时间前受伤，但如果职工的行为属于与工作有关的预备性工作，应享受工伤待遇。

3.2.6　职工上班时"串岗"受伤能否认定工伤

通常情况下，串岗的定义是指在正常考勤时间，无故离开本人工作岗位到其他人工作岗位上从事与本职工作无关的活动，如聊天、打闹，从而影响别人工作状态与整体工作效率的行为。

按此定义，串岗不是为了工作，所以可能不能认定为工伤。

但是在很多情况下，串岗是为了沟通与工作相关的事务，下面具体分析串岗为何要认定工伤：

　　◆　从工伤认定的基本要素来看。

　　根据工伤认定的"三工要素"来看，串岗也是在工作场所内，关于"串岗"的行为只涉及劳动者是否违反公司的规章制度，并不影响劳动者的工伤认定。

　　◆　从工伤认定的归责原则来看。

　　工伤保险施行"无过失补偿"的原则，职工违反单位规章制度不是影响确定工伤成立的因素。职工违反单位规章制度致伤，可以按违反劳动纪律对其进行处理，但不能据此作为不得认定为工伤的理由。

　　《工伤保险条例》并未将是否在本职工作岗位上工作规定为认定工伤的法定条件，也未将职工离开本职岗位到其他岗位受伤作为认定工伤的法定排除条件。只要职工是在工作时间、工作场所，因工作原因受到的伤害，就应当认定为工伤。

　　◆　从工伤认定的立法本意来看。

　　我国对工伤认定的立法宗旨和原则是最大限度地保障主观无恶意的职工权益，使其因工作原因遭受伤害或者患职业病后能得到及时的医疗救治和经济补偿。

　　社会保险行政部门在适用《工伤保险条例》时，应当遵循这一立法本意，充分保护而不是限制受伤职工的合法权益。职工"串岗"主观上并非故意，因此将"串岗"受伤认定为工伤，保障因工作造成伤害的劳动者能够获得医疗救治和经济补偿是符合立法之本意的。

| 范例解析 |　因工作需要串岗的工伤认定

　　刘某在某制造加工企业车间从事加工工作。某天，刘某在工作过程中，见同车间班组的其他岗位缺人手，工作较为繁重，已经影响到自己的操作和工作效率，于是前去帮忙。在此过程中，因操作不当导致左手被机器碾压，后送往医院治疗，诊断为左手多处骨折。

随后，刘某向社保部门申请工伤认定。经过调查，社保部门认定刘某的事故属于工伤事故，应当认定为工伤。但刘某所在公司不服，向当地法院提起诉讼，法院通过审理认定社会保险部门处理得十分正确，因此维持了社会保险部门的认定工伤决定。

社会保险行政部门认为，出现工伤事故时刘某是在上班时间和工作场所，虽然不是在自己的岗位工作时受伤，但协助其他岗位仍然属于工作原因，符合工伤认定的三个基本要素。

不仅如此，出事故前，刘某曾和其他工作人员多次到其他岗位帮忙，公司并没制止，属于正常的工作范围，应予以认定工伤。

3.2.7 《认定工伤决定书》和《不予认定工伤决定书》的内容

当提出工伤认定之后，社会保险行政部门应当自受理工伤认定申请之日起 60 日内作出工伤认定决定，并出具《认定工伤决定书》或者《不予认定工伤决定书》。

《认定工伤决定书》或者《不予认定工伤决定书》中应当载明的内容如下：

◆ 用人单位全称。

◆ 职工的姓名、性别、年龄、职业、身份证号码。

◆ 受伤部位、事故时间、诊治时间或职业病名称、伤害经过、核实情况、医疗救治的基本情况和诊断结论。

◆ 不予认定工伤或者不视同工伤的依据。

◆ 不服认定决定申请行政复议或者提起行政诉讼的部门和时限。

◆ 作出不予认定工伤或者不视同工伤决定的时间。

◆ 《认定工伤决定书》和《不予认定工伤决定书》应当加盖社会保险行政部门工伤认定专用印章。

图 3-3 为《认定工伤决定书》和《不予认定工伤决定书》的模板，仅供

参考，不同地区的决定书可能有不同的样式，但基本内容大多相同，应以当地实际出具的决定书为准。

图 3-3

3.2.8　工作休息期间受伤可以申请工伤认定吗

工作休息期间应属于工作时间，因为工作间歇中的休息是保障职工正常劳动的客观需要，它是职工日常工作中正常、必要而合理的生理需要，与正常工作密不可分，应属于工作的一部分。

工作休息期间也属于工作的一部分，因此在工作休息期间受伤是可以认定工伤的。

| 范例解析 |　工作休息期间受伤的工伤认定

刘某是某制造厂的职工，工厂规定上午的上班时间为8:00～12:00，某日

刘某正在车间上班，因车间线路检查维修，无法正常工作，所以刘某和其他工人来到车间外的树荫下休息。

此时制造厂的运输车辆路过厂房门口，车上运输的生产材料掉落，砸伤刘某的腿，之后刘某被工友送到医院进行治疗，最终刘某的伤情构成九级伤残。刘某要求所在单位进行理赔并承担相应责任，但该单位认为刘某并非因工受伤，拒绝承担责任。

之后刘某提出工伤认定申请，劳动保障部门认定刘某构成工伤。制造厂不服，将劳动保障部门告上法院，请求撤销该工伤认定。

《工伤保险条例》第十四条第一项规定：在工作时间和工作场所内，因工作原因受到事故伤害的，应当认定为工伤。而在本案例中，刘某之所以休息是由于工厂停电的客观原因，刘某在车间外与工友休息是为等候工厂来电后能够继续工作。

在此休息期间，并不属于能够完全个人支配的时间，而是仍然受到一定的工作纪律约束，属于工作时间。另一方面，刘某受伤地点虽然不在车间内，但是发生在厂区内，属于工作场所内，而刘某在停电休息期间和工友在树荫下休息也是为了在后面的工作时间内能够更好地劳动，创造出更高的劳动效率。因此，应当认定为工伤。

3.2.9　退休返聘人员因工负伤是否算工伤

退休返聘是指用人单位中的受雇用者已经到达或超过法定退休年龄，从用人单位退休，再通过与原用人单位或者其他用人单位订立合同契约继续作为人力资源存续的行为或状态。那么，退休返聘人员在工作过程中因工负伤是否算工伤呢？

◆　退休返聘人员的隐患。

退休返聘人员通常工作能力较强，成本也比一般员工低。虽然返聘退休人员有诸多好处，但是在工伤保险方面却存在较大隐患。

在劳动关系中，工伤保险是法定基本社会保险之一，它的投保具有法律强制性。然而，在聘用单位与退休返聘人员之间建立的劳务关系，法律则没有规定其可以加入工伤保险。

而在实际生活中，聘用单位往往是不予办理与工伤保险类似的商业保险的。一旦返聘人员因工作造成人身伤害，由此产生的损害费用的承担主体便成了纠纷高发区。

◆ 退休返聘相关法律规定。

关于退休返聘人员的工伤处理的相关法律法规目前正处于完善阶段，且不同地区的规定也不相同。

《最高人民法院关于审理劳动争议案件适用法律问题若干问题的解释三》第 7 条规定：用人单位与其招用的已经依法享受养老保险待遇或领取退休金的人员发生用工争议，向人民法院提起诉讼的，人民法院应当按照劳务关系处理。

因此，根据返聘人员是否享受退休待遇，工伤处理主要分为以下两种情况，如表 3-6 所示。

表 3-6　退休返聘人员的工伤处理方法

方　　法	具体介绍
享受养老待遇	已经依法享受养老保险待遇或领取退休金的返聘人员因工受伤直接依据《人身损害赔偿标准》《人身损害司法解释》《侵权责任法》，根据过错原则主张损害赔偿
未享受养老待遇	没有依法享受养老保险待遇或领取退休金的返聘人员和单位之间可以依据《人身损害赔偿标准》《人身损害司法解释》《侵权责任法》，根据过错原则主张损害赔偿；亦可以参照工伤保险待遇标准要求单位支付有关费用

| 范例解析 |　退休返聘人员工伤处理

　　钱某原是某公司的职工，企业破产后钱某办理了退休手续，并享受基本的养老保险待遇。之后钱某经人介绍又到了另一家公司工作，3个月后，钱某在工作中不慎受伤，钱某就此向社会保障部门申请工伤认定，社会保障部门认为钱某的情况不属于工伤。

　　钱某对这个结果不服，于是向法院提起诉讼。法院一审认为法律并没有明确规定钱某这种退休享受基本养老保险的劳动者不属于职员，也没有禁止用人单位聘用达到法定退休年龄人员工作。因为双方确实存在劳动关系，所以应当享受工伤保险待遇，判决撤销市劳动和社会保障局作出的不予认定工伤决定，责令市劳动和社会保障局重新作出工伤认定决定。

　　钱某所在的公司不服，向成都市中院提起上诉，认为钱某与公司之间不形成劳动关系。法院审理后认为，钱某退休后到公司务工，与公司形成的用工关系不属于《工伤保险条例》调整的劳动关系范畴，所以不应认定为工伤。最终撤销一审判决，维持劳动和社会保障局的不属于工伤的认定。

　　由于目前相关法律法规对超龄劳动者与用人单位的法律关系属劳动关系还是劳务关系没有作出明确规定，用人单位是否应为超龄劳动者支付经济补偿金、购买社会保险以及负担工伤保险，缺乏明确的法律依据。

　　在这种情况下，用人单位可以为返聘员工购买相应的商业保险，起到转嫁风险的作用。

3.2.10　职工在单位餐厅就餐发生食物中毒能按工伤认定吗

　　为了方便员工就餐，有的企业会为员工提供单位餐厅，但是因此也出现了许多因为在餐厅就餐引发的事故。那么，职工在单位餐厅就餐发生食物中毒能按工伤认定吗？

　　职工在单位食堂就餐是因为单位为职工提供了便利，能让职工将时间和精力投入到工作中。因此，职工在食堂就餐的这段时间，可视为职工的工作时间。

再有，职工在单位食堂就餐中毒，绝大部分是因为单位管理不善造成的，职工本人对此并没有任何责任。从工伤设立的目的看，就是为了防止职工在工作过程中以及与工作有关的时间内发生事故能及时得到治疗和经济补偿。

所以，凡是因为企业的过失造成职工食物中毒的，应允许职工申请工伤认定，劳动保障行政部门也应认定为工伤事故。

| 范例解析 |　单位餐厅食物中毒的工伤认定

某公司食堂食物中毒事件导致李某等4位职工因中毒病情严重，被当即送到医院进行抢救治疗，李某因中毒较深，经抢救无效死亡，其余3人经抢救治疗脱离危险。

事发后经过调查，主要是因为单位食堂的采购人员采购猪肉渠道不正规，猪肉存在质量问题。经过企业研究，决定受害者均按工伤处理，最后将事故报相关部门进行工伤认定。

本案中职工集体食物中毒按工伤处理是正确的。职工在企业集体食堂就餐发生食物中毒事件，是因企业管理不善，对食堂食物购置渠道审查管理不力，食物安全卫生质量把关不严，食物不符合卫生条件等企业方面的原因造成的，并非职工本人责任。

因企业原因造成职工伤、残、亡，应由企业承担工伤保险责任。故此，本案例职工在单位集体食堂就餐，因吃变质的肉食中毒造成伤、残、亡，应当认定为工伤。

3.2.11　员工递交辞呈后，提前通知期内发生工伤怎样处理

《劳动合同法》第三十七条规定："劳动者提前三十日以书面形式通知用人单位，可以解除劳动合同。"这是法律赋予了劳动者对劳动合同的预告解除权，只要劳动者按照规定的时间进行了书面告知，无论用人单位是否表态、是否同意，劳动合同在规定时间届满后便可解除，且书面通知一旦送达，

便对用人单位产生了法律效力。

但是，这并不意味着劳动者递交了辞呈，便与用人单位不存在劳动关系，也不等于劳动者出现工伤，用人单位也没有保障义务。具体原因如图 3-4 所示。

原因一　在员工没有实际离职，用人单位仍然接受其提供的劳动的情况下，彼此之间还是用工与被用工关系。一旦出现工伤，应当享受工伤待遇。

《工伤保险条例》第三十三条规定："职工因工作遭受事故伤害或者患职业病需要暂停工作接受工伤医疗的，在停工留薪期内，原工资福利待遇不变，由所在单位按月支付。停工留薪期一般不超过 12 个月。伤情严重或者情况特殊，经设区的市级劳动能力鉴定委员会确认，可以适当延长，但延长不得超过 12 个月。"

原因二

原因三　《工伤保险条例》第二十一条规定："职工发生工伤，经治疗伤情相对稳定后存在残疾、影响劳动能力的，应当进行劳动能力鉴定。"从这一角度看，在劳动能力鉴定结论尚未作出前，用人单位同样无权要求员工离职。

图 3-4

| 范例解析 | 员工在通知期内因公负伤

4 个月前，王某曾经提前30天书面通知公司，表示在30天后的对应日离职，解除彼此尚有两年到期的劳动合同。岂料，仅过去17天，王某便因为工作原因受到伤害，不仅花去17万余元医疗费用，还落下伤残。

王某多次要求公司给予工伤赔偿，但始终遭到公司拒绝，公司认为王某已经提交辞呈，就已经不再属于公司员工，公司也就没有承担工伤保险责任的相关义务了。

一方面，在员工没有实际离职，用人单位仍然接受其提供的劳动的情况下，彼此无疑还是用工、被用工关系。

另一方面，《工伤保险条例》第 33 条规定："职工因工作遭受事故伤害或者患职业病需要暂停工作接受工伤医疗的，在停工留薪期内，原工资福利待遇不变，由所在单位按月支付。停工留薪期一般不超过 12 个月。伤情严重或者情况特殊，经设区的市级劳动能力鉴定委员会确认，可以适当延长，但延长不得超过 12 个月。"即员工在通知期内因工负伤，仍然享有治疗康复的权利，用人单位不得规避义务。

再一方面，《工伤保险条例》第 21 条规定："职工发生工伤，经治疗伤情相对稳定后存在残疾、影响劳动能力的，应当进行劳动能力鉴定。"即从这一角度上说，在劳动能力鉴定结论尚未作出前，用人单位同样无权要求员工离职。

3.2.12 出差私自改道意外死亡能否认定为工伤

在《工伤保险条例》中规定，职工因工外出期间，因工作原因造成伤害的，应认定为工伤。

通常情况下，容易出现争议的点是职工受伤是否是因为工作原因。如果是因为工作原因受伤则应当认定为工伤；如果不是因为工作原因，则不能被认定为工伤。

| 范例解析 | 临时改变路线后的工伤认定

韩某是某建筑公司的员工。一日，韩某等员工被派到基建工地工作。完工后，单位安排车辆送员工们坐火车回公司。途中项目经理说很想去附近城市探亲，于是其他人员跟随同行，在路上出现交通事故，韩某经抢救无效死亡。

之后韩某的亲属向劳动和社会保障局提出申请，要求认定韩某事故为工伤。几日后，劳动和社会保障局作出决定，认定韩某的死属于工伤。

韩某所在公司对认定结果表示不服，于是提起行政复议。复议结果为维持劳动和社会保障局的认定结果。该公司仍不服并提起行政诉讼。

该公司认为韩某一行人违背了公司安排的路线，私自行动，不服从安排，因此不能算是工伤。并且韩某一行出现事故是为了去探亲，与工作无关，事故地点也不在公司安排的回程路线上，即便改道是韩某等人集体决定的行为，也不应违反公司规定的路线。因此，他在陪同探亲的途中车祸身亡不能算"工伤"。

法院审理认为，根据《工伤保险条例》第 14 条第 5 项，职工因公外出期间，因工作原因造成伤害的，应认定为工伤，故判决维持劳动局作出的工伤认定。该建筑公司不服继续上述，终审判决为驳回建筑公司上诉，维持劳动局认定。这意味着，韩某家属能够享受单位给予的工伤待遇。

根据《工伤保险条例》第 14 条第 5 项，职工因公外出期间，因工作原因造成伤害的，应认定为工伤。也就是说，根据该条规定认定工伤必须满足以下条件：第一，必须是职工因工外出期间；第二，必须是因工作原因造成的伤害。

本案中职工是在因工作外出期间造成伤害的，争议的焦点在于职工受伤是否由于工作原因，也就是说，职工受伤是因工还是为私。

韩某在回程途中，虽然因改变交通路线而导致了工伤事故，最后致死，但韩某与同事却是在公司的安排下返回公司的，尽管由于其他原因改变了原来的回程路线，但这也是遵从领导的意愿，所以这种临时改变路线不违背单位的整体安排，应当视为合理的改变，因此韩某受伤死亡属于"因工死亡"。

同样在本案中，临时改变线路并不是韩某本人的意愿促成的，而是由公司经理提出，并得到同行所有人员的同意，属于集体行为。这一集体行为符合公司安排的总回程计划，也没有违反公司关于回程线路的禁止性规定。因此，韩某受伤属"职工因工外出期间，因工作原因造成伤害的，应当认定为工伤"。该法院和劳动部门认定事实清楚、证据充分并且适用法律正确，是正确的裁判。

3.2.13　用人单位如何防范工伤诈骗

随着工伤赔偿标准的不断提高，骗子们瞄准了工伤诈骗这一新型诈骗手段。工伤诈骗以自伤为欺骗手段，骗取他人同情心，同时以伤势向用人单位施压。

（1）常见的工伤诈骗有哪些

用人单位要想防范工伤诈骗，首先需要了解常见的工伤诈骗有哪些，才能在真正遭遇时及时识别。

◆ **他伤：**诈骗者先以欺骗或胁迫智障等无能力或不敢反抗的人带入自己工作单位，随后伤害该人，再以亲属名义为该人索要工伤赔偿并占为己有或分成。

◆ **自伤：**完全健康的人自伤自残，冒充工伤，以谋取补偿。

◆ **旧伤：**入职时已有陈旧伤，后以新伤或旧伤复发为由骗取补偿。

◆ **诈伤：**实际无伤或伤势较轻，虚张声势或夸大伤害程度，甚至钻伤残鉴定的空子。

（2）工伤诈骗的特点及鉴别方法

了解了工伤诈骗有哪些情况后，还需要了解诈骗的特点以及鉴定方法，才能避免让企业遭受不必要的损失，如图 3-5 所示。

特点一

用人单位遇到员工入职不久即发生工伤，这可能是因为该员工入职前已经负伤，可能存在工伤诈骗行为。

特点二

受伤比较蹊跷，过程较为模糊，缺乏相关证明。比如独自一人在车间某个位置出现工伤事故，既没有人证，又处于视频监控的盲区，导致难以辨别事故的真伪。

特点三

受伤者对治疗不急迫，对赔偿更有兴趣。受伤后并不急于去医院治疗，而是要求快速赔偿。

特点四

通常要求私了，甚至主动同意"今后双方无涉"之类的条款，尽早携款离开是诈骗者的常见需求。

特点五

工伤后随即出现较多"亲属""老乡"以围堵、闹事等手段胁迫单位。这种情况通常是有预谋的集体诈骗，企业需要注意。

特点六

发生单位多是工地、机械加工等体力劳动岗位，工伤易发、人员流动大的单位。在这样的单位能让工伤诈骗更加合理，且成功率更高。

图 3-5

出现下面介绍的情况时，企业就需要引起足够重视，可能存在工伤诈骗的情况：

（3）用人单位如何防范工伤诈骗

与其工伤诈骗事故发生后费力挽回，不如做好防范措施，让诈骗团伙无计可施。防范工伤诈骗，用人单位应当做好以下工作。

签订书面劳动合同，按照规定为员工购买工伤保险。在没有工伤保险的情况下，发生伤害事故只能由用人单位照单全付，用人单位急于解决，私了可能性很大。而工伤诈骗者正是抓住用人单位没有为员工买工伤保险的把柄，利用用人单位急于私了的心理，取得高额赔偿。

　　建立并完善招聘机制。按照常规招聘新员工，背景调查和安排体检都是必要的。背景调查对于基层员工确实难以做到，但入职体检必须坚持。一方面可以检测员工的身体素质是否适合岗位需求，另一方面体检可以有效防范工伤诈骗的发生。体检对于陈年旧疾型诈骗能形成有效抗辩，从另一层面分析，体检对企图进行工伤诈骗者能够产生心理威慑，打消其不法念头。

　　加强监控设施。特别是生产等工伤高发区域应无死角监控，曾有监控录像成功证明员工故意造成伤害的案例。

　　依法办事。当用人单位处理工伤事件时，一定按照法定程序办事，进行工伤鉴定。私了只会给犯罪分子提供更多可乘之机。

｜范例解析｜　工伤诈骗事故

　　某派出所警察最近发现两名男子存在工伤诈骗嫌疑。经过调查发现两人在短时间内连续两次以脚踝骨折为由，向新就职的单位要求工伤赔偿，警方最终成功破获两起诈骗案件。

　　某公司负责人康某到派出所治安接待窗口咨询法律问题，康某称公司新招录了一名员工郭某，刚上班就因右脚脚踝骨折进了医院。但是当医生提出要住院并进行手术时，郭某显得不愿意，只希望获得赔偿，签订协议后双方无涉。康某觉得不太妥，于是到治安接待窗口进行咨询。接待人员觉得事有蹊跷，发现当事人出现工伤事故的现场并没有其他人，具体情况难以确定。

　　随后，通过一系列调查，发现郭某脚踝的伤并不是新伤，而是陈旧性骨折，且郭某不是本地人，之前因为在当地某公司上班时脚踝骨折，认定为工伤，获得了一笔赔偿金后离职。

最后，郭某及其同伙不得不交代了合谋施骗的过程。原来，其同伙之前用锤子故意将郭某的脚踝骨敲折，然后到处寻找招工的企业，一旦被用人单位录用，就在上班时间没有其他人的地方以及监控的盲区假装重物砸折脚踝骨以骗取工伤赔偿。目前，两名犯罪嫌疑人已被警方依法刑事拘留，案件正在进一步侦查中。

　　通过上述案例可以看出，在出现工伤诈骗事故时，通常会存在一些异常情况。例如本案例中的当事人不愿接受治疗，只想要私了获得相应的赔偿和治疗费用。

　　用人单位在事故中面对一些异常情况时要注意，提高警惕，应当尽量按照法律的途径解决，切不可因小失大，与当事人进行私了，从而避免遭受较大损失。

第4章

▮▮▮▮▮▮▮▮▮▮▮▮

规范伤残鉴定

避免不必要的纠纷

工伤伤残鉴定对于企业和工伤职工来说都比较重要,因此
企业需要协助工伤职工在合理的时间内完成工伤伤残鉴定,
从而进行相应的赔付。

4.1
劳动能力鉴定相关知识

劳动能力鉴定是对一个人从事体力工作的能力鉴定，确定其劳动能力丧失的程度。程度越严重，工伤保险基金的补偿就越多。工伤保险就是根据鉴定结论，来给予受伤害职工保险待遇的。企业 HR 要了解劳动能力鉴定的相关知识，才能处理好劳动能力鉴定的相关工作。

4.1.1　工伤员工申请劳动能力鉴定的条件是什么

工伤员工申请劳动能力鉴定需要满足一定的条件，根据《工伤保险条例》第 21 条的有关规定，工伤职工如果要进行劳动能力鉴定，应当同时具备以下条件：

◆ 一是经过治疗后，伤情处于相对稳定状态。

◆ 二是虽经治疗，但还是造成职工存在残疾。

◆ 三是工伤职工存在的残疾达到了影响劳动能力的程度。

满足以上三个条件的，应当进行劳动能力鉴定。因此，企业应当要求满足上述条件的工伤员工及时进行劳动能力鉴定。

 知识延伸 | 《工伤保险条例》相关规定

第四章 第二十一条 职工发生工伤，经治疗伤情相对稳定后存在残疾、影响劳动能力的，应当进行劳动能力鉴定。

第二十二条 劳动能力鉴定是指劳动功能障碍程度和生活自理障碍程度的等级鉴定。

4.1.2　劳动功能障碍的十个伤残等级是什么

在劳动能力鉴定中，劳动功能障碍共分为十级，最重的为一级，最轻的为十级。不同等级对应的待遇和工伤赔付是不同的，劳动功能障碍的 10 个伤残等级的具体介绍如表 4-1 所示。

表 4-1　劳动功能障碍的 10 个伤残等级介绍

等　　级	具体介绍
一级	器官缺失或功能完全丧失，其他器官不能代偿，存在特殊医疗依赖，生活完全或大部分不能自理
二级	器官严重缺损或畸形，有严重功能障碍或并发症，存在特殊医疗依赖，或生活大部分不能自理
三级	器官严重缺损或畸形，有严重功能障碍或并发症，存在特殊医疗依赖，或生活部分不能自理
四级	器官严重缺损或畸形，有严重功能障碍或并发症，存在特殊医疗依赖，生活可以自理
五级	器官大部分缺损或明显畸形，有较重功能障碍或并发症，存在一般医疗依赖，生活能自理
六级	器官大部分缺损或明显畸形，有中等功能障碍或并发症，存在一般医疗依赖，生活能自理
七级	器官大部分缺损或明显畸形，有轻度功能障碍或并发症，存在一般医疗依赖，生活能自理
八级	器官部分缺损，形态异常，轻度功能障碍，有医疗依赖，生活能自理
九级	器官部分缺损，形态异常，轻度功能障碍，无医疗依赖，生活能自理
十级	器官部分缺损，形态异常，无功能障碍，无医疗依赖，生活能自理

表 4-1 中仅仅对各个等级进行了简单的概述，如果还想要了解各个等级具体的伤残状况，可以咨询劳动能力鉴定相关部门。

劳动能力鉴定除了包含劳动功能障碍鉴定外，还会涉及生活自理障碍鉴定。生活自理障碍主要分为 3 个等级——生活完全不能自理、生活大部分不能自理和生活部分不能自理，如表 4-2 所示。

表 4-2　生活自理障碍的 3 个等级

等　　级	具体介绍
生活完全不能自理	是指进食、翻身、大小便、穿衣洗漱、自我移动等五项均需要护理的情形
生活大部分不能自理	是指进食、翻身、大小便、穿衣洗漱、自我移动等五项中有三项或四项不能自理的情形
生活部分不能自理	是指进食、翻身、大小便、穿衣洗漱、自我移动等五项中有一项或两项不能自理的情形

4.1.3　劳动能力鉴定的鉴定流程是怎么样的

任何工作都需要遵守一定的工作流程，劳动能力鉴定也不例外。企业 HR 要熟悉劳动能力鉴定流程，并及时对工伤员工进行劳动能力鉴定提供相应的帮助。

图 4-1 为劳动能力鉴定的流程。

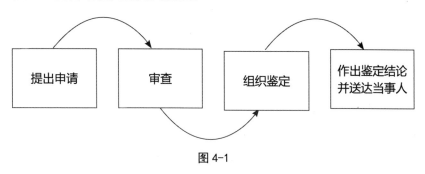

图 4-1

第一步，提出申请。用人单位、工伤职工或者其直系亲属可以向设区的市级劳动能力鉴定委员会提出申请。同时申请人应当按照规定提交工伤认定决定和职工工伤医疗的有关资料。

第二步，审查。劳动能力鉴定委员会在收到申请人申报劳动能力鉴定的资料后，应当进行初审，看有关材料是否齐备、有效。如果提交的资料欠缺，劳动能力鉴定委员会则应要求申请人补充相关材料。

第三步，组织鉴定。劳动能力鉴定委员会受理劳动能力鉴定申请后，从医疗专家库内随机抽取 3 名或者 5 名专家组成专家组进行鉴定。必要时，可以委托具备资格的医疗机构进行有关的诊断。专家组或者受委托的医疗机构鉴定后应当出具鉴定意见并由参与鉴定的专家签署。

第四步，作出鉴定结论并送达当事人。劳动能力鉴定委员会应根据专家组的鉴定意见，在收到劳动能力鉴定申请之日起 60 日内作出劳动能力鉴定结论。如果有必要，作出劳动能力鉴定结论的期限可以延长 30 日。劳动能力鉴定结论对当事人利益重大，因此《工伤保险条例》规定，劳动能力鉴定结论应当及时送达申请鉴定的单位和个人。

 知识延伸｜工伤复查鉴定

在劳动能力鉴定结论做出之日起一年后，遭受工伤的劳动者如果伤情有变化的话，可以申请进行工伤复查鉴定。申请进行工伤复查鉴定的，也是向原劳动能力鉴定机构提出，鉴定程序其实都是差不多的。

4.1.4 劳动能力鉴定由哪个部门受理

要进行劳动能力鉴定，首先需要知道劳动能力鉴定应当由哪个部门受理。通常情况下，工伤劳动能力鉴定部门是市劳动能力鉴定委员会。

市劳动能力鉴定委员会应当自收到劳动能力鉴定申请之日起 60 日内作出劳动能力鉴定结论，必要时，作出劳动能力鉴定结论的期限可以延长 30 日。劳动能力鉴定结论应当及时送达申请鉴定的单位和个人。

第二级劳动能力鉴定机构为省级劳动能力鉴定委员会。申请鉴定的单位或者个人对设区的市级劳动能力鉴定委员会作出的鉴定结论不服的，可以在收到该鉴定结论之日起 15 日内向省、自治区、直辖市劳动能力鉴定委员会提出再次鉴定的申请。省、自治区、直辖市劳动能力鉴定委员会作出的劳动能力鉴定结论为最终结论，不能再要求重新鉴定。

4.1.5　申请劳动能力鉴定应当提交哪些材料

申请劳动能力鉴定需要提交相应的材料，为了避免进行劳动能力鉴定时因相关材料不足导致无法完成鉴定，因此应当提前准备好劳动能力鉴定所需的材料。

申报劳动能力鉴定所需的常规材料及要求如下：

◆ 填写《劳动能力鉴定申请表》，并在表上贴上本人的近期一寸免冠照片，若由单位负责则压照片盖上单位公章；个人申请需提供单位名称、单位详细地址、单位联系人姓名及电话，并且当场通知单位联系人。

◆ 工伤认定决定书原件及复印件。

◆ 携带被鉴定人本人身份证原件、复印件。

◆ 提供完整连续的病历材料，其中住院的需要提供住院病志原件（持患者本人身份证到医院病案室复印病志，同时加盖医院病案管理专用章之后即病志原件），原件被鉴定中心保留，再用时可以再去病案室再提。未住院的需提供急诊或门诊的病志原件并复印件、诊断书及辅助检查报告单原件并复印件，审核原件保留复印件。

◆ 职工供养直系亲属进行劳动能力鉴定，还需提供被鉴定人与职工之间直系亲属的有效证明。

◆ 劳动能力鉴定机构需要的其他材料。

在上面介绍的材料中提到了《劳动能力鉴定申请表》，那么《劳动能力鉴定申请表》应当包含哪些内容，其基本样式是怎样的呢？图 4-2 为《劳动能力鉴定申请表》。

劳动能力鉴定申请表

<table>
<tr><td rowspan="6">职工信息栏</td><td>职工姓名：</td><td rowspan="4">一寸近期
免冠彩照</td></tr>
<tr><td>工伤认定决定书编号：</td></tr>
<tr><td>证件类型　□居民身份证　□其他</td></tr>
<tr><td>身份证号码□□□□□□□□□□□□□□□□□□□□</td></tr>
<tr><td colspan="2">联系电话：（必填一项）：（手机）（固话）</td></tr>
<tr><td colspan="2">联系地址：
邮编□□□□□□</td></tr>
<tr><td rowspan="3">用人单位信息栏</td><td colspan="2">用人单位名称：</td></tr>
<tr><td colspan="2">用人单位联系人：　联系电话：</td></tr>
<tr><td colspan="2">联系地址：
邮编□□□□□□</td></tr>
<tr><td rowspan="3">申报事项确认栏</td><td colspan="2">申请鉴定类型选择：
□初次鉴定　□再次鉴定　□复查鉴定　□配置辅助器具确认：
申请配置项目________　□工伤导致疾病确认　□停工留薪期延长确认
□供养亲属完全丧失劳动能力程度鉴定　□非因工伤残或因病丧失劳动能力鉴定
□旧伤复发停工留薪期延长确认</td></tr>
<tr><td colspan="2">申请主体：
□用人单位　□工伤职工或者其近亲属　□社会保险经办机构</td></tr>
<tr><td>申请人签名或盖章：
年　月　日</td><td>申请单位盖章：
年　月　日</td></tr>
</table>

图 4-2

劳动能力鉴定申请表要使用钢笔或签字笔进行填写，字迹要工整，各项信息填写要准确，如果有疑问，可以咨询有关工作人员。

4.1.6 劳动者拒绝劳动能力鉴定怎么办

进行劳动能力鉴定，可以使劳动者享受到相应的工伤保险待遇，但是在现实生活中，许多劳动者出于各种原因会拒绝进行劳动能力鉴定。面对这种情况，企业应当如何处理呢？

根据《工伤保险条例》第四十条规定，工伤职工拒绝治疗或者拒不接受劳动能力鉴定的，将停止享受工伤保险待遇。

如果工伤职工没有正当理由，拒不接受劳动能力鉴定，一方面工伤保险待遇无法确定；另一方面也表明这些工伤职工并不愿意接受工伤保险制度提供的帮助。鉴于此，就不应再享受工伤保险待遇。

| 范例解析 | 工伤职工不配合工伤认定

张某于2014年入职某派遣公司，随后公司派遣他去某机构工作，3年后公司发函通知张某要与其解除劳动合同。于是张某要求该派遣公司支付工作期间的医疗补助费用9万元。

派遣公司声称于2017年向该员工发出通知，要求其配合进行劳动能力鉴定，而该员工并未配合，因此不符合获得补助费的条件。

张某表示确实收到该通知，但之前公司表明并不需要进行劳动能力鉴定，后来又向其邮寄通知，不合情理，因此没有配合。

根据调查结果，人民法院判决，双方认可劳动合同于2017年6月13日因张某医疗期届满而终止。

仲裁审理认为，劳动部印发《关于贯彻执行〈中华人民共和国劳动法〉若干问题的意见》第三十五条规定，劳动能力鉴定是必经程序也是劳动者应予配合的义务。本案中张某收到通知后未进行劳动能力鉴定，前置程序缺失，不予支持。

2017年该公司向张某发出进行劳动能力鉴定的通知，明确告知其需要在到公司配合办理劳动能力鉴定所需的相关手续。但张某未予配合，故不符合医疗补助费的获得条件。

当符合劳动能力鉴定情形时，用人单位应主动要求劳动者配合进行劳动能力鉴定，虽然会增加一定的时间精力，但合乎现行的法律规范，也因此可能取得一定的"证据材料"，这也是对用人单位权利的一种保护。

4.1.7 单位或个人不服劳动能力鉴定结论时，怎么办

劳动能力鉴定结果对企业和工伤职工个人都有较大的影响，因此，也容易出现个人或用人单位对鉴定结果不服的情况。

那么，当用人单位或个人对劳动能力鉴定结果存在异议时，应当如何处理呢？

用人单位对劳动能力鉴定结果不服的，不能针对鉴定结论进行行政复议。可向省一级劳动能力鉴定委员会申请再次鉴定，且再次鉴定的结论为最终鉴定结论。

不论是个人还是用人单位对于劳动能力鉴定的结论不服，也不可以随时提出申请进行再次鉴定的，这里面有时效的要求。如果用人单位或个人不服鉴定结论，那么收到劳动能力鉴定结论 15 天之内要赶快做出反应，否则超过 15 天的有效期将不会被受理。

| **范例解析** | **单位对劳动能力鉴定结论不服**

孙某在为某公司（预核准）工作期间，发生了听力损伤。由于该公司还处于预先核准阶段，没有工商营业执照，没有为该职工购买工伤保险，所以劳动行政机关对孙某的听力损伤不予工伤认定。

后来，孙某向劳动鉴定委员会申请劳动能力鉴定，经组织鉴定专家组进行鉴定检查，认定孙某为四级伤残。孙某根据鉴定结果向劳动争议仲裁委员会提出劳动争议仲裁。原告对鉴定结论表示不服，于是申请再次进行劳动能力鉴定，第二次鉴定结果与第一次基本相同，应当由该公司负责赔偿孙某的工伤待遇。

在上述案例中可以看到，该公司对劳动能力的结果不满意，从而再次申请劳动能力认定。而最终因为该公司没有为孙某购买工伤保险，所以需要承担孙某的工伤待遇。

4.1.8 如何保证劳动能力鉴定的公正性

要知道如何保证劳动能力鉴定的公正性，首先需要了解劳动能力鉴定委员会的基本情况。

（1）劳动能力鉴定委员会

劳动能力鉴定委员会是县级以上人民政府设立的，由劳动保障、卫生等行政部门和工会组织的主管人员组成。劳动能力鉴定委员会办公室设在同级劳动和社会保障行政部门。

根据《工伤保险条例》的有关规定，劳动能力鉴定委员会由下列机构、单位的代表组成。

◆ 劳动保障行政部门

◆ 人事行政部门

◆ 卫生行政部门

◆ 工会组织

◆ 社会保险经办机构

◆ 用人单位

劳动能力鉴定委员会的组成机构和代表较多，这样可以在一定程度上避免劳动能力鉴定的独断性，从而保证劳动能力鉴定的公正性。其主要工作职责介绍如下。

◆ 选聘医疗卫生专家，组建医疗卫生专家库，并对选聘专家进行培训和管理。

◆ 组织劳动能力鉴定。

◆ 根据专家组的鉴定意见作出劳动能力鉴定结论。

◆ 建立完整的鉴定数据库，保管鉴定工作档案 50 年。

◆ 法律、法规、规章规定的其他职责。

（2）劳动能力鉴定委员会的层次性

根据《工伤保险条例》规定，我国的劳动能力鉴定委员会从组织上分为两个层次。

◆ 省、自治区、直辖市劳动能力鉴定委员会。

◆ 设区的市级劳动能力鉴定委员会。

下面分别介绍两个层次的劳动能力鉴定委员会的作用，如图 4-3 所示。

省、自治区、直辖市劳动能力鉴定委员会

省、自治区、直辖市劳动能力鉴定委员会受理的是不服初次鉴定结论而提出的再次鉴定申请。根据规定，申请鉴定的单位或者个人对设区的市级劳动能力鉴定委员会作出的鉴定结论不服的，可以在收到该鉴定结论之日起 15 日内向省、自治区、直辖市劳动能力鉴定委员会提出再次鉴定申请。省、自治区、直辖市劳动能力鉴定委员会作出的劳动能力鉴定结论为最终结论。

设区的市级劳动能力鉴定委员会受理劳动能力的初次鉴定申请。根据规定，劳动能力鉴定委员会在受理用人单位或者职工本人（或其直系亲属）提出的劳动能力鉴定申请后，应当从建立的医疗卫生专家库中随机抽取 3 名或者 5 名相关专家组成专家组，对工伤职工的劳动能力进行鉴定，并作出鉴定意见。然后，劳动能力鉴定委员会根据鉴定意见作出劳动能力鉴定结论。

设区的市级劳动能力鉴定委员会

图 4-3

设定两级鉴定委员会主要是为了保证劳动能力鉴定在程序上的科学性和公正性，在劳动能力鉴定工作中有可能出现鉴定有失公允或者申请人主观认为鉴定的结论不客观公正的情况，因此给申请人提供再次鉴定的机会是十分必要的。

| 范例解析 |　劳动能力鉴定的公平性保障

在某医院的病房内，一位病人正在床上休息。这时，其主治医生走了过来对该病人说："目前你的恢复情况较好，可能很快就能出院，下一步可以做劳动能力鉴定了。"

工伤职工："劳动能力鉴定是什么？对我有什么好处呢？"

医生："通过劳动能力鉴定如果得出伤残等级，可以享受相应的伤残待遇。"

工伤职工听了后，对医生说："那对于伤残鉴定，是不是级别越高，自己能够享受的待遇也越好呢？进行劳动能力鉴定时，您能不能把我的伤情写得严重一些啊？这样我是不是能多享受点待遇？"

医生说："虽然我也是劳动能力鉴定专家库中的一名成员，但每次劳动能力鉴定都是由劳动能力鉴定委员会办公室进行具体安排，从专家库中随机抽取专家进行鉴定。而且因为我是你的主治医师，所以就算我被抽中对你进行劳动能力鉴定，也不能给你做鉴定。维护劳动能力鉴定的公正性，是我们的职责所在，让我们负责这项工作，是国家对我们的信任。再说了，提供虚假证明和虚假鉴定结果，那可是违法犯罪的事。"

工伤职工："您说得对！"

为了维护劳动能力鉴定的公正性，保护用人单位及其职工的权益不受侵犯，防止工伤保险基金通过各种方式流失，从事劳动能力鉴定的组织或者个人提供虚假鉴定意见的、提供虚假诊断证明的、收受当事人财物的，由社会保险行政部门责令改正，并处 2 000 元以上 1 万元以下的罚款；情节严重，构成犯罪的，依法追究刑事责任。

4.1.9 劳动能力鉴定收费标准及由谁支付

劳动能力鉴定并不是免费的，企业 HR 需要了解劳动能力鉴定的收费标准，以及劳动能力鉴定的费用应当由谁支付。

（1）劳动能力鉴定收费标准

劳动能力鉴定根据情况的不同，收费标准也有所不同，具体介绍如表 4-3 所示。

表 4-3 不同情况的收费标准

劳动能力鉴定的情况	标准配备
因病或非因工负伤	职工因病或非因工负伤需进行劳动能力鉴定的，省级每人次 300 元，市县级每人次 200 元
因工负伤医疗终结后	职工因工负伤医疗终结后需进行劳动能力鉴定的，省级每人次 400 元，市县级每人次 300 元
工伤争议	工伤争议需进行劳动能力鉴定的，省级每人次 500 元，市级每人次 400 元
需对护理依赖程度进行鉴定的	需对护理依赖程度进行鉴定的，省级每人次 400 元，市级每人次 300 元

前面介绍的是通常情况下的收费标准，但不同地区的收费标准可能存在一定差异，需要以实际收取费用为准。

（2）劳动能力鉴定费用由谁支付

鉴定费用由申请人预先缴纳，然后根据鉴定结果、用人单位工伤投保情况、以及鉴定次数的不同，分别由不同的主体实际承担。

不同情况下的鉴定费用的承担情况如表 4-4 所示。

表 4-4　不同情况的费用承担情况

鉴定情况	标准配备
初次鉴定	初次劳动能力鉴定的费用，用人单位为工伤职工购买了工伤保险的，则由工伤保险基金支付；用人单位没有为工伤职工购买工伤保险的，则由用人单位承担。工伤职工或其直系亲属无须为初次鉴定负担费用
再次鉴定	无论是用人单位，还是工伤职工或其直系亲属，对初次劳动能力鉴定的结果有异议的，可以向省级劳动能力鉴定委员会提起再次鉴定申请，鉴定费用由申请人预先缴纳。 如果再次鉴定的结论与初次鉴定的结论一致，则鉴定费用由申请人承担，包括工伤职工或其直系亲属为申请人的情形；如果再次鉴定的结论与初次鉴定的结论不一致，则鉴定费用由工伤保险基金承担，用人单位没有为工伤职工购买工伤保险的，则由用人单位承担
复查鉴定	劳动能力鉴定后工伤职工的伤情发生变化，用人单位、工伤职工或其直系亲属、工伤保险经办机构申请复查鉴定的，申请人同样需要预先缴纳鉴定费用。 如果复查鉴定的结论与初次鉴定的结论一致，则复查鉴定费用由申请人负担；如果复查鉴定的结论与初次鉴定的结论不一致，则鉴定费用由工伤保险基金承担，用人单位没有为工伤职工购买工伤保险的，则由用人单位承担

| 范例解析 |　劳动能力鉴定费用应当由谁支付

孙某是某机械加工公司的车间工人，某日上班的过程中因从事某项产品加工受伤，公司及时安排人员将其送至医院进行治疗，经过一个多月的治疗后出院。

之后，孙某提出进行劳动能力鉴定，鉴定产生的费用孙某希望公司能够报销。公司却拒绝了孙某的请求，认为孙某申请进行劳动能力鉴定产生的费用应当由本人承担。

在上述案例中，首先要确定的是企业是否为工伤员工缴纳了工伤保险，关于初次劳动能力鉴定所需费用，参加工伤保险的，由工伤保险基金支付；未参加工伤保险的，由工伤职工所在单位支付。

如果案例中的公司为该员工缴纳了工伤保险，则应当由工伤保险基金支付；如果未缴纳，则应当由该企业支付。

4.1.10 劳动能力鉴定委员会专家任职条件

前面介绍了劳动能力鉴定委员会的职责包括组建医疗卫生专家库，不仅如此，劳动能力鉴定委员会还应当每 3 年对专家库进行一次调整和补充，实行动态管理。

但并不是所有的医疗工作者都可以成为劳动能力鉴定委员会的专家，需要满足相应的条件。

◆ 具有医疗卫生高级专业技术职务任职资格。

◆ 掌握劳动能力鉴定的相关知识。

◆ 具有良好的职业品德。

参加劳动能力鉴定的专家应当按照规定的时间、地点进行现场鉴定，严格执行劳动能力鉴定政策和标准，客观、公正地提出鉴定意见。

知识延伸 | 劳动能力鉴定委员会专家的聘期

劳动能力鉴定委员会选聘医疗卫生专家，聘期一般为3年，可以连续聘任，只要满足相应的条件即可。

从事劳动能力鉴定的专家有下列行为之一的，劳动能力鉴定委员会应当予以解聘；情节严重的，由卫生计生行政部门依法处理。

◆ 提供虚假鉴定意见的。

◆ 利用职务之便非法收受当事人财物的。

◆ 无正当理由不履行职责的。

◆ 有违反法律法规和《工伤职工劳动能力鉴定管理办法》的其他行为的。

上面提到了《工伤职工劳动能力鉴定管理办法》，具体内容如图 4-4 所示。

工伤职工劳动能力鉴定管理办法

第一章　总则

第一条
为了加强劳动能力鉴定管理，规范劳动能力鉴定程序，根据《中华人民共和国社会保险法》《中华人民共和国职业病防治法》和《工伤保险条例》，制定本办法。

第二条
劳动能力鉴定委员会依据《劳动能力鉴定 职工工伤与职业病致残等级》国家标准，对工伤职工劳动功能障碍程度和生活自理障碍程度组织进行技术性等级鉴定，适用本办法。

第三条
省、自治区、直辖市劳动能力鉴定委员会和设区的市级（含直辖市的市辖区、县，下同）劳动能力鉴定委员会分别由省、自治区、直辖市和设区的市级人力资源社会保障行政部门、卫生计生行政部门、工会组织、用人单位代表以及社会保险经办机构代表组成。承担劳动能力鉴定委员会日常工作的机构，其设置办法由各地根据实际情况决定。

第四条
劳动能力鉴定委员会履行下列职责：（一）选聘医疗卫生专家，建立医疗卫生专家库，对专家进行培训和管理；（二）组织劳动能力鉴定；（三）根据专家组的鉴定意见作出劳动能力鉴定结论；（四）建立完整的鉴定数据库，保管鉴定工作档案 50 年；（五）劳动能力鉴定委员会日常工作中出各地根据实际情况决定。

第五条
设区的市级劳动能力鉴定委员会负责本辖区内的劳动能力初次鉴定、复查鉴定。省、自治区、直辖市劳动能力鉴定委员会负责对初次鉴定或者复查鉴定结论不服提出的再次鉴定。

第六条
劳动能力鉴定相关政策、工作制度和业务流程应当向社会公开。

第二章　鉴定程序

第七条
职工发生工伤，经治疗伤情相对稳定后存在残疾、影响劳动能力的，或者停工留薪期满（含劳动能力鉴定委员会确认的延长期间），工伤职工或者其用人单位应当及时向设区的市级劳动能力鉴定委员会提出劳动能力鉴定申请。

第八条
申请劳动能力鉴定应当填写劳动能力鉴定申请表，并提交下列材料：（一）有效的诊断证明、按照医疗机构病历管理有关规定复印或者复制的检查、检验报告等完整病历材料；（二）工伤职工的居民身份证或者社会保障卡等其他有效身份证件原件。

第九条

劳动能力鉴定委员会收到劳动能力鉴定申请后，应当及时对申请人提交的材料进行审核；申请人提供材料不完整的，劳动能力鉴定委员会应当自收到劳动能力鉴定申请之日起 5 个工作日内一次性书面告知申请人需要补正的全部材料。申请人提供材料完整的，劳动能力鉴定委员会应当及时组织鉴定，并在收到劳动能力鉴定申请之日起 60 日内作出劳动能力鉴定结论。伤情复杂、涉及医疗卫生专业较多的，作出劳动能力鉴定结论的期限可以延长 30 日。

第十条
劳动能力鉴定委员会应当视伤情程度等从医疗卫生专家库中随机抽取 3 名或者 5 名与工伤职工伤情相关科别的专家组成专家组进行鉴定。

第十一条
劳动能力鉴定委员会应当提前通知工伤职工进行鉴定的时间、地点以及应当携带的材料。工伤职工应当按照通知的时间、地点参加现场鉴定。对行动不便的工伤职工，经劳动能力鉴定委员会可以组织专家上门进行劳动能力鉴定，组织劳动能力鉴定的工作人员应当对工伤职工的身份进行核实。工伤职工因故不能按时参加鉴定的，经征得劳动能力鉴定委员会同意，可以调整现场鉴定的时间，作出劳动能力鉴定结论的期限相应顺延。

第十二条
因鉴定工作需要，专家组提出应当进行有关检查和诊断的，劳动能力鉴定委员会可以委托具备资格的医疗机构协助进行有关的检查和诊断。

第十三条
专家组根据工伤职工伤情，综合医疗诊断情况，依据《劳动能力鉴定 职工工伤与职业病致残等级》国家标准出具鉴定意见。参加鉴定的专家签署鉴定意见并签名。专家意见不一致时，按照少数服从多数的原则确定专家组的鉴定意见。

第十四条
劳动能力鉴定委员会根据专家组的鉴定意见作出劳动能力鉴定结论。劳动能力鉴定结论书应当载明下列事项：（一）工伤职工及其用人单位的基本信息；（二）伤情介绍，包括伤残部位、器官功能障碍程度、诊断情况等；（三）作出鉴定的依据；（四）鉴定结论。

第十五条
劳动能力鉴定委员会应当自作出鉴定结论之日起 20 日内将劳动能力鉴定结论及时送达工伤职工及其用人单位，并抄送社会保险经办机构。

第十六条
工伤职工或者其用人单位对初次鉴定结论不服的，可以在收到该鉴定结论之日起 15 日内向省、自治区、直辖市劳动能力鉴定委员会申请再次鉴定。申请再次鉴定的，按照本办法有关初次鉴定的规定执行，并提供初次劳动能力鉴定结论，以及工伤职工居民身份证或者社会保障卡等有效身份证件原件。省、自治区、直辖市劳动能力鉴定委员会作出的劳动能力鉴定结论为最终结论。

图 4-4

4.2
劳动能力鉴定的后续管理

　　并不是劳动能力鉴定完毕，所有事项就已完毕。其实不然，劳动能力鉴定完毕后，还有许多事项需要企业 HR 注意，关于劳动能力鉴定和劳动能力鉴定的后续管理还有许多需要注意的地方。

4.2.1 未经工伤认定先进行劳动能力鉴定，是否具有法律效力

许多人可能都存在这样一个疑问，未经工伤认定先进行劳动能力鉴定，是否具有法律效力?

前面介绍进行劳动能力鉴定所需要的材料时提到，劳动能力鉴定需要提供工伤认定决定书，否则劳动能力鉴定委员会不予受理。

因此 HR 需要注意，未经工伤认定是不能进行劳动能力鉴定的，也是不具备法律效应的。

 知识延伸 | 不需要先进行工伤认定的情况

如果不是工伤需要进行劳动能力鉴定，则不需要先进行工伤认定，可直接进行劳动能力鉴定。

4.2.2 对已经确定的劳动能力等级鉴定，单位能否再次要求复查

已经进行劳动能力鉴定的工伤职工或者其直系亲属、所在单位、经办机构，在劳动能力鉴定结论作出一年后认为残情发生变化，可以向劳动能力鉴定委员会提出复查鉴定申请，劳动能力鉴定委员会依据有关规定和标准对其进行鉴定，并作出劳动能力鉴定结论。

根据《工伤保险条例》第二十八条的规定，有权提出劳动能力复查鉴定的申请人主要包括以下 3 种。

◆ 工伤职工或者其直系亲属

工伤职工经劳动能力鉴定后，开始享受工伤保险待遇。经过一年后，职工如果认为自己的劳动能力已经低于劳动能力鉴定结论的规定，并且对工作生活带来很大不便的，可以申请劳动能力复查鉴定。

此外，工伤职工劳动能力的变化，对其供养的直系亲属的生活会产生直接或者间接影响，以及对其他亲属的生活也会造成一定影响，所以工伤职工的亲属也可以申请对工伤职工进行劳动能力复查鉴定。

◆ 工伤职工所在单位

工伤职工经劳动能力鉴定后，可以继续工作的，用人单位应安排与其劳动能力相适应的工作。但用人单位认为该职工的伤残程度发生变化，基于其自身利益考虑或者为了保护劳动者的合法权益，可以提出工伤职工的劳动能力复查鉴定申请。

◆ 经办机构

根据规定，经办机构依据劳动能力鉴定结论核定工伤职工的工伤保险待遇。如果劳动者劳动能力已经有了很大的改善，却还仍旧按照先前作出的劳动能力鉴定结论享受工伤保险待遇，对工伤保险基金和其他参保人是不公平的，因此，经办机构有权提出劳动能力复查鉴定申请。

| 范例解析 | 劳动能力鉴定结论作出后可以申请复查鉴定

李某是某科技公司的正式员工，在参加公司组织的活动时发生了事故，导致李某受伤，经当地劳动保障行政部门认定为工伤。之后，通过劳动能力鉴定委员会进行鉴定，李某构成七级伤残。

一年以后，李某提出要与公司解除劳动关系，并要求公司支付相关的伤残待遇，公司却拒绝了李某的申请。公司认为李某上次劳动能力鉴定的时间距今已有1年时间，伤情已经发生变化，应当进行复查鉴定，根据鉴定结果再确定相关待遇。而李某却认为不应当再进行劳动能力复查鉴定。

那么劳动能力鉴定结论作出后，单位是否可以申请复查鉴定？一般而言，工伤职工经复查鉴定后伤残等级、生活自理障碍等级发生变化的，自作出劳动能力鉴定结论次月起，其伤残津贴、生活护理费做相应调整。

《工伤保险条例》规定，如果在1年后，工伤职工的伤情有所变化，有可能影响伤残等级的，在劳动能力鉴定作出 1 年后，可以提出劳动能力复查的鉴定。

本案中，该科技公司以职工李某自伤残鉴定起已有 1 年，且李某的伤情已发生变化，根据以上规定向劳动能力鉴定委员会提请复查鉴定，具备法规明文规定的条件，劳动能力鉴定委员会应当受理。

从公司的角度考虑，如果工伤职工的伤情在逐渐恢复，那么伤员应当享受的工伤待遇也应当减少。因此通过复查鉴定，可以减少企业的损失。

4.2.3　工伤鉴定结论发生变化的待遇如何处理

这里的工伤鉴定结论发生变化是指复查鉴定结论发生了变化，要与再次鉴定进行区别。

◆ **再次鉴定**：申请鉴定的单位或者个人对设区的市级劳动能力鉴定委员会作出的鉴定结论不服的，可以在收到该鉴定结论之日起 15 日内向省、自治区、直辖市劳动能力鉴定委员会提出再次鉴定申请。

◆ **复查鉴定**：复查鉴定是劳动能力鉴定结论生效 1 年后，伤情发生变化，工伤职工或者近亲属、所在单位或者经办机构都可以申请劳动能力复查鉴定。根据复查鉴定的伤残等级予以支付相关待遇，伤残级别可能提高或者降低。

工伤鉴定结论发生变化时，相应的工伤待遇也会发生变化，具体介绍如下：

◆ 工伤职工经再次鉴定，鉴定结论发生变化的，应当按再次鉴定结论享受相应待遇，享受待遇的起始时间为原鉴定时间的次月。

◆ 工伤职工复查鉴定结论发生变化的，应当自复查鉴定结论作出的次月起，按照复查鉴定结论享受有关待遇，但一次性伤残补助金不再调整。

| 范例解析 | 工伤情况发生变化，待遇也将发生变化

陈某和刘某在一家广告公司任职，一天晚上两人一起去某加工公司收取广告费尾款。费用收齐后双方各自回家，其间陈某驾驶摩托车在途中被一辆越线行驶的小轿车撞伤，轿车并未停车，当场离去。

事发后陈某被路过的张某发现，并及时拨打了 120 将其送往医院，经鉴定轿车负主要责任，后来工伤保险行政部门根据工伤认定有关规定认定陈某为工伤。

陈某的伤情相对稳定后，经当地劳动能力鉴定委员会鉴定为三级伤残，部分依赖护理。一年后，因伤情加重，陈某提出进行劳动能力复查鉴定，复查鉴定的结果为二级伤残，生活大部分不能自理。根据复查的实际结果，工伤保险经办机构提高了陈某的相关待遇。

本案中，陈某经劳动能力复查鉴定，伤残等级由三级变为二级，生活自理障碍程度由生活部分不能自理变为生活大部分不能自理，工伤保险经办机构及时提高了相应的工伤保险待遇，是十分合理的。

4.2.4 劳动能力鉴定和伤残鉴定的区别

容易与劳动能力鉴定混淆的另一种鉴定是伤残鉴定。伤残鉴定是指伤后的伤残程度鉴定。伤、残鉴定的范围包括交通事故伤残、工伤事故伤残、意外伤害伤残、打架斗殴伤残。一般由司法部门（比如交警队、派出所、法院）根据医院提供的相关入院记录或委托伤残鉴定机构做相应的残疾鉴定。

下面来看看劳动能力鉴定和伤残鉴定之间的区别。

◆ 确定的时间不同

伤情鉴定是在伤情发生后立即进行的；而劳动能力鉴定则应在治疗终结或伤情稳定后进行，这是因为两者的评价基础不一样。

◆ 提出鉴定的时间和机关不同

劳动能力鉴定通常由劳动者、家属或单位向劳动部门提出；伤残鉴定一般由公安机关提出，交通事故伤残评定一般由公安机关或当事人向法院或向第三方有资质的机构提出鉴定申请。

◆ 目的不同

劳动能力鉴定主要在于评判治疗终结后的伤残程度，即对受害人工作、生活、社交能力的影响程度，鉴定的等级直接影响到鉴定的结果；而伤残鉴定在于确定损伤本身的严重程度。

鉴于其目的不同，因此反映在损伤程度和伤残程度的评定上是有一定区别的，也就是说，可以被鉴定为重伤的不一定构成伤残。因为有些损伤本身很严重，但经过治疗后可能痊愈而不影响身体功能。

◆ 标准依据不同

劳动能力鉴定除了用于工伤的《劳动能力鉴定——职工工伤与职业病致残等级分级》，还有非工伤用的《职工非因工伤残或因病丧失劳动能力程度鉴定标准》；在道路交通事故中，伤残评定的依据标准是《道路交通事故受伤人员伤残评定 GB 18667—2002》，属于强制性国家标准；而伤情鉴定，目前依据的是最高人民法院等部门联合制定的《人体轻伤鉴定标准 (试行)》和《人体重伤鉴定标准》。

◆ 使用目的不同

通常情况下，劳动能力鉴定目的是获取相应的工伤待遇；伤残鉴定结论多用来确定民事赔偿或刑事附带民事赔偿责任，以及确定刑事责任和行政责任。比如，交通事故大小的划分，即是以轻、重伤或死亡多少人来划定的。

◆　等级划分不同

劳动能力鉴定根据职工伤残后丧失劳动能力的程度和依赖护理的程度作出的判别和评定，一共有十个级别；伤残评定根据对工作、生活和社会活动影响的程度划分为Ⅰ级（1级）至Ⅹ级（10级）；伤情鉴定则根据损伤本身的严重程度划分为轻微伤、轻伤和重伤。

4.2.5　行政复议期间，工伤职工如何申请劳动能力鉴定

行政复议是与行政行为具有法律上利害关系的人认为行政机关所作出的行政行为侵犯其合法权益，依法向具有法定权限的行政机关申请复议，由复议机关依法对被申请行政行为合法性和合理性进行审查并作出决定的活动和制度。

在人社局做出《工伤认定决定书》后，企业或个人如果对认定结果不服，有申请行政复议的权利。那么在行政复议期间，已经认定工伤的能否进行劳动能力鉴定呢？答案是肯定的，下面进行具体介绍。

（1）劳动能力鉴定的前提条件

前面介绍到，劳动能力鉴定是指在职工发生工伤，经治疗伤情相对稳定，存在残疾、影响劳动能力时，对劳动功能障碍程度和生活自理障碍程度进行的等级鉴定。

由此可知，进行劳动能力鉴定需要具备两个条件：

◆　被认定为工伤。

◆　伤情稳定（停工留薪期满）。

（2）《工伤认定决定书》从何时生效

《工伤认定决定书》作为人社局做出的具体行政行为，属于行政确认。

所以，自作出《工伤认定决定书》并送达后，即发生法律效力，产生拘束力、执行力、确定力。

（3）行政复议、行政诉讼是否影响《工伤认定决定书》的效力

根据《行政复议法》第 21 条的规定，行政复议期间具体行政行为不停止执行；《行政诉讼法》第 44 条规定，诉讼期间不停止具体行政行为的执行。

因此，即便是对《工伤认定决定书》不服，申请了行政复议、行政诉讼，在行政复议、诉讼期间仍然不影响《工伤认定决定书》的效力。也就是说只要《工伤认定决定书》没有被撤销，那么就是有效的认定结论。工伤职工可以依据《工伤认定决定书》向设区的市级劳动能力鉴定委员会申请劳动能力鉴定。

（4）劳动能力鉴定结论是否因在申请行政复议期间作出而无效

在行政复议期间并不影响具体行政行为的执行，即便申请复议导致《工伤认定决定书》被撤销，或者要求重新作出工伤认定，都不会影响劳动能力鉴定的结果，因为劳动能力鉴定并非对劳动事实的确认，只是对伤残状况的确认。

所以，即便《工伤认定决定书》的内容有变，也不会改变职工伤残的事实。只是在撤销工伤认定决定时，导致不能依据劳动能力鉴定委员会做出的伤残等级结论，主张工伤伤残待遇而已。

| 范例解析 |　行政复议期间能够进行劳动能力鉴定

王某是某饰品加工工厂的员工，工厂为员工安排了宿舍供员工上班期间居住。一天下午，因为第二天厂房停工，所以王某驾驶摩托车回家。然而在回家的路上与一辆相向行驶的拖拉机相撞，身体多处骨折。经过交警部门鉴定，王某在此次事故中负同等责任。

后来，王某的家属向当地的人社局申请工伤认定。经过调查，人社局认定王某受到的伤害为工伤。一个月后，王某所在单位向人社局提出行政复议，要求撤销人社局作出的认定工伤决定。

在行政复议期间，王某的伤情逐渐稳定，于是向该人社局咨询如何申请劳动能力鉴定。而人社局相关工作人员认为如果现在进行劳动能力鉴定，则需要支付工伤保险待遇，如果通过行政复议撤销了工伤认定，将会使工伤保险基金造成损失，于是其谎称行政复议期间无法申请劳动能力鉴定。

工伤认定属行政确认执法行为，决定作出之后，一经送达即发生法律效力。行政复议期间，除被申请人或行政复议机关认为需要停止执行，或者申请人申请停止执行，行政复议机关认为其要求合理，决定停止执行，以及法律规定停止执行的其他情形外，行政确认行为不能停止执行。本案中，行政复议期的工伤认定决定并未出现停止执行的情形，该行政行为一直发生法律效力，也就是说，王某的受伤依然是法定意义上的工伤。

本案中，王某发生工伤，行政复议期间，王某伤情稳定后依法可以申请劳动能力鉴定。如王某通过劳动能力鉴定被评定伤残等级并领取工伤保险待遇后，人社局作出的工伤认定决定经行政复议或行政诉讼被撤销，王某领取的工伤保险待遇应当依法追回。

4.2.6 旧病复发，能否再申请劳动能力鉴定

工伤所导致的危害可能并不只是暂时的，可能会对被害者后续很长一段时间都会产生一定的影响。比如导致了工伤旧伤的复发，很多人遇见这种情况并不知道如何去进行认定以及后续的处埋也不清楚。

（1）工伤复发如何认定

工伤旧病复发，应当及时进行工伤复发鉴定，企业需要根据工伤复发鉴定前的结果进行相应的处理，如表 4-5 所示。

表 4-5　工伤复发鉴定前的结果处理方法

复发鉴定前的等级	标准配备
1～4级	工伤复发前鉴定为 1～4 级的不得终止合同，应当保留劳动关系，退出工作岗位
5～6级	工伤复发前鉴定为 5～6 级的保留用工关系，安排适当工作，难以安排工作的由用人单位每月发放伤残津贴。但职工可以提出终止合同，并一次性付清工伤医疗补助金和伤残就业补助金
7～10级	工伤复发前鉴定为 7～10 级的劳动合同期满终止，或者本人提出解除劳动合同的，由用人单位一次性付清工伤医疗补助金和伤残就业补助金

　　企业需要注意，可根据复发前期的工伤等级来判定可否终止合同。工伤职工工伤复发，确认需要治疗的享受以下待遇：

◆ 需要暂停工作接受医疗，在停工留薪期内，原工资福利待遇不变，由所在单位支付。

◆ 治疗工伤的医疗费，符合工伤规定的诊疗目录，从工伤保险基金支付。

◆ 工伤职工住院治疗期间，按照单位出差伙食补助标准的 70% 发给住院伙食补助费。

◆ 工伤职工在停工留薪期生活不能自理的，由用人单位负责护理。

◆ 工伤职工治疗非工伤引发的疾病，不享受工伤医疗待遇，按照基本医疗保险办法处理。

（2）工伤复发待遇

　　工伤员工旧病复时可以享受相应的工伤待遇的，在《工伤保险条例》中对工伤员工工伤复发，确认需要治疗的，享受工伤医疗待遇进行了规定。具体包括如表 4-6 所示的内容。

表 4-6 工伤复发后享受的待遇

待　　遇	具体介绍
工伤医疗救治	员工工伤复发，员工治疗工伤应当在签订服务协议的医疗机构就医，情况紧急时可以先到就近的医疗机构急救。治疗工伤所需费用符合工伤保险诊疗项目目录、工伤保险药品目录、工伤保险住院服务标准的，从工伤保险基金支付
住院伙食补助费	工伤员工住院治疗工伤的伙食补助费由工伤保险基金支付
工伤康复待遇	工伤复发后，需要康复治疗的应到签订服务协议的医疗机构进行工伤康复，费用符合规定的，从工伤保险基金支付
停工留薪期待遇	工伤复发员工享有的停工留薪待遇与因工受伤的待遇基本相同，包括停工留薪、护理费和安装辅助器具

 知识延伸｜工伤复发的民事赔偿

最高人民法院于2006年12月28日作出（2006）行他字第12号文，即：《关于因第三人造成工伤的职工或其亲属在获得民事赔偿后是否还可以获得工伤保险补偿问题的答复》中规定："因第三人造成工伤的职工或其近亲属，从第三人处获得民事赔偿后，可以按照《工伤保险条例》第三十七条的规定，向工伤保险机构申请工伤保险待遇补偿。"

｜范例解析｜ 旧病复发如何申请劳动能力鉴定

蔡某是某生物制药有限公司的员工，在一次公司组织的大型活动中受伤，之后在医院接受了近两个月的治疗，当地劳动保障部门认定为工伤。伤愈出院后，经过劳动能力鉴定为九级伤残，该制药公司和工伤保险进行了相应的赔付。

一年以后，蔡某因当时活动受伤部位异常疼痛再次入院接受治疗，于是蔡某和其亲属要求再次进行劳动能力鉴定，但是公司认为已经按照相关规定对其进行了赔偿，不需要再进行劳动能力鉴定。

在《工伤保险条例》中规定，自劳动能力鉴定结论做出之日起 1 年后，工伤职工或者其近亲属、所在单位或者经办机构认为伤残情况发生变化的，可以申请劳动能力复查鉴定。所以，旧病复发可以再申请劳动能力鉴定。

4.2.7　工伤职工多处伤残的，如何确定伤残等级

工伤事故可能并不会单纯地造成某一种伤害，相反，可能因为复杂的情况给职工带来复杂的伤情或多处工伤。企业 HR 需要明白，这种复杂伤情通常应当如何确定伤残等级。

首先需要根据工伤员工所有的工伤情况进行伤残情况评定，确定各处的伤残等级。对于同一器官或系统多处损伤的职工，或一个以上器官同时受到损伤时，应先对单项伤残程度进行评定。

对于评定结果，主要有以下两种处理办法。

伤残等级不同。如果几项伤残等级不同，就以最严重的等级定级。

伤残等级相同。如果两项或两项以上工伤等级相同，最多可以晋升一个工伤等级。

上述两种处理方法的含义是，如果某员工存在两处工伤，分别为 3 级和 7 级，则最终认定的工伤等级应当为 3 级；若某员工存在两处工伤，鉴定结果都为 5 级，则鉴定结果可能升为 4 级。

| 范例解析 |　多处工伤的伤残等级确定

魏某是某煤矿公司的下井工作人员，每天都需要下井工作。魏某在煤矿企业工作多年，工作中都是严格按照相关规定和安全作业原则操作，他们队伍对此收到公司的表扬，被评为优秀。

然而有一天意外却发生了，魏某等人正在井下作业时煤矿中的瓦斯发生爆炸。当时魏某在坑道口被爆炸产生的气流击中，伤情严重。魏某等人被救出后，其头部、腿部以及肋骨等多处受伤。事后，经劳动能力鉴定，认定魏某头部的伤残等级为4级，左腿为8级，肋骨为9级。

根据我国《职工工伤与职业病致残程度鉴定标准》（GB/T 16180-2006）3.5 晋级原则规定，对于同一器官或系统多处损伤，或一个以上器官不同部位同时受到损伤者，应先对单项伤残程度进行鉴定。如几项伤残等级不同，以重者定级；两项以上等级相同，最多晋升一级。

本案中，魏某因工受伤，劳动能力鉴定委员会对他身体不同部位的受伤等级分别作出了鉴定结论。可见，魏某的伤残等级不同，应以最重的等级定级，魏某头部为 4 级伤残，因此魏某的伤残等级为 4 级伤残，应按此享受工伤待遇。

第5章

工伤待遇与纠纷

正确解决工伤赔付问题

企业作为用人方，在出现工伤事故时，需要承担一定的赔偿责任。在工伤赔付过程中容易产生赔偿纠纷，企业HR在面对工伤纠纷时要知道如何解决。

5.1
如何确定工伤职工的工伤待遇

工伤待遇是工伤员工比较看重的，这关系到他们的生活、工伤治疗、护理等。企业 HR 应当知道如何确定工伤职工的工伤待遇，切实保护工伤职工的利益。

5.1.1　工伤保险基金的构成和用途是什么

在第 1 章中已经对工伤保险进行了介绍，这里讲解的是工伤保险基金。工伤保险基金是指为了建立工伤保险制度，使工伤职工能够得到及时救助和享受工伤保险待遇而筹集的资金。

在确定工伤员工的工伤待遇前，首先需要了解工伤保险基金的构成和具体用途。

◆　工伤保险基金的构成

了解工伤保险基金的构成实质上就是要了解工伤保险基金的来源，工伤保险基金的来源主要包含以下四个途径：

①企业缴纳的工伤保险费（企业必须按照国家和当地人民政府的规定参加工伤保险，按时足额缴纳工伤保险费）。

②工伤保险费滞纳金。

③工伤保险基金的利息。

④法律法规规定的其他资金。

需要注意，工伤保险费根据各行业的伤亡事故风险和职业危害程度的类别实行差别费率，并每5年调整一次。

◆ 工伤保险基金的用途

工伤保险基金用于参加工伤保险的工伤职工个人待遇方面的支出，应对参保人员可能出现的工伤事故。

工伤保险基金的使用途径较多，主要包括工伤医疗费、生活护理费、伤残补助金和伤残津贴等，具体介绍见表5-1。

表5-1　工伤保险基金的用途

用　途	具体介绍
工伤医疗费用	1.工伤医疗费；2.住院伙食补助费；3.跨统筹地区就医的食宿、交通费
因工伤残费用	1.一至四级工伤职工伤残津贴；2.一次性伤残补助金；3.生活护理费；4.终止或者解除劳动关系时的一次性工伤医疗补助金
因工死亡费用	1.丧葬补助金；2.供养亲属抚恤金；3.一次性工亡补助金
其他相关费用	1.劳动能力鉴定费；2.工伤康复费用；3.配置辅助器具费用；4.工伤预防费；5.工伤保险储备金；6.其他法律、法规规定应由工伤保险基金支付的费用

5.1.2　工伤费用哪些由企业支付，哪些由工伤保险基金支付

在面对工伤事故时，不仅工伤职工感到疑惑，可能企业负责人也不明确哪些费用应当由企业支付，哪些费用应当由工伤保险基金支付。下面一起来学习该内容。

（1）工伤保险基金支付的部分

因工伤发生的下列费用，按照国家规定从工伤保险基金中支付：

- ◆ 治疗工伤的医疗费用和康复费用。
- ◆ 住院伙食补助费。
- ◆ 到统筹地区以外就医的交通食宿费。
- ◆ 安装配置伤残辅助器具所需费用。
- ◆ 生活不能自理的，经劳动能力鉴定委员会确认的生活护理费。
- ◆ 一次性伤残补助金和一至四级伤残职工按月领取的伤残津贴。
- ◆ 终止或者解除劳动合同时，应当享受的一次性医疗补助金。
- ◆ 因工死亡的，其遗属领取的丧葬补助金、供养亲属抚恤金和因工死亡补助金。
- ◆ 劳动能力鉴定费。

（2）用人单位支付部分

因工伤发生的下列费用，按照国家规定应当由用人单位支付：

- ◆ 治疗工伤期间的工资福利。
- ◆ 五级、六级伤残职工按月领取的伤残津贴。
- ◆ 终止或者解除劳动合同时，应当享受的一次性伤残就业补助金。

职工所在用人单位未依法缴纳工伤保险费，发生工伤事故的，由用人单位支付工伤保险待遇。

| 范例解析 | 工伤费用的划分

黄某在某电器设备有限公司工作，主要负责设备生产与加工工作，每月工资3 000元，由于某些原因，公司未与黄某签订劳动合同，也未依法购买社会保险。

一天上班时间，黄某在工作过程中附近加工设备发生了爆炸，最终导致黄某小腿等部位严重受伤。事故发生后，附近同事立即将其送至医院进行救治。经医生诊断，黄某全身多处骨折断裂。经过治疗，几个月后黄某终于痊愈出院。

黄某住院期间的全部医疗费用都由其所在公司支付了，但当黄某要求公司依法为自己申报工伤时，公司却一再拖延，不愿向劳动局提出工伤认定申请。

出于无奈，黄某只得自行向当地的人力资源和社会保障局提出工伤认定申请并提供了工伤认定所需的材料。人力资源和社会保障局经过调查，认定黄某的情况属于工伤，并作出认定工伤决定书。

工伤认定结束后，黄某又向当地劳动能力鉴定委员会提出进行劳动能力鉴定。经过专家评定，确定黄某的伤残等级为七级，部分丧失劳动能力，确认停工留薪期为8个月。

黄某与公司多次协商工伤待遇问题未果后，于是向劳动法能力鉴定委员会申请仲裁。在仲裁过程中提供了相应的发票、诊费单据等票据。

黄某希望就以下问题得到解决。

①解除与公司之间的劳动关系。

②公司支付未签订书面劳动合同应支付的双倍工资。

③公司为自己补缴养老、医疗、失业等社会保险费。

④公司支付全部工伤保险待遇。

仲裁开庭审理后，依法作出裁决，支持了黄某的请求。公司除了为黄某补缴相关社会保险，支付法定应由公司承担的工资、伙食费、陪护费和一次性伤残就业补助金等工伤待遇外，还需支付原本可由工伤保险基金支付的其他各项工伤保险待遇费用。

根据相关规定，职工因工伤被鉴定为 7 ~ 10 级伤残的，应当享受相应的待遇。因为公司没有为黄某参加工伤保险，所以本可由工伤保险基金支付的保险费也由公司支付。

虽然前面介绍了出现工伤事故，根据规定部分费用应由社会保险支付，不过前提是企业为员工办理了工伤保险。否则，一旦出现工伤事故，企业需要承担较大损失。

5.1.3　鉴定为 1 级到 4 级工伤伤残职工享受哪些伤残待遇

前面介绍到，通过劳动能力鉴定，不同的等级享受不同的待遇。职工因工致残被鉴定为一级至四级伤残的，属于较为严重的伤残。

职工因工致残被鉴定为一级至四级伤残的，应当保留劳动关系，退出工作岗位，并享受以下待遇：

①从工伤保险基金按伤残等级支付一次性伤残补助金，标准为：一级伤残为 27 个月的本人工资，二级伤残为 25 个月的本人工资，三级伤残为 23 个月的本人工资，四级伤残为 21 个月的本人工资。

②从工伤保险基金按月支付伤残津贴，标准为：一级伤残为本人工资的90%，二级伤残为本人工资的 85%，三级伤残为本人工资的 80%，四级伤残为本人工资的 75%。伤残津贴实际金额低于当地最低工资标准的，由工伤保险基金补足差额。

③工伤职工达到退休年龄并办理退休手续后，停发伤残津贴，按照国家规定享受基本养老保险待遇，基本养老保险待遇低于伤残津贴的由工伤保险基金补足差额。

④职工因工致残被鉴定为一级至四级伤残的，由用人单位和职工个人以伤残津贴为基数，缴纳基本医疗保险费。

除了前面介绍的 1 级到 4 级工伤伤残职工应当享受的待遇外，不同地区可能还会包含其他待遇。

5.1.4　鉴定为 5 级到 6 级工伤伤残职工享受哪些伤残待遇

根据《工伤保险条例》规定，职工因工致残被鉴定为五级、六级伤残的，可以享受的工伤待遇如下：

①从工伤保险基金按伤残等级支付一次性伤残补助金，标准为：五级伤残为 18 个月的本人工资，六级伤残为 16 个月的本人工资。

②保留与用人单位的劳动关系，由用人单位安排适当工作。难以安排工作的，由用人单位按月发放伤残津贴，标准为：五级伤残为本人工资的 70%，六级伤残为本人工资的 60%，并由用人单位按照规定为其缴纳应缴纳的各项社会保险费。伤残津贴实际金额低于当地最低工资标准的，由用人单位补足差额。

③经工伤职工本人提出，该职工可以与用人单位解除或者终止劳动关系，由用人单位支付一次性工伤医疗补助金和伤残就业补助金。具体标准由省、自治区、直辖市人民政府规定。

④工伤职工伤情反复的，可以继续享受工伤医疗待遇与停工留薪期待遇；如果已经与用人单位解除劳动合同的，不在此列。

5.1.5　鉴定为 7 级到 10 级工伤伤残职工享受哪些伤残待遇

根据《工伤保险条例》规定，职工因工致残被鉴定为七级至十级伤残的，可以享受以下待遇：

①从工伤保险基金按伤残等级支付一次性伤残补助金，标准为：七级伤残为 13 个月的本人工资，八级伤残为 11 个月的本人工资，九级伤残为 9 个月的本人工资，十级伤残为 7 个月的本人工资。

②劳动、聘用合同期满终止，或者职工本人提出解除劳动、聘用合同的，由工伤保险基金支付一次性工伤医疗补助金，由用人单位支付一次性伤残就业补助金。一次性工伤医疗补助金和一次性伤残就业补助金的具体标准由省、自治区、直辖市人民政府规定。

5.1.6　一次性伤残补助金与经济补偿金可以同时适用吗

在实际工作中，很可能出现员工因工负伤，但是伤残等级较低的情况，用人单位可以依法解除劳动关系，但需要支付相应的经济补偿金。

经济补偿金是用人单位解除劳动合同时，给予劳动者的经济补偿。经济补偿金是在劳动合同解除或终止后，用人单位依法一次性支付给劳动者的经济上的补助。

工伤保险待遇和解除劳动合同的经济补偿是两个法律关系，不存在重叠关系，因此是可以同时适用的。

| 范例解析 |　一次性伤残补助金与经济补偿金可同时申请

刘某是某电器设备公司的正式员工，在该公司工作5年后，一天刘某在工作中不慎摔倒，伤情不明，之后快速被同事送至医院进行救治，该公司支付了刘某住院治疗的相关费用，以及住院期间的伙食费。

人力资源和社会保障局认定，刘某受伤属于工伤；经劳动能力鉴定委员会鉴定，刘某工伤等级为八级。不过刘某所在的公司一直未与其签订劳动合同，也没有给刘某购买工伤保险。

刘某出院后与该公司协商工伤赔偿相关事宜，并未得到妥善解决。于是刘某向劳动仲裁委申请劳动仲裁。刘某申请仲裁的请求包括。

1.解除双方之间的劳动关系。

2.该电器设备公司支付工伤待遇9万余元。

3.该电器设备公司支付刘某解除劳动关系经济补偿金。

后来，根据仲裁委员会的要求，刘某将该诉求分为了两个独立的案件，分别是要求该电器设备公司支付应得的工伤待遇和支付解除劳动关系的相应补偿金。

劳动仲裁委员会裁决后认为：该电器设备公司支付刘某工伤待遇（9万元）；驳回刘某要求电器设备公司支付经济补偿金的请求。

刘某对仲裁结果不服，在规定的时限内向法院提起民事诉讼。人民法院判决：被告某电器设备公司支付原告刘某工伤保险待遇9万元；电器设备公司支付原告刘某经济补偿金7 500元。

经济补偿金的相关法律依据是《劳动合同法》第三十六条、三十八条、四十条、四十一条第一款、四十四条第四款和第五款、第四十六条，适用的对象是非主动提出解除劳动关系的劳动者、单位有过错时提出解除劳动关系的劳动者。

尽管相关的法律法规没有规定工伤待遇与经济补偿金可以兼得，但也没有相关的法律法规、司法解释等规范性法律文件规定工伤待遇与经济补偿金不可以兼得。按照法无禁止即许可的理念，工伤待遇与经济补偿金可以兼得。

工伤待遇与经济补偿金性质不同，二者互不包容、互不矛盾，兼得不会导致重复获利的可能。

5.1.7　达成工伤赔偿协议后能否反悔

在出现工伤事故后，用人单位可以就工伤赔偿进行协商，从而确定最终的赔偿方案。那么在达成赔偿协议后，能否因为对赔偿金额的不满或是认为自身权益被侵犯而反悔呢？

劳动者发生工伤事故后，用人单位应当按照《工伤保险条例》的规定给予劳动者工伤保险待遇。如果用人单位与劳动者约定比工伤保险条例标准更低的赔偿标准或免除用人单位的赔偿责任的，应当认定该约定违反法律的强制性规定而无效。

| 范例解析 |　达成工伤赔偿协议后因裁决赔偿金额高于赔偿协议而反悔

李某是某广告公司的正式员工，某日，李某在工作过程中受伤，并住院治疗了一个月。出院后，李某与该广告公司经协商达成一次性赔偿协议：由广告公司赔偿李某一次性伤残补助、一次性工伤医疗补助、一次性误工补

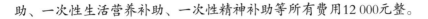

助、一次性生活营养补助、一次性精神补助等所有费用12 000元整。

除此之外，该协议还包含一个条款"如李某今后有任何问题和损失均与广告公司无关，李某不得对此次事故以任何理由再向广告公司提出赔偿要求"。

双方在协议上签字确认后，李某的伤情经劳动局认定为工伤，后来经过劳动能力鉴定委员会鉴定，李某构成十级伤残。然后，李某向劳动仲裁委员会申请劳动仲裁，请求解除劳动关系并由某广告公司依法支付相关费用。劳动争议仲裁委员会依法作出裁决，双方劳动关系依法解除，由某广告公司支付李某一次性伤残补助金、一次性就业补助金、一次性医疗补助金等费用合计59 000元整。

广告公司不服，认为双方已经协商达成一致赔偿意见，不应再给予李某工伤赔偿。于是向人民法院提起诉讼，要求确认双方最初签订的一次性赔偿协议有效。

劳动者发生工伤事故后，用人单位应当按照《工伤保险条例》的规定给予劳动者工伤保险待遇。如果用人单位与劳动者约定比工伤保险条例标准更低的赔偿标准或免除用人单位的赔偿责任的，根据《中华人民共和国合同法》第五十二条规定有下列情形之一的，合同无效：（一）一方以欺诈、胁迫的手段订立合同，损害国家利益；（二）恶意串通，损害国家、集体或者第三人利益；（三）以合法形式掩盖非法目的；（四）损害社会公共利益；（五）违反法律、行政法规的强制性规定。

根据上述规定，案例中的公司并未按照《工伤保险条例》的相关要求依法支付劳动者工伤保险待遇，且协议中存在损害劳动者利益的情况，因此该协议应当无效。

5.1.8　职工因工死亡后，其工伤保险待遇应如何分割

职工因工死亡，是指职工因工伤事故、职业中毒直接导致的死亡，经抢救治疗无效后的死亡，以及在停工留薪期内治疗中的死亡。

职工因工死亡，其直系亲属按照下列规定从工伤保险基金领取丧葬补助金、供养亲属抚恤金和一次性工亡补助金。具体介绍如图 5-1 所示。

第一项：丧葬补助金

丧葬补助金为6个月的统筹地区上年度职工月平均工资。

第二项：供养亲属抚恤金

供养亲属抚恤金按照职工本人工资的一定比例发给由因工死亡职工生前提供主要生活来源、无劳动能力的亲属。标准为：配偶每月40%，其他亲属每人每月30%，孤寡老人或者孤儿每人每月在上述标准的基础上增加10%。核定的各供养亲属的抚恤金之和不应高于因工死亡职工生前的工资。供养亲属的具体范围由国务院劳动保障行政部门规定。

第三项：一次性工亡补助金

一次性工亡补助金标准为48个月至60个月的统筹地区上年度职工月平均工资。具体标准由统筹地区的人民政府根据当地经济、社会发展状况规定，报省、自治区、直辖市人民政府备案。

图 5-1

| 范例解析 | 依法分割工亡职工工伤保险待遇款

王某（妻）与张某（夫）结婚，并生育了一个女儿。张某在当地一家煤矿公司矿上打工，某天因矿窿倒塌被砸身亡。事后，该公司一次性赔偿死者张某亲属20万元（其中包括丧葬补助金、供养亲属抚恤金和一次性工伤死亡补助金），该款由张某的父亲领取。

张父得款后拒绝分割给儿媳妇王某，并以自己的名义将款项存入银行，为此引起纠纷。之后，王某和女儿向当地人民法院提起诉讼，要求将张某因工死亡后所得的赔偿款20万元进行分割。

法院经审理认为：原、被告与该公司所达成的因张某工亡所获各项赔偿款，以20万元作为总计，对各项赔偿金额未具体单列。

故根据《工伤保险条例》的有关规定，首先应划分出抚养女儿和赡养其父亲的费用，再将张某的丧葬补助金划出，其余款项为张某的工亡补助金，由原、被告3人平分。

张某的安葬事宜由王某和张父共同负责，因此丧葬补助金由原告王某保管、开支，丧葬补助金按照6个月的统筹地区上年度职工月平均工资计算。原告王某系原告女儿的监护人，对女儿负有抚养义务。

被告张父现有6个子女都健在且有劳动能力，且张某、王某对被告负有赡养义务。据此判决：①原告张×（张某女儿）分得抚恤金等共计7万余元（由其监护人王某代为保管）；②被告张父分得抚恤金等共计6万余元；③王某分得工亡补助金等共计5万余元。

根据《工伤保险条例》第三十七条规定，职工因工死亡，其直系亲属有权依法领取丧葬补助金、供养亲属抚恤金和一次性工亡补助金。丧葬补助金，按照6个月的统筹地区上年度职工月平均工资计算，应当用于职工死亡后的安葬事宜。供养亲属抚恤金，按照职工本人工资的一定比例发给由因工死亡职工生前提供主要生活来源、无劳动能力的亲属。

根据劳动和社会保障部《因工死亡职工供养亲属范围规定》第二条的规定，职工的配偶、子女、父母均属于其供养亲属的范畴。

因此，上例中张某的妻子王某、女儿和父亲都属于其供养亲属的范围。除此之外，张某女儿应当获得一定的抚养费用，其父亲应当获得相应的赡养费用，应当首先从总费用中划出。

5.2
企业工伤赔付过程中常见的纠纷情况

企业在进行工伤赔付时，很容易与工伤员工产生纠纷。企业 HR 要知道如何解决这些纠纷。

5.2.1 医疗保险赔偿款与工伤医疗费能否同时享受

在很多时候，企业为了转嫁风险，减少企业工伤事故给自身带来的损失，都会选择给员工购买相应的商业保险。那么当出现工伤事故时，工伤员工是否可以享受医疗保险赔款和工伤医疗费呢？

企业为职工出资投保，是为了避免和减少因职工意外事故风险给企业带来的损失，具有保险事故损失的补偿性质。所以当投保的被保险职工因事故出险后，保额内的医疗费可由保险公司代其承担。公司为员工垫付了全部医疗费，应取得该保额作为补偿。

因此，工伤员工不能够同时享受医疗保险赔偿款与工伤医疗费。下面通过具体的案例进行介绍。

│ **范例解析** │ **员工无法同时享受医疗保险赔偿款与工伤医疗费**

由于某公司员工从事的工作存在一定的危险性，所以该企业在为员工办理工伤保险后，还会为其职工投保商业保险，主要包括每个被保险人意外伤害保额为5万元，附加意外医疗保额1万元，保险期限为1年。

某一日，该公司职工袁某在从事维修工作过程中出现工伤事故，公司当即将其送往医院进行救治，治疗一段时间后，袁某因医治无效死亡。

后来袁某亲属提供了袁某工伤后在医院就医的医疗费收据的复印件（原件在某公司处保存）等材料起诉，要求保险公司按保险单约定的保险金额进行赔付。

判决生效后，保险公司支付了其中的1万元。但是袁某所在公司认为，公司已经支付了袁某的全部医疗费用及赔偿费用，袁某亲属在保险公司获得的1万元属于不当得利，应当返还公司。于是该公司将袁某亲属告上了法院，要求退款。

法院通过审理认为，该公司为员工投保商业保险是为了避免或减少因职工出现意外事故，给企业带来较大损失，具有保险事故补偿性质。其主要目的是，当职工出现保险事故后，1万元保额内的医疗费可以由保险公司进行支付。本案中的公司为被保险人支付了超过保额的全部医疗费，应取得该保额作为补偿。

因此，袁某的亲属并没有为工伤事故出险者支付相关医疗费用，取得了医疗费保额赔偿，就应当按保额返还公司已垫付的医疗费。

根据《工伤保险条例》的规定，从工伤保险基金中支付的治疗工伤所需费用，应当符合工伤保险诊疗项目目录、工伤保险药品目录、工伤保险住院服务标准。

不符合工伤保险诊断项目目录、工伤保险药品目录、工伤保险住院服务标准的费用，仍然应当由用人单位或者职工承担。除此之外，由于职工遭遇意外事故也会给用人单位带来损失，所以用人单位对职工发生意外事故存在遭受损失的风险。为了最大限度地降低这种风险，用人单位采取了商业保险的方法，应当值得肯定。

也就是说，用人单位为职工意外事故投保，其目的在于为企业减少损失、抵御风险，而非为了获取非法利益。从工伤职工角度，在发生工伤事故后，有权申请享受工伤保险待遇，当其所受损害已经得到较好的填补，对于用人单位用于减少单位风险而获得的保险赔偿款，则不享有权利。

所以，职工享受工伤保险待遇后，对用人单位为职工投保意外伤害险而获得的保险赔偿金是不能再领取的。

5.2.2　用工单位与派遣公司如何分担工伤赔偿责任

现实中，劳务派遣人员在工作的过程中免不了因意外受到人身损害，并被认定属于工伤。那么，工伤责任应该由谁承担呢？是用人单位还是实际的用工单位。

（1）用工单位与派遣公司如何分担工伤赔偿

在劳务派遣合同中，当劳动者权益受到侵害时，派遣单位与实际用工单位之间签订的劳务派遣合同的约定很关键，双方要根据合同约定来承担相应责任。那么当工伤事故发生时，工伤赔偿责任应当如何划分呢？具体介绍如表 5-2 所示。

表 5-2　用工单位与派遣公司工伤赔偿责任划分

项　目	具体介绍
劳动关系	劳务派遣是近年来一种新的用人方式，可跨地区、跨行业进行。实行劳务派遣，用人单位与劳务派遣组织签订《劳务派遣合同》，劳务派遣组织与劳务人员签订《劳动合同》，实际用人单位与劳务人员双方之间只有使用关系，没有聘用合同关系
赔偿责任	根据《工伤保险条例》和《劳动合同法》等相关法律规定，劳动者与劳务派遣单位签订劳动合同。因此，虽然劳动者在实际用人单位工作，但劳动者只与派遣单位发生劳动关系，劳务派遣单位应当履行对劳动者的义务。劳动者发生工伤后，所产生的费用也由劳动派遣单位支付
权利义务	在劳务派遣合同中，劳动者权益受到侵害时，派遣单位与用工单位之间签订的劳务派遣合同的约定很关键，双方要根据合同的约定承担相应责任。当劳动者自身权益受到侵害，派遣单位与用工单位均不愿意承担责任的情况下，劳动者可以向上述两家单位主张权利

虽然是由派遣单位承担赔偿责任，但是派遣单位可以在《劳务派遣合同》中对相应的情况进行约定，从而减轻自身的风险。

（2）派遣单位和用工单位的责任

派遣单位和用工单位在进行劳务派遣的过程中应当遵循相关要求，明确自身的责任，才能避免给自身带来较大损失。

◆ 用工单位应将使用派遣劳动者情况和派遣协议向人力社保部门备案，并负责劳动者在本单位的日常管理工作。

- ◆ 核对派遣单位的《劳务派遣单位登记备案证书》、劳动者的身份证明以及劳动合同等材料，并与派遣单位签订劳务派遣协议。

- ◆ 用工单位应告知劳动者工作要求和劳动报酬，支付加班费和绩效奖金，提供相关的福利待遇。主要是用工单位应当按照《劳动合同法》的规定对从事同种工作的被派遣劳动者与非派遣劳动者实行同工同酬，适用相同的工资福利制度。用工单位无同类非派遣劳动者的，参照用工单位所在地或所在行业相同或相近岗位劳动者的劳动报酬确定。连续用工的，实行正常的工资调整机制。

- ◆ 提供条件，保证被派遣劳动者依法参加用工单位工资集体协商，建立正常的工资调整机制。

- ◆ 用工单位应按照劳务派遣协议的约定向派遣单位支付劳动者工资、社会保险等相关劳务费用，并应当在支付凭证上予以注明。

- ◆ 劳动者在派遣期间发生工伤事故伤害的，用工单位应当协助派遣单位做好工伤认定申报工作。按照工伤保险有关规定和劳务派遣协议约定，支付工伤职工工伤保险待遇。

- ◆ 用工单位使用被派遣劳动者所在岗位确需实行特殊工时工作制的，由用工单位向人力社保部门申报，同时告知劳务派遣单位和被派遣劳动者。

| 范例解析 |　派遣单位承担工伤赔偿责任

某人力资源有限公司是一家劳务派遣公司，该公司的派遣员工蒋某在上班的过程中被卡车撞伤，卡车司机事后逃逸，之后蒋某被送往医院，最终得救。蒋某右脚被压断，经过劳动能力鉴定，结果为五级伤残，用人单位需按月向其支付伤残津贴。

之后，因双方协议的派遣期满，客户决定不再续签，对蒋某的伤残津贴也停止了支付。

通过协商沟通，蒋某同意与派遣公司解除劳动合同，但需要派遣公司一次性支付之后10年的伤残津贴、一次性伤残就业补助金和一次性医疗补助金。

由于工伤保险待遇是明确的，在这个前提下，无论是派遣公司还是用工单位都有义务来承担这些法律责任。对于五级工伤的员工，需要由派遣单位按月支付伤残津贴，并在解除劳动合同时支付一次性伤残就业补助金和一次性医疗补助金。

《工伤保险条例》明确规定，上述责任应当由派遣单位来支付。在劳务派遣公司拒绝支付或无能力支付的情形下，派遣员工可以向用工单位主张，由用工单位来承担相应的法律责任。

本案中若劳务派遣公司与用工单位关于工伤责任没有在派遣协议中明确划分，那么依法应当由劳务派遣公司来承担相应的法律责任，即由派遣公司来承担接下来的伤残津贴与"两金"。

但是，对于蒋某来讲，其有权利要求派遣公司承担责任，也有权利要求用工单位承担相应的责任。若其要求用工单位承担相应的责任，用工单位承担后，可以向派遣公司追偿。

5.2.3　人身意外保险能否代替工伤保险

一些企业主对工伤保险了解不足，以为工伤保险和意外伤害险没有区别，只要有一种就行，于是在为员工投保意外伤害险后，就不再参加工伤保险。这是不对的，人身意外伤害险是无法代替工伤保险的。

◆　人身意外保险和工伤保险的区别

尽管意外伤害险和工伤保险的作用比较相似，但两者仍然存在本质上的差别，具体介绍如下。

意外伤害险。意外伤害险是以赢利为目的的商业保险，主要赔付伤者的医药费。

工伤保险。作为社会保险的工伤保险，属于国家规定的强制性险种，工伤职工在因用人单位以外的第三人侵权造成人身损害，请求第三人民事赔偿的同时，仍可以按照《工伤保险条例》规定享受相关待遇。因各种原因用人单位未参加工伤保险统筹的，相关工伤保险待遇的支付由用人单位负责。

 知识延伸 | 意外保险承保范围存在限制

意外保险一般承保风险类别有1~3类的人群。像公司一般文员、教师、自由职业者、行政人员都是比较容易投保成功的。4类职业，比如公客运，包括自用货车、货柜车司机、快递人员（汽车）属于较高风险，在网上还是可以找到投保的产品，轻松投保。例如：e顺综合意外保障计划自由选，平安绿色通道垫付卡B款。4类以外的人群，如建筑工人和运营货车司机，要投保的话，通常需要保险公司特别设计，加费或者减额承保。像都邦公司的关爱卡（救援版），最高保到6类。赔付时根据职业类别按比例赔付，高风险人群得到的保障显得很少，但是本身这个市场并不发达，可选择性很小。

◆ 人身意外保险和工伤保险的赔付

人身意外保险和工伤保险在赔付方面也存在一定的区别，企业 HR 应当对此有一定的了解。

对同时投保了工伤保险和意外保险的人群，医疗费用通常是由工伤保险报销后，商业保险扣除已赔付部分，然后对剩下的金额进行赔偿。身故或残疾保险金则是分别按照约定额度给付，不存在冲突现象。通常建议将商业意外险作为社保的补充和完善。

除了一次性补偿，工伤保险还有一系列后续补偿，保障功能强于商业保险，后者只能作为工伤保险的补充，不能作为替代产品。

| 范例解析 | **商业保险无法替代工伤保险**

某单位正式员工曹女士在工作时出现事故，受伤住院，单位应该承担相应责任。然而，该单位的负责人表示只愿意为曹女士支付商业保险赔付的费用，想用商业保险来代替工伤保险。曹女士不解，于是向工伤基金服务处相关工作人员咨询，工作人员表示，工伤保险是一种政府行为，是国家为了保障职工合法权益而实行的强制性保险，符合法律规定的用人单位必须为其职工参加工伤保险，并缴纳保险费。

根据《工伤保险条例》第二条规定，"中华人民共和国境内的企业、事业单位、社会团体、民办非企业单位、基金会、律师事务所、会计师事务所等组织和有雇工的个体工商户应当依照本条例规定参加工伤保险，为本单位全部职工或者雇工缴纳工伤保险费。"

由此可见，任何用人单位，无论出于什么目的及理由，均不得免除为员工办理工伤保险的责任。根据劳动和社会保障部办公厅《关于参加商业保险中的人身意外伤害险后是否还应当参加工伤保险问题的复函》的有关规定，工伤保险是社会保险的一个重要组成部分，是国家强制实施的一项社会保障制度。

从上面的案例可以看出，该单位负责人的做法是错误的，员工因工受伤，就应当进行工伤认定，认定为工伤的应该享受工伤待遇，获得工伤赔付，商业保险是无法代替工伤保险的。用人单位的投保行为纯粹属于给员工的额外福利，无法起到替代工伤保险的作用。

5.2.4　非法用工单位伤亡人员一次性赔偿支付标准是什么

非法用工是指违反劳动法律法规规定，务工者与用工单位建立的劳动关系属于非法劳动关系。用人单位需要规范自身，不能出现非法用工现象。

（1）了解什么是非法用工

企业 HR 需要明白什么是非法用工，才能在实际工作中避免相应情况的发生。非法用工主要包括以下 4 种情形。

◆ 应取得而未取得营业执照或依法应登记、备案而未登记、备案单位的用工。

- ◆ 已经办理注销登记或者被吊销营业执照单位的用工。
- ◆ 营业执照有效期届满后未按照规定重新办理登记手续或被撤销登记、备案单位的用工。
- ◆ 用人单位违法使用童工，以及外籍员工未经批准在国内工作。

（2）非法用工不同伤残赔付标准

非法用工致伤或致残，同样需要进行劳动能力鉴定，不同伤残程度对应的赔付情况是不同的，具体如表 5-3 所示。

表 5-3　不同伤残等级的一次性赔偿金标准

伤残等级	赔付标准
一级伤残	16 倍所在地工伤保险统筹地区上年度职工年平均工资
二级伤残	14 倍所在地工伤保险统筹地区上年度职工年平均工资
三级伤残	12 倍所在地工伤保险统筹地区上年度职工年平均工资
四级伤残	10 倍所在地工伤保险统筹地区上年度职工年平均工资
五级伤残	8 倍所在地工伤保险统筹地区上年度职工年平均工资
六级伤残	6 倍所在地工伤保险统筹地区上年度职工年平均工资
七级伤残	4 倍所在地工伤保险统筹地区上年度职工年平均工资
八级伤残	3 倍所在地工伤保险统筹地区上年度职工年平均工资
九级伤残	2 倍所在地工伤保险统筹地区上年度职工年平均工资
十级伤残	1 倍所在地工伤保险统筹地区上年度职工年平均工资
致死	10 倍所在地工伤保险统筹地区上年度职工年平均工资

（3）其他费用规定

非法用工造成的员工工伤，也会涉及生活费、医疗费以及护理费等问题，那么这些费用应当由谁支付呢？

◆ 一次性赔偿包括受到事故伤害或患职业病的职工或童工在治疗期间的费用和一次性赔偿金，一次性赔偿金数额应当在受到事故伤害或患职业病的职工或童工死亡或者经劳动能力鉴定后确定。

◆ 劳动能力鉴定按属地原则由单位所在地设区的市级劳动能力鉴定委员会办理。劳动能力鉴定费用由伤亡职工或者童工所在单位支付。

◆ 职工或童工受到事故伤害或患职业病，在劳动能力鉴定之前进行治疗期间的生活费、医疗费、护理费、住院期间的伙食补助费及所需的交通费等费用，按照《工伤保险条例》规定的标准和范围，全部由伤残职工或童工所在单位支付。

| 范例解析 | 非法用工致伤的一次性赔偿金计算

白某被某机械公司招用，主要负责机械加工的相关工作，每月工资4 500元。双方未签订劳动合同，该公司也未为其缴纳社会保险。后来因设备故障，白某右手受伤。该公司立即送其到医院治疗，经诊断白某手指多处骨折。

白某被劳动行政部门认定为工伤，后经劳动能力鉴定委员会鉴定为9级伤残，但该企业并未支付相关费用。为解决问题，白某向劳动人事争议仲裁委员会提起仲裁申请，请求依法裁决：①某机械公司支付白某所有工伤待遇款153 300元（一次性伤残补助金40 500元、一次性工伤医疗补助金50 000元、一次性伤残就业补助金25 000元、停工留薪期工资27 000元、住院伙食补助费600元、护理费9 000元、交通费1 000元、鉴定费200元），庭审中变更前三项补助金请求为一次性赔偿金135 162元，停工留薪期工资变更为生活费，变更请求后总金额为172 962元；②某机械公司为白某补缴入职至今的养老保险金。

该机械公司辩称，公司不具有用工资质，无法为白某补缴社会养老保险，请求驳回此项请求；另外，该机械公司在白某住院治疗期间支付了部分费用，要求在工伤待遇中扣除；白某主张的部分工伤待遇项目金额计算有误，请求依法裁决。

最终劳动人事争议仲裁委员会支持了白某的主张，但对具体计算金额予以调整。具体为：住院伙食补助费20元/天×12天＝240（元）；护理费85元/天×12天＝1 020（元）；生活费4 833元/月×3.5月＝16 915.50（元）；一次性赔偿金5 280.58元/月×12月×2＝126 733.92（元）；鉴定费200元。

案例中钱某被鉴定为 9 级伤残，因此应当享受 2 倍所在地工伤保险统筹地区上年度职工年平均工资的一次性赔偿金，劳动人事争议仲裁委员会的费用调整是正确的。

5.2.5　公司注销后，工伤赔偿责任应由谁来承担

在日常工作中，可能会遇到如下这种情况，员工出现工伤，恰逢企业经营不善或为了逃避工伤赔付而注销公司。那么，面对这种情况工伤赔付责任应当由谁承担呢？

企业为了逃避工伤赔付而注销公司，显然是不可能的，即使企业注销，仍然需要支付相应的赔偿金。

公司注销将进行清算，对于有限责任公司股东而言，在向公司登记机关提交清算报告之前通知债权人申报债权是非常重要的一项法定义务。如果公司股东故意"遗漏"通知部分债权人，或为逃避债务故意不通知债权人进行注销登记的，公司债权人仍然有权要求其承担损害赔偿责任。

对此，建议公司股东在清算时不要抱有侥幸心理，要依法进行清算，及时通知各债权人。

| 范例解析 |　公司注销仍然需要承担工伤赔偿责任

2020年张某到高某、王某成立的某加工公司上班。同年3月，在工作过程中受伤，被送到医院进行治疗。出院后即提出工伤认定申请，市人力资源和社会保障局将其认定为工伤。经劳动能力鉴定委员会鉴定为八级。

在申请伤残等级鉴定期间，为了逃避工伤赔偿责任，该公司申请了注

销登记，市场监管局注销了该公司。伤残等级鉴定完成后，张某多次要求高某、王某给付各项工伤待遇，两人却以"所开设的公司已经注销"为由拒绝。于是张某向法院提起诉讼，请求法院依法判决高某、王某赔偿各项工伤待遇及其他费用。

法院在审理中查明，公司股东高某、王某在成立清算组时，对张某申请做伤残鉴定是知情的。但是为逃避债务没有通知债权人张某，在报纸上公告通知债权人申报债权。法院认为二人具有过错，最终判决其承担张某赔偿的各项工伤待遇。

本案中公司股东高某、王某显然对于张某的工伤情况是知情的，应通知张某及时申报债权，而不能因在报纸上公告了就不通知原告，所以法院判决其承担赔偿责任是有法律依据的。

5.2.6 工伤事故发生后，用人单位才补缴工伤保险费是否有用

现实中经常有这样的情况，因为员工刚入职没来得及办理社会保险，也有部分公司或员工本来就不想办理社会保险，恰好在这期间发生了工伤。按照《工伤保险条例》的规定，应当参加工伤保险而未参加工伤保险的用人单位有职工发生工伤的，由用人单位承担工伤保险待遇。

因此，企业 HR 需要注意，在员工入职初期就应当为其办理当月的工伤保险，避免因为工伤事故发生才补办工伤保险或补缴保费的情况，这样就是亡羊补牢，为时已晚。

那么员工出现工伤事故后补缴保费就真的一点用处都没有吗？《工伤保险条例》第六十二条第三款规定："用人单位参加工伤保险并补缴应当缴纳的工伤保险费、滞纳金后，由工伤保险基金和用人单位依照本条例的规定支付新发生的费用。"

"新发生的费用"是指用人单位参加工伤保险前发生工伤的职工，在参

加工伤保险后新发生的费用。其中由工伤保险基金支付的费用，按不同情况予以处理。

◆ 因工受伤的，支付参保后新发生的工伤医疗费、工伤康复费、住院伙食补助费、统筹地区以外就医交通食宿费、辅助器具配置费、生活护理费、一级至四级伤残职工伤残津贴，以及参保后解除劳动合同时的一次性工伤医疗补助金。

◆ 因工死亡的，支付参保后新发生的符合条件的供养亲属抚恤金。也就是说，公司为员工补缴工伤保险成功后，从补缴保险后新发生的很多费用都可以由工伤保险基金支付。

因此，发生工伤后用人单位成功补缴工伤保险的，新发生的很多费用可以由工伤保险基金支付。为了减少损失，特别是发生重大工伤事故时，用人单位一定要为员工补缴工伤保险。

 知识延伸 | 工伤保险补缴的相关规定

用人单位依照本条例规定应当参加工伤保险而未参加的，由社会保险行政部门责令限期参加，补缴应当缴纳的工伤保险费，并自欠缴之日起，按日加收万分之五的滞纳金；逾期仍不缴纳的，处欠缴数额1倍以上3倍以下的罚款。

| 范例解析 |　**工伤事故发生后补缴社保的作用**

刘某是某公司职工，因工作受伤，后被认定为工伤，鉴定为8级伤残，刘某与公司解除劳动合同。该公司为其参加了工伤保险，但在刘某发生工伤事故至解除劳动合同时一直存在欠费的情况。刘某向工伤保险经办机构提出要求支付一次性工伤医疗补助金，经办机构告知其应向用人单位主张。

然而，刘某没有要求公司支付，而是将经办机构诉至法院，要求经办机构支付一次性工伤医疗补助金。经一审、二审后，法院驳回了刘某的诉求。

公司在刘某发生工伤事故及解除劳动合同时均未按时足额缴纳工伤保险费，补缴工伤保险费是用人单位的惩罚性法律责任，但补缴不能免除用人单位在补缴前应承担的法律责任。根据法律规定，一次性工伤医疗补助金的支付需求是在劳动合同解除时产生的，当时用人单位尚处于欠缴阶段，因此这项费用不属于补缴工伤保险费后新发生的费用。

补缴不等同于正常缴费。足额补缴看似对基金没有损失，但若补缴之后视同正常缴费，权利义务将不再对等。欠缴社会保险费，用人单位需承担相应的滞纳金，也体现了对用人单位的一种惩罚。因此，由用人单位承担补缴前发生的工伤待遇，同样也是用人单位未及时缴费的法律责任。

5.2.7　因第三人侵权遭受工伤的，能否对侵权第三人进行追偿

在实际工伤实务中，可能存在员工因为其他人的原因造成自身在工作中受到伤害。那么遭受工伤的员工除了享受工伤待遇外，企业和工伤员工能否向造成工伤事故的第三人进行追偿呢？

实际上是可以的。受伤职工作为被侵权人，与侵权人之间形成侵权之债的法律关系，有权向侵权人主张人身损害赔偿。侵权之债成立与否，与被侵权人是否获得工伤保险赔偿无关，即使用人单位已经给予受伤职工工伤保险赔偿，也不能免除侵权人的赔偿责任。

劳动者有权向用人单位主张工伤保险赔偿，同时还有权向侵权人主张人身损害赔偿，即有权获得双重赔偿。

用人单位和侵权人应当依法承担各自所负的赔偿责任，不因受伤职工（受害人）先行获得一方赔偿，实际损失已得到全部或部分补偿而免除或减轻另一方的责任。

| 范例解析 |　因第三人侵权遭受工伤的可进行追偿

李某是某餐饮有限公司的正式职工，在该餐饮有限公司经营的饭店从事上餐工作。一次李某在饭店正常工作时，因店内醉酒客人之间发生打架斗

殴，李某上前劝阻，不料被酒瓶砸中头部后昏迷，之后被快速送往医院，诊断结果为脑震荡，头部、颈部骨折。

后经相关部门鉴定，李某的伤情构成了九级伤残。由于受到第三人的伤害，所以李某向其要求赔偿，但该第三人仅支付了医疗费后，拒不赔偿残疾赔偿金等损失。多次协商未果，李某为了不耽误治疗，于是向社保部门提交申请，要求进行工伤认定，但社保部门以该职工应由第三人进行赔偿而不予受理李某的申请。

上述案例中，社保部门的处理方法是不正确的，根据工伤保险待遇与民事侵权赔偿的侧重不同。工伤保险待遇属于公法领域的补偿，民事侵权则属于私法救济，二者不能混同，也不能相互替代。且工伤保险金是用人单位缴纳，不是侵权人缴纳的，那么用人单位以外的第三人承担民事责任后不能免除接受工伤保险基金支付受伤职工工伤保险待遇的法定义务，否则工伤保险基金便拥有了"享受权利而不承担义务的特权"。

劳动者因第三人侵权构成工伤的，是完全可以获得双重赔偿的，受侵害的劳动者既可以享有工伤保险相关待遇，又可以要求侵权的第三人进行民事赔偿。

5.2.8 企业在租赁过程中如何确定工伤赔偿单位

在企业实际经营过程中，可能存在出租的情况，而在出租的过程中也容易出现工伤事故。这种工伤事故往往争议较大，因为企业不知道究竟应当由出租方承担赔偿责任还是由承接方承担责任。

在《关于对企业在租赁过程中发生伤亡事故如何划分事故单位的复函》中对相关责任进行了规定。

◆ 企业在租赁、承包过程中，如果承租方或承包方无经营证照，仅为个人（或合伙）与出租方或发包方签订租赁（或承包）合同，若发生伤亡事故应认定出租方或发包方为事故单位。

◆ 企业在租赁、承包过程中，如果承租方或承包方不是独立法人，但属于单独核算单位，若发生伤亡事故应认定出租方或发包方为事故单位。

◆ 如果承租方或承包方是独立法人或有证照的个体工商户，若其生产经营活动完全脱离了出租方或发包单位而自主生产经营，发生伤亡事故应认定承租方或承包方为事故单位，否则应认定出租方或发包方为事故单位。

| 范例解析 | 租赁过程中出现工伤的责任划分

某钢铁加工公司将其管材生产车间承包给私人经营，双方签订了承包协议，在承包协议书中双方商定：将管材生产车间承包给某私人，由承包人招聘人员组织生产。同时双方约定，如果承包人招用的人员在生产过程中发生事故、意外伤亡等，一切责任均由承包人承担，与钢铁加工公司无关，钢铁加工公司不承担任何责任。

同年10月，徐某被承包人招进管材生产车间工作，后在干活时被飞溅出的铁渣戳伤眼睛。农民工徐某受伤后，并没有被及时送往医院抢救治疗，直到徐某家人多次强烈要求，才将徐某送入医院。在徐某的妻子答应并签下了一份协议书后，承包人支付了治疗费。此份协议书的内容是：得到医疗费后，不管以后发生任何事情，徐某绝对不能再向承包人索要经济赔偿，也不得以任何理由向该钢铁加工公司要求赔偿经济损失和医疗费用。

签订协议后，公司及承包人拒绝为徐某申报工伤，也不再支付任何医疗费用。住院治疗40天后，徐某因无法继续交医疗费用而不得不提前出院，导致眼伤进一步恶化，错过了二次手术的最佳时间。

后来徐某及家人多次去找该钢铁加工公司，公司称生产车间承包给了私人，此事和企业无关；去找承包人，承包人说已帮徐某拿到治疗费，自己已尽到了责任。出于无奈，徐某申请了工伤认定，徐某受伤属工伤，伤残等级为七级。在与该钢铁加工公司协商没有结果的情况下，徐某向劳动仲裁委员会提出申诉，要求该钢铁加工公司落实工伤待遇。

仲裁机构经审查，认定该钢铁加工公司将硅铁生产车间承包给没有用人资质的个人，并不能改变用人单位与劳动者之间的劳动关系。徐某虽然是由承包人雇用的员工，但与该钢铁加工公司存在事实上的劳动关系，该钢铁加工公司应该按相关法律及政策的规定落实徐某的工伤伤残待遇。裁决该钢铁加工公司支付一次性伤残补助金等费用。

第 6 章

做好理赔谈判

在法律范畴内解决问题

工伤理赔对于企业和工伤职工都十分重要。企业要做好工伤理赔，在保护工伤职工利益的基础上，将工伤给企业带来的损害降到最低。

6.1
理赔谈判的技巧及注意事项

理赔谈判是工伤实务后期处理的重要工作，做好理赔谈判可以避免企业遭受重大损失，也能帮助维护企业和员工的关系。要做好工伤理赔谈判，就要了解相关注意事项和谈判方法，能够事半功倍。

6.1.1　确认劳动关系是否解除

劳动关系是个人与公司之间签订的劳动合同，一旦合同生效，个人就与公司构成劳动关系，是具有法律效力的。在进行理赔谈判之前，首先要确定员工的劳动关系是否已经解除。

（1）劳动关系解除时间

劳动关系解除时间的确定一般取决于解除通知的方式，实践中解除通知的方式有两种。

◆ 一是劳动者直接通知用人单位的解除方式，这是法律明定的方式，因此解除时间比较容易确定。

◆ 二是劳动者通过提起仲裁或诉讼要求解除的方式。

（2）认定劳动关系解除的几种方式

劳动关系成立后并不是不能改变的，在很多情况下都可以解除劳动关系，常见的认定劳动关系解除的方法有以下 5 种，如表 6-1 所示。

表 6-1　认定劳动关系解除的方法

方　　法	具体介绍
用工双方协议解除劳动关系	在劳动合同约定期满前，用人单位与劳动者协商解除劳动关系，未履行的劳动合同权利义务则不再履行。协议解除劳动合同，没有必要分清是谁的责任导致
过失性辞退和非过失性辞退导致劳动关系的解除	过失性辞退即劳动者的行为违反《劳动法》和行政法规的规定，由用人单位予以辞退而解除劳动合同，劳动关系消灭。非过失性辞退是指非因职工原因由用人单位辞退职工而解除劳动合同
经济性裁员和企业富余职工辞职导致劳动关系解除	用人单位濒临破产、进行法定整顿期间或者生产经营状况出现严重困难，必须裁减人员的，被裁人员即与企业解除劳动关系。企业富余人员辞职按国务院有关规定是允许的，同样也导致劳动关系的解除
劳动者主动提出解除劳动合同导致劳动关系的解除	劳动者可以随时通知用人单位解除劳动合同的 3 种情况：①在试用期内；②用人单位以暴力、威胁非法限制人身自由的手段强迫劳动的；③用人单位未按照劳动合同支付劳动报酬或者提供劳动条件的
劳动合同终止导致劳动关系的自然解除	劳动合同的终止，即"劳动合同期满或者当事人约定的劳动合同终止条件出现，劳动合同即行终止"

　　员工自行离职、公司裁员等情况都会导致劳动关系的解除。合同签订意味着员工与公司形成劳动关系。相应地，劳动关系解除，就意味着员工与公司的权利义务关系终止，都是具有法律效力的。

6.1.2　工伤理赔谈判的难点

　　工伤理赔谈判并不可能总是一帆风顺的，其中包含了许多谈判的难点，HR 需要了解并指导应当如何攻克这些难点，才能让工伤理赔谈判更容易取得成功。

　　在所有工伤争议中，工伤理赔是最难处理的。首先来看看工伤理赔谈判中存在的难点。

缺乏法务知识。HR 缺乏相关的法务知识，自己本身对工伤相关知识和法律不甚了解，自然难以进行工伤谈判，更不要说合理解决谈判过程中存在的理赔难点。

支付能力不足。企业由于自身存在问题或是因为目前处于初创阶段，缺乏资金，往往想以较低的代价处理工伤赔偿，导致 HR 难以与工伤职工进行协商，协商成功率较低。

缺乏授权。企业在不授予实际权力的情况下，让 HR 与工伤职工进行谈判，难以达成任何实质性约定，HR 的工作难以开展。

固有观点难以转变。有些工伤职工认为发生工伤事故能够让自己获得较多的利益，认为一次能够改变自己的命运。这其实是一种错误的观点，HR 要注意加以引导。

企业在准备理赔谈判时就要考虑上述的问题和难点，这样才能让理赔谈判更加顺利地进行，具体做法如表 6-2 所示。

表 6-2　克服工伤理赔难点的方法

方　　法	具体介绍
完善自身法务知识	自身缺乏法务知识会导致难以判断事件的责任，缺乏对事故的整体认识，在谈判中难以占据主导地位。只有完善法务知识，才能从法律的角度看待工伤事故，判断双方责任，指导如何进行理赔，如何规避法律风险
备有充足的资金	企业与工伤职工进行谈判是为了尽量减少工伤事故对企业造成的伤害，但仍然需要准备充足的资金，因为企业不能损害工伤职工的基本利益。如果理赔资金准备不充足，那么工伤理赔谈判可能难以成功
给 HR 合理授权	在进行理赔谈判之前企业主就应当与 HR 进行沟通，充分告知其能够行使的权利，能够承受的赔偿数额，超出的则不能接受。这样的方式可以让 HR 心里有底，知道如何与工伤职工进行谈判，合理解决问题

6.1.3 掌握工伤理赔的核心要点

要进行工伤理赔谈判，就需要掌握工伤理赔的核心要点，从而保障工伤理赔工作顺利开展。核心要点是胸有成竹、运筹帷幄以及有理有据，下面分别对这些要点进行解读。

◆ 胸有成竹

胸有成竹是指 HR 要对工伤相关的法律法规进行充分研读，做到心中有数。

在面临劳动企业与员工的争议时，理论上双方拥有相同的权利与义务，但实际上并非如此，在立法时出于对劳动者的保护，往往致使用人单位处于劣势地位。

在此境况下，HR 进行理赔谈判就显得十分困难，因此需要深入解读法律法规，才能在理赔谈判中取得先机。

◆ 运筹帷幄

气场是对人散发的隐形能量的描述，是一个人气质对其周围人产生的影响。在谈判过程中，如果 HR 具备较强的职业素养，让对方对自身产生一种尊重、敬仰之情，那么也能有效地推动理赔谈判的过程。

在震慑对方的同时，让其产生一种明知道你提出的方案未必对其有利又不得不听从的感觉。

◆ 有理有据

有理有据是指在进行理赔谈判的过程中，应当先遵循法律法规，以理服人、以情动人。通俗地讲，就是要在法律的范畴内解决问题，这是双方解决问题的基础，然后再通过道理和情感沟通，妥善解决问题。

在实际处理理赔谈判的过程中，虽然法律知识需要用心钻研，但实质还是要通过有效的沟通实现，这一点需要注意。

6.1.4　如何制作完善而富于变化的工伤理赔方案

在实际情况中，当劳动能力鉴定结论出来后，工伤理赔的程序就已经启动，那么应当如何制作一份内容完善又富有变化的工伤理赔方案呢？这是许多企业 HR 都比较苦恼的。

（1）理赔方案的基本内容

在了解如何制作一份理赔方案之前，首先需要了解理赔方案究竟应当包含哪些基本内容。不同的工伤事故，可能需要的文件不同，准备需要使用的文件即可。

工伤理赔处理方案。工伤理赔方案是用人单位拟定的用于对工伤职工进行赔偿的预定方案，或经过理赔谈判确定的最终方案。

相应的法律法规。工伤理赔谈判可能会涉及相关法律法规，为了方便查阅，可以在谈判之前准备好。

工伤认定书、劳动能力鉴定书。这两个文件在前面章节已经有过具体的介绍，分别用于认定工伤和劳动能力等级。在谈判过程中需要依据这两个文件进行工伤待遇的确定。

工伤理赔金额的计算明细。与工伤职工经过谈判确定工伤待遇后，在双方都认同的情况下，需要将工伤待遇的详细计算情况进行展示，作为最终的赔偿方式。

工伤职工及其代理人的基本情况与价值取向。理赔方案中还需要对工伤职工及其代理人的基本情况与价值取向进行确定并记录。

（2）理赔方案设计

一般伤残鉴定出来后，企业的劳动关系专员或负责的 HR 应当立即与工伤职工沟通，获取相关信息。

①了解工伤职工关于工伤处理的想法或意见。

②当明确工伤职工想要解除劳动关系后，HR 应尽快测算各个项目的金额，确定应由用人单位承担的金额。

③根据自己的经验及以往的案例设计出不少于三套的理赔方案，根据需要上报领导审批。

那么三套解决方案应当如何设计呢？方案之间有什么联系呢？具体介绍如图 6-1 所示。

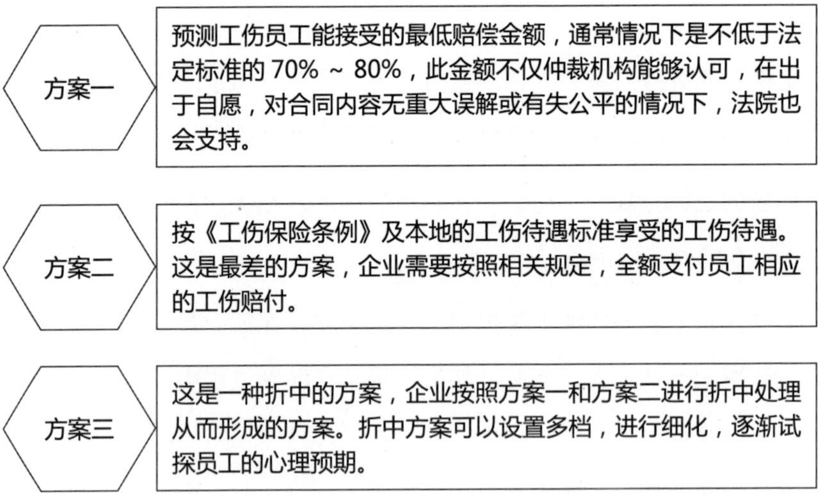

方案一	预测工伤员工能接受的最低赔偿金额，通常情况下是不低于法定标准的 70% ~ 80%，此金额不仅仲裁机构能够认可，在出于自愿，对合同内容无重大误解或有失公平的情况下，法院也会支持。
方案二	按《工伤保险条例》及本地的工伤待遇标准享受的工伤待遇。这是最差的方案，企业需要按照相关规定，全额支付员工相应的工伤赔付。
方案三	这是一种折中的方案，企业按照方案一和方案二进行折中处理从而形成的方案。折中方案可以设置多档，进行细化，逐渐试探员工的心理预期。

图 6-1

企业 HR 需要对多种方案进行分析，预估最具可行性的方案，为公司领导提供决策依据。

（3）理赔方案的汇报与预演

确定好理赔方案后需要上报，经领导审核后，还需要进行谈判预演，预测可能出现的情况，并制定相应的对策。

◆　理赔方案汇报

通常情况下 HR 只负责做好可能的方案并进行上报，由领导选择合适的理赔方案。不过，如果 HR 有一定的看法或是话语权，也可以向领导建议合适的方案，快速进入下一环节。

◆　工伤理赔方案的预演

参与工伤理赔协商的成员在与工伤职工正式协商前，应先进行内部沟通及分工，确定各自的职责或权限区域，推测工伤职工可能的想法及应对之道；如此可以在谈判中始终掌握主动权，把控节奏。

6.1.5　解析工伤理赔谈判需要注意的细节

工伤问题是每个企业都可能面临的，特别是工伤异常事故的善后处理谈判，如何理赔往往是工伤问题的焦点，处理不好可能会使企业承受较大的经济压力，影响企业的正常运转。

企业谈判者需要注意理赔谈判过程中的细节，做到合情合法，不给企业留下后患。

◆　第一，对事件本身进行细致了解和调查

谈判人员一定要对事件本身有一个非常清晰地了解，对涉及的过程和细节必须有深入地了解，不能忽略可能有用的任何细节，对于事件的来龙去脉必须有确凿的把握。

调查事件的经过必须有当事人和旁证的书面材料记录，这将为谈判和走司法程序提供第一手的证据材料，也为谈判取得事实和依据。

◆ 第二，对涉事人员的状况分析

分析家庭背景、家庭成员、工作和生活状况等，可以帮助我们了解他们的出发点和思维模式，帮助我们适时拒绝一些对方提出的不合理条件，或者给予暗示"这一点我们肯定不会接受"。

对涉事人员的了解也可以让我们知道谈判的关键和重点对象，往往这种谈判家属人员会比较多的一起出现，如果不知道谈判的重点对象，会让自己陷入被动或摸不到头绪的境况。

◆ 第三，从法律角度明确底线

现在的社会是法律相当健全的社会，从法律的角度了解和把握事件的性质、双方的责任、具体的依据和相关条文等，这是工伤理赔谈判的理论依据，也是底线。

基于程序、社会文化、事件影响或者其他因素的考量，不到万不得已，家属或者企业都不会走司法程序解决，但不可否认，双方都会在谈判之前了解和考量基于事件本身的法律责任和义务归属。所以，对司法角度的把握至关重要，有依据的让步才是真的让步。

◆ 第四，等对方意见统一

不要指望一次谈判就可以解决问题，特别是重大伤亡事故，家属的心情往往很难平静，从事件的接受和理解，到回复理性，最终回归现实的考量总有一个过程。

家属方面的意见在未达到一致之前，HR 不能轻易地亮出底牌和底线，在谈判过程中通过对对方内部的观察，可以看出谁是能够影响事件谈判的主导者。如果其内部不能统一意见，最后就算谈判下来了，协议签了，也有可能反悔。

◆ 第五，多倾听少表态

多听多了解，可以谈，但不能一下子就指向了主题，所有的谈判主题无非就是围绕钱展开。要多谈情感、谈生活，多谈能够勾起认同的东西，但切忌不能助长对方的悲穷情节，认为自己真的是世界上最痛苦的人，这样不利于最终谈判结果的实现。

相反，要潜移默化地影响对方，不能靠事故带来财富和暴富，生活的难题谁都会有，只要努力和勤奋就会有美好的生活。最好是现身说法，谈自己的亲身经历，取得对方的认同。

◆ 第六，有原则但也要有爱心

作为谈判者，一定要有爱心。把什么都打上原则的印痕，而不考虑心情和感受，会让我们失去对人生的方向和感受。

我们也应该站在人性和爱的角度，换位思考，在公司容许和司法的框架下尽可能多地给予更多人性的关怀，很多员工也在关注事件的发展，企业的责任是他们的信心所在。

6.1.6　工伤事故赔偿谈判一般流程

工伤事故理赔谈判是一个比较复杂的过程，而且可能一次谈判并不能达成协议或是最终未能达成协议。

要想让工伤理赔谈判按照既定方向发展，HR 就需要了解工伤理赔谈判的流程，把握好谈判过程中的所有细节才更有可能获得成功。如图 6-2 所示为工伤理赔谈判的一般流程。

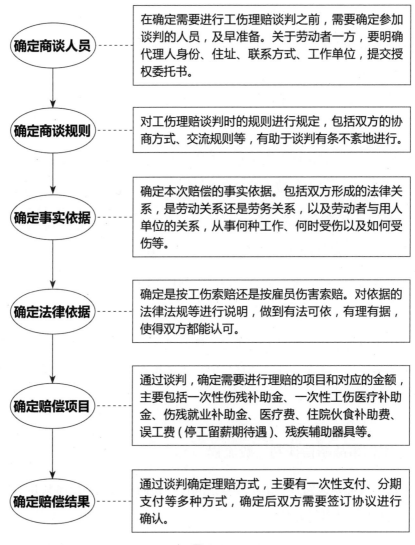

确定商谈人员	在确定需要进行工伤理赔谈判之前，需要确定参加谈判的人员，及早准备。关于劳动者一方，要明确代理人身份、住址、联系方式、工作单位，提交授权委托书。
确定商谈规则	对工伤理赔谈判时的规则进行规定，包括双方的协商方式、交流规则等，有助于谈判有条不紊地进行。
确定事实依据	确定本次赔偿的事实依据。包括双方形成的法律关系，是劳动关系还是劳务关系，以及劳动者与用人单位的关系，从事何种工作、何时受伤以及如何受伤等。
确定法律依据	确定是按工伤索赔还是按雇员伤害索赔。对依据的法律法规等进行说明，做到有法可依，有理有据，使得双方都能认可。
确定赔偿项目	通过谈判，确定需要进行理赔的项目和对应的金额，主要包括一次性伤残补助金、一次性工伤医疗补助金、伤残就业补助金、医疗费、住院伙食补助费、误工费（停工留薪期待遇）、残疾辅助器具等。
确定赔偿结果	通过谈判确定理赔方式，主要有一次性支付、分期支付等多种方式，确定后双方需要签订协议进行确认。

图 6-2

6.1.7 工伤理赔谈判有哪些技巧

了解了理赔谈判的一般流程后，最为重要的是掌握工伤谈判所需要的谈判技巧。工伤理赔谈判实际上就是赔偿金额的谈判，因此谈判的过程可能比较反复，下面具体介绍相关谈判技巧。

（1）在气势上压倒对手

用人单位和工伤职工关于工伤理赔的协商如同对阵的双方，HR 如果要想取得协商的主动权和主导权，除了掌握必要的工伤政策外，气势是绝对不能忽略的重点。

- ◆ 通常在理赔谈判开始之前就已经能够确定工伤职工方参与谈判的具体人数，通常情况下建议工伤职工方为工伤职工本人。如果由家人或朋友陪同，应当控制人数，尽量控制在 5 人以内，用人单位应当比对方多 1 ~ 2 人。
- ◆ 在进行理赔谈判时，参加协商的人越多，越容易出现观点多无法统一的情况，这是协商时需要重点关注的，要求 HR 应具有良好的控场能力。
- ◆ 关于员工方人员组成，除员工本人外，通过事先调查或初步沟通的结果，选定有素养、明事理的人。对于难以沟通或无法沟通的，可以要求换人。
- ◆ 用人单位方人员由人力资源部门的劳动关系专员、部门负责人及生产部门（不低于）主管级的人员组成。
- ◆ 劳动关系专员应当熟悉工伤法律法规，有良好的语言表达能力。
- ◆ 人力资源部门负责人要有良好的沟通及协调能力，对一般的问题有决策权。
- ◆ 生产部主管一般为工伤职工的直属上司，要求有较好的威信，应当是工伤职工比较信赖（尊重）的人员。

（2）采用多层次的谈判策略

工伤理赔谈判就像是一场拉锯战，工伤职工想要获得更多的赔付，而用人单位则希望用较少的资金解决工伤问题。因此，势必会在谈判过程中出现较多的争议，作为企业的 HR，需要知道采用多层次的谈判策略，获得一个合理的赔付标准。

设置谈判层次。通常情况下劳动关系专员为第一层；第二层为人力资源部门的负责人；第三层为律师或主管领导。层级的设定并不固定，应当根据实际情况进行改变或是设置更多的层次。

参透工伤职工的心理。通常情况下，最开始员工的报价都是最多的，想的都是报得多，可能就拿得多，因此可能存在故意抬高价格的情况。通过设置谈判层次的方式，可以逐渐让员工爆出心里的实际预期价格，然后再进行谈判。

（3）如何降低员工的预期

法、理、情是处理劳动争议不可缺少的三大武器，需要 HR 掌握，可以单独使用，也可以组合使用，都能起到比较好的效果。

通过政策解读降低员工预期。利用对工伤赔付政策比较了解的优势，从政策上纠正员工的算法，从而合理降低员工要求的价位。这种方法比较客观，员工容易接受。

打出感情牌。比如公司提供工作机会，员工应该感恩；公司现在经营很困难，老板很着急；我们也想尽快解决问题，只是公司老板确实很困难，实在没办法等。该方法的效果因人而异，感性或容易感恩的员工比较适用。

通过讲道理，使员工接受。如果同意该金额，可以很快甚至马上拿到钱；如果不同意的话，告诉员工就算打官司，前前后后也要拖上半年甚至一年，期间还不能去其他地方上班，再说打官司也不一定能拿到其要求的这么多钱甚至还有输掉官司的可能。

这 3 种方法最好不要同时使用，应当循序渐进，在谈判陷入僵局时使用效果会更好。

（4）工商谈判注意事项

工伤理赔谈判有许多注意事项需要 HR 了解，能够让谈判过程更加流畅。

◆ 如果员工带上他的家人一起过来，不能开始谈判。对方人多嘴快，再加上他们并不是公司员工，对公司没有感情，一旦他们介入进来，谈判将会很困难。

◆ 谈判过程中，对底线的把握语气一定要坚决，但对员工的态度要因人而异，或友善或强硬，关键是要把握好度。对老实的员工，友善为主；对无理取闹的员工，要适度强硬。

◆ 谈判的进展要时刻向领导汇报，领导的赔偿底线可能会有松动，这可以减少谈判的难度。

◆ 不要将员工逼到仲裁的地步，因为一旦仲裁，公司按法律规定支付高额赔偿金的可能性将很大。

（5）如何巧用司法资源

　　HR 在工伤理赔谈判过程中要学会使用相关司法资源，让理赔工作更高效的同时还能避免一些麻烦。

◆ 在谈判过程中容易遇到对相关法律一窍不通，只会胡搅蛮缠的员工或员工家属，理赔谈判难以正常进行。此时，HR 可以让工伤职工本人或带其去人社局的相关部门咨询政策，让其明白法定标准的赔偿额度。

◆ 在双方谈判进入僵局时，可以由调解组织或人社局的仲裁部门调解，一般仲裁部门最少会要求工伤职工让掉律师费，最多可对赔偿额作70% ~ 80% 的调解。

◆ 一些大公司的内部可能存在法律顾问，其专业素养较高，且相关知识和经验丰富。不仅可以帮助 HR 应对员工的无理请求，还可以突破员工的心理，从而争取一个合理的价格。

6.1.8 工伤赔偿待遇私了需要注意的问题

《工伤保险条例》第五十二条规定："职工与用人单位发生工伤待遇方面的争议，按照处理劳动争议的有关规定处理。"《劳动法》第七十七条规定："用人单位与劳动者发生劳动争议，当事人可以依法申请调解、仲裁、提起诉讼，也可以协商解决。"《劳动争议调解仲裁法》第四条规定："发生劳动争议，劳动者可以与用人单位协商，也可以请工会或者第三方共同与用人单位协商，达成和解协议。"

可见，法律允许用人单位和劳动者协商解决工伤赔偿事宜。

（1）工伤赔偿协议

根据工伤事故赔偿协议书中第三条法律法规规定，经双方协商后，用人单位赔偿因工受伤员工一次性伤残补助金、一次性工伤医疗补助金、医疗费、残疾赔偿金、住院伙食补助费、被抚养人生活费，以及因康复护理、继续治疗实际发生的必要康复费、护理费、后续治疗费、必要的营养费、一次性伤残就业补助金、住宿费、误工费、交通费、残疾辅助器具费等。

（2）工伤私了协议注意事项

用人单位在与劳动者签订工伤事故赔偿协议时，应当注意以下 4 个方面，争取一次性解决工伤理赔，避免留下隐患。具体介绍如表 6-3 所示。

表 6-3　工伤私了协议的注意事项

注意事项	具体介绍
是否有申请工伤认定	工伤事故赔偿协议解决前，应先进行工伤认定。进行工伤认定的主要目的是对该起事故定性，明确该事故双方的权利与义务，这是用人单位应当做的，否则会面临协议无效的可能

续表

注意事项	具体介绍
是否进行劳动能力鉴定	职工劳动能力的鉴定结果直接影响职工的工伤保险赔偿标准及待遇。在签订赔偿协议书前，应当申请劳动能力鉴定来确定职工应得的赔偿金额，在此基础上进行工伤私了，更容易让员工信服
关于赔偿的项目范围	在赔偿协议书中对赔偿项目的预定需明确。《工伤保险条例》对工伤保险待遇作出了明确的规定，其中内容包括：一次性工伤医疗补助金、一次性伤残就业补助金、一次性工亡补助金、一次性伤残补助金、医疗费、误工费、伤残津贴、护理费、住院伙食补助费、丧葬补助金、供养亲属抚恤金
尽量使员工放弃其余权利	企业如果想要一次性解决工伤理赔，就应当在协议中要求员工放弃相应的再次追偿的权利，该类条款主要体现用人单位的利益，例如"协议双方履行后，纠纷了结""职工一次性获得赔偿后不得再向企业主张其他权利"等。用人单位签订协议的主要目的是在于一次性解决纠纷，避免未来的麻烦

| 范例解析 |　工伤私了需要注意的问题

　　胡某在某科技公司担任运营工程师，并与该公司签订了劳动合同，该公司也为胡某购买了社会保险。之后胡某在工作中受伤病住院治疗，劳动和社会保障局作出了工伤认定。

　　胡某出院后，公司与其签订了私了协议，协议规定公司一次性支付胡某的伤残补助金11 000元，此事引起的所有补偿问题圆满结束，双方互不再承担任何经济补偿或赔偿责任。除此之外，该科技公司支付医疗费、护理费、住院伙食补助费及停工留薪期工资。

　　之后胡某因个人原因与该公司解除合同，后经劳动能力鉴定委员会鉴定，胡某的伤情构成八级伤残。胡某于是将该公司起诉至法院，要求该公司支付一次性伤残就业补助金和一次性工伤医疗补助金。

该公司不服，表名双方之前已经签订私了协议，公司不需要再向胡某支付任何费用。

最终通过法院审理认为科技公司于本判决生效之日起十日内支付原告胡某一次性伤残就业补助金8万余元。

本案中，胡某的工伤伤情由劳动能力鉴定委员会作出的伤残八级，该机构属于法定机构。根据法律规定："工伤8级伤残应享受18个月统筹地区上年度职工月平均工资为基数计算的一次性伤残就业补助金，还可享受8个月统筹地区上年度职工月平均工资为基数计算的一次性工伤医疗补助金以及按11个月的本人工资计算的一次性伤残补助金"。因此案例中的赔付金额存在问题，胡某可以不遵守协议。

本案例中，虽然双方签订的私了协议，约定了科技公司支付给胡某的11 000元，此后双方互不承担赔偿责任。由此可见，胡某实际得到的工伤赔偿金额不足法定赔偿金额的20%，故私了协议严重违反了公平原则，存在显失公平问题。

（3）赔偿协议的可变性

企业需要注意，私了时应当按照法律法规规定和员工实际的伤残情况进行合理的赔付，避免后期员工提起诉讼，给企业带来麻烦。

如果私了协议严重违反了公平原则，即使协议中存在免责条款，员工同样可以进行诉讼。

用人单位与劳动者达成赔偿的私了协议后，劳动者又提起仲裁和诉讼，要求用人单位按照工伤保险待遇赔付的，对该私了协议的效力应当区分情况处理。分为两种情况，具体介绍如表6-4所示。

表 6-4 私了协议达成后劳动者诉讼的情况

情　况	具体介绍
已认定工伤和评定伤残等级的前提下	如果该赔偿协议是在劳动者已认定工伤和评定伤残等级的前提下签订，且不存在欺诈、胁迫、乘人之危、显失公平的，应认定有效。但如果劳动者能举证该协议存在重大误解或显失公平，符合合同变更或撤销情形的，可视情况作出处理
未认定工伤和未评定伤残等级的情况下	如果该赔偿协议是在劳动者未经劳动行政部门认定工伤和未评定伤残等级的情况下签订的，且劳动者实际所得补偿明显低于法定工伤保险待遇标准的，可以变更或撤销补偿协议，裁决用人单位补充双方协议低于工伤保险待遇的差额部分

因此企业 HR 需要注意，在与工伤职工签订私了协议时，应当按照相关法律法规，在合理的范围内进行协商并签订协议。这样的协议才是有效的，可以为企业规避风险的。

6.1.9　工伤赔偿待遇的争议调解是如何进行的

HR 在与工伤员工进行理赔谈判时，难免因为各方面原因导致谈判不成功，这时可以考虑进行工伤理赔争议调解，通过调解方的参与，更容易使双方意见达成一致。

下面来看工伤理赔争议的一般调解流程。

（1）调解程序的开始阶段

劳动争议仲裁调解，应在查明案情、分清责任的基础上进行。无论是仲裁委员会依职权主动进行调解或当事人主动提出调解，必须是双方当事人均同意调解才能进行调解，否则仲裁委员会不能强行调解。

在开始阶段，仲裁委员会应做好下述准备工作。

◆ 进一步查明案件事实，摸准争议焦点，分析和研究当事人的心理状况。根据调查、分析和研究所得情况，可拟定调解预案。

◆ 根据案件需要和方便当事人的原则，选择调解地点，并确定调解时间。调解地点可在劳动争议仲裁委员会所在地，也可以是当事人单位。

◆ 将调解时间、地点通知当事人及有关组织和个人，有关组织和个人带有选择性，一般包括企业主管部门、企业劳资部门、工会组织，以及当事人的亲友，以便让他们协助进行调解。

（2）调解程序的进行阶段

在上述工作准备就绪后，即可进行调解了。调解既可由仲裁员一人主持，也可由仲裁庭主持。一般遵守如图 6-3 所示的程序。

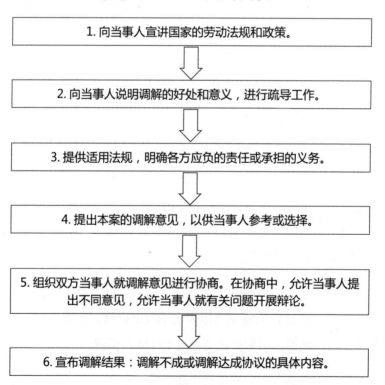

图 6-3

（3）调解程序的结束阶段

劳动争议仲裁调解的结束阶段包括两个方面的内容，具体介绍如下。

①调解未达成协议，或虽然达成协议，但调解书送达前一方反悔，均意味着调解结束，仲裁委员会应及时以裁决的方式结案。

②当事人经过民主协商，自愿达成调解协议。对经过协商达成调解协议的，劳动争议仲裁委员会要制作仲裁调解书。

调解书要由双方当事人签名或盖章，并由主持调解的仲裁委员会和仲裁员署名或盖章，从而完全结束调解程序。

6.1.10　工伤事故可否要求精神损害赔偿

根据《工伤保险条例》相关规定，如果是工伤，按照工伤保险条例规定，是没有精神损失费的。用人单位承担医药费之外，还要承担伤残补助金、一次性就业补助金等。

（1）明确工伤是否可以要求赔偿精神损失费

那么出现工伤事故是否可以要求精神损害赔偿？关于精神损害赔偿的范围问题，在《关于精神损害赔偿标准的若干问题的司法解释》中进行了相关规定，自然人因下列人格权利遭受非法侵害，向人民法院起诉请求赔偿精神损害的，人民法院应当依法予以受理。

◆ 生命权、健康权、身体权。

◆ 姓名权、肖像权、名誉权、荣誉权。

◆ 人格尊严权、人身自由权。

此外，违反社会公共利益、社会公德，侵害他人隐私或者其他人格利益，受害人以侵权为由向人民法院起诉请求赔偿精神损害的，人民法院应当依法予以受理。

生命权、健康权受到侵害的职工，可以依据该条的规定主张精神损害赔偿。工伤职工在执行工作职责中生命权、健康权受到侵害，符合《关于精神损害赔偿标准的若干问题的司法解释》精神损害赔偿的规定，工伤职工可以依据规定向用人单位主张精神损害赔偿。

（2）何种情况下可以要求精神损害赔偿

精神损害赔偿是采用过错责任原则进行责任划分的，造成工伤的责任不同，要求精神损害赔偿的情况也不同。

◆ 工伤精神损害赔偿应贯彻过错责任原则，即工伤是由劳动者故意或者重大过失造成的，以及用人单位对工伤事故的发生没有过错或者用人单位的过错对工伤事故的发生只起到次要作用，用人单位不应承担工伤精神损害赔偿责任。

◆ 在工伤事故中，劳动者的过错行为是工伤事故发生的次要原因或者劳动者对工伤事故的发生没有过错，以及工伤事故是用人单位故意造成或者用人单位的过错是工伤事故发生的主要原因，用人单位应承担精神损害赔偿责任。

| 范例解析 | 工伤员工成功主张精神损害赔偿

寇某是某科技有限公司的正式员工，担任仓库主管。一次寇某在达某公司厂区斜坡处行走时踩到被雨水淋湿的纸皮而摔倒，导致左腿受伤，后寇某被认定工伤。之后，劳动能力鉴定委员会作出劳动能力鉴定结论，认定寇某为十级伤残。

事故发生后寇某与公司就工伤待遇问题进行了多次协商未果，寇某无奈只得提起仲裁。最终法院作出民事判决，由寇某所在公司支付寇某相关的工伤待遇。

该科技有限公司公司不服，提起上诉，经过开庭审理等过程后，法庭维持原判。最后该公司履行了法院判决。

为了获得最大限度的赔偿，寇某以生产安全事故为由，向人民法院提起诉讼，要求该公司支付精神损害抚慰金1万元。

法院认为，本案属于工伤损害赔偿法律规范和一般侵权损害法律规范的未竞合，对于各法律规范赋予的未重合的请求权，寇某均可以行使，寇某据此可主张精神损害赔偿。寇某在下雨天行走过程中未注意，该公司未及时清理丢弃物品以清除安全隐患，双方均有过错，根据各自过错程度考虑，该公司应给予寇某精神损害抚慰金5 000元。

安全生产法中的归责原则和工伤事故中的归责原则是一样的，均适用无过错原则，即只要发生了安全事故，在认定工伤时，适用无过错原则。在员工依据民事法律主张赔偿时，也是无过错原则，即"因生产安全事故受到损害的从业人员，除依法享有工伤保险外，依照有关民事法律尚有获得赔偿的权利的，有权向本单位提出赔偿要求"。

6.2
理赔谈判涉及的相关文书

完成了工伤理赔谈判，就需要将谈判结果通过文本的形式保留下来，这就涉及工伤理赔文书。本小节将对工伤理赔涉及的文书相关知识进行细致讲解。

6.2.1 如何制作工伤和解协议书

工伤和解协议书通常是在争议双方就工伤理赔达成一致后用来确定理赔项目的文书。

理赔协议书通常较为简单，内容也仅仅包含双方达成的各项协议，下面具体介绍包含的内容。

◆ 和解双方的名称。

◆ 工伤相关事宜的简单描述。

◆ 争议双方达成统一的协议条款。

◆ 争议双方签字、盖章确认，文件生效。

◆ 和解协议书的签订时间。

下面以具体的和解协议书为例进行展示。

| 范例解析 | 陈某的工伤和解协议书

工伤和解协议书

甲方：济南××有限公司

乙方：陈某，身份证号

201×年7月12日，乙方和甲方签订劳动合同并开始工作，8月2日16:20左右在车间油罐内进行喷漆时乙方因着火烧伤，9月17日济南市人力资源和社会保障局认定为工伤，12月31日济南市劳动能力鉴定委员会鉴定为伤残八级、无生活自理障碍。就此工伤双方达成以下协议：

1.甲方垫付乙方工伤医疗费共计166 910.90元，济南市工伤保险基金报销的医疗费127 744.30元偿还甲方为乙方垫付的医疗费，甲方为乙方垫付的剩余医疗费39 166.60元不再由乙方偿还。

2.甲方共计给付乙方人民币××元，包括伙食补助费、护理费、停工留薪期工资、一次性工伤医疗补助金、一次性伤残补助金、工伤保险基金支付的一次性伤残补助金14 950元等各项费用。

3.自工伤发生至今乙方未再来甲方上班，双方同意并认可劳动合同关系已解除。

4.甲、乙双方签订本协议后，乙方无权向甲方提出任何其他经济要求。

5.甲、乙双方均已了解协议的法律含义，双方为完全自愿的情况下签订本协议。

6.本协议一式两份，协议双方各执一份，本协议自双方签字盖章之日起生效。

甲方：　　　　　　　　乙方：

　年　月　日　　　　　　年　月　日

上述案例展示的是陈某的工伤和解协议书，其中包含陈某和单位的基本信息，接着描述工伤的基本情况，以及双方达成的相关条款和赔偿协议，最后经双方签字盖章即可生效。

6.2.2　工伤劳动仲裁申请书如何制作

发生工伤事故后，势必涉及对工伤的认定、赔偿等一系列问题。如果处理不好，双方存在较大争议，就只能通过劳动仲裁和劳动诉讼解决。如果是选择劳动仲裁，那么工伤劳动仲裁申请书怎么写呢？

工伤劳动仲裁申请书具体包含哪些内容？如下所示。

◆　申诉人和被申诉人的具体信息。

◆　具体需要请求的事项。

◆　对申诉的事实和理由进行陈述。

◆　申述人落款、申诉时间等信息。

| 范例解析 |　工伤劳动仲裁申请书

申诉人：××，男，汉族，198××年××月××日出生

身份证号：

现住址：

通讯方式：

代理人：××，××律师事务所律师

电话：

被诉人：××××有限公司（劳务派遣单位）

法定代表人：××，职务：总经理

住所地：

通讯方式：

被诉人：××××建设工程有限公司（用工单位）

法定代表人：××，职务：总经理

住所地：

电话：

申请事项：

1.请求裁决被诉人支付申诉人9级工伤伤残补偿金合计人民币52 362元。

2.请求裁决被诉人支付申诉人将来必然会发生的后续治疗费7 000元（司法鉴定书确认）。

3.请求裁决被诉人支付申诉人在医院治疗工伤期间的伙食补助费2 520元。

4.请求裁决被诉人补交申诉人于2008年2月26日开始参保至今的社会保险费（包括基本养老保险、基本医疗保险、工伤保险、失业保险）。

5.请求裁决被诉人向申诉人支付因没有与劳动者签订书面劳动合同而应当向劳动者每月支付2倍的工资，即11月的工资赔偿共计22 000元。

6.请求裁决被诉人支付给申诉人经济补偿共5 000元（解除劳动合同时每满一年工龄支付一个月工资给劳动者，不足六个月的按半个月工资予以补充）。

7.请求裁决被诉人支付申诉人2009年2月至2009年11月的加班工资24 000元。

事实与理由：

20×8年2月，××应聘到××建设劳务有限公司，职位为电焊工，月基本工资为2 000元，公司承诺一个月后与其签订书面劳动合同，入职后公司以种种借口拖延劳动合同的签订，也没有为其购买职工基本社保。20×9年3月，××被××建设劳务有限公司劳务派遣到××建设工程有限公司的项目工地上工作，20×9年11月14日，在工作过程中从高约4米处跌落致左足受伤，送医院被确诊为"左足跟骨粉碎性骨折"，后被劳动和社会保障行政部门认定为工伤。20×0年6月8日，被××市劳动能力鉴定委员会评定为工伤伤残9级。20×0年5月3日，经××司法鉴定中心鉴定确认"被鉴定人××后续医疗费用还需人民币7 000元"。根据以下法律法规，被诉人应当承担相应的法律责任：

1.依据《工伤保险条例》第十七条、第三十五条相关规定，被诉人应当支付给申诉人52 362元的工伤伤残补助金（其中含：一次性伤残补助金、本人8个月的工资、一次性医疗补助金和16个月的一次性伤残就业补助金）。

2.依据《中华人民共和国劳动合同法》第八十二条的规定和《中华人民共和国劳动合同法实施条例》第七条的规定，用人单位不与劳动者签订书面合同，自用工之日起满一个月的次日起应向劳动者支付本人工资标准2倍的工资，申诉人依法应当获得22 000元的赔偿（即11月的工资赔偿）。

3.依据《中华人民共和国劳动合同法》第三十八条、第四十六条和第四十七条的规定，用人单位应当向劳动者支付经济补偿金，即：每满一年支付一个月工资的标准向劳动者支付，不满六个月的向劳动者支付半个月工资的经济补偿，申诉人应当获得两个半月的工资补偿，共计5 000元。

为了维护法律的尊严，保护劳动者的合法利益，恳请仲裁委员会依法支持申诉人的主张。

此致

××市劳动仲裁委员会

申诉人：

20×0年7月26日

上述案例中展示的是一份较为完整的工伤劳动仲裁申请书，其中不仅包含申诉人和被诉人信息，还包含了双方法定代表人的具体信息，较为正式。其内容也符合工伤劳动仲裁申请书的基本要求。

6.2.3 如何制作工伤赔偿的仲裁调解书

仲裁调解书是由仲裁机关制作的，记明了申诉人和被诉人自愿达成协议内容的一种法律文书，与仲裁裁决书具有同等的法律效力。

工伤赔偿的仲裁调解书应当写明的内容如下。

◆ 申诉人、被诉人的名称、地址、代表人或者代理人姓名、职务。

◆ 纠纷的主要事实、责任。

◆ 协议的内容和仲裁费用的承担。

◆ 申诉人、被诉人签字，仲裁员、书记员署名，并加盖仲裁机关的印章。

调解书送达双方当事人签收，无反悔即发生法律效力，双方当事人必须自动履行。一方逾期不履行，另一方当事人可向有管辖权的人民法院申请强制执行。

| 范例解析 | 仲裁调解书

新劳裁调字（20×9）第××号

申请人：李××，男，1962年1月24日出生，汉族，住河南省登封市××号，系河南新密市××煤矿职工。

被申请人：河南新密市××煤矿

法定代表人：赵××

申请人李××诉称：申请人于20×8年11月到被申请人单位上班，工种为井下掘工。20×8年11月4日，申请人在被申请人处8:00上班，13:00左右，申请人在被申请人单位井下采煤时受伤，造成申请人腰部受伤。事故发生后，申请人被送入某市第一人民医院进行治疗，经诊断为：肋骨2、3节骨折，下肢截瘫。申请人为依法享受工伤保险待遇，故提出仲裁申请，请求依法解除双方劳动关系；依法裁决被申请人支付给申请人一次性工伤医疗补助金、一次性工伤医疗补助金、一次性伤残就业补助金，伤残津贴、后期治疗费、停工留薪期工资、生活补助费、护理费、交通费和养老费用等各项工伤赔偿费用共计750 000元。

仲裁庭在查明事实的基础上，于20×9年8月25日组织双方当事人进行了调解，双方当事人本着互谅互让，自愿协商的原则，达成调解协议如下。

1.申请人与被申请人终止劳动关系。

2.申请人在某市第一人民医院20×8年11月4日至20×9年8月25日住院期间的所有医疗费，由被申请人承担（被申请人已经支付）；自20×9年8月25日之后申请人所发生的任何医疗费被申请人不再承担。

3.被申请人一次性支付给申请人一次性伤残补助金、一次性工伤医疗补助金、一次性伤残就业补助金、伤残津贴、后期治疗费、停工留薪期工资、生活补助费、护理费、交通费和养老费用等各项工伤赔偿费用，共计750 000元。

4.支付方式：被申请人于20×9年8月25日前一次性支付完毕。

5.以上费用包括一切工伤保险待遇在内，被申请人不再承担其他任何费用，双方应严格按协议履行，任何一方不得以任何理由违约。

本仲裁调解书经双方当事人签收后，即具有法律效力，当事人对发生法律效力的调解书，应当按规定的期限履行，一方当事人逾期不履行的，另一方当事人可以申请某市人民法院强制执行。

仲裁员：陈××

仲裁员：张××

仲裁员：刘××

二〇×九年八月二十五日

书记员：郭××

上述案例是一份工伤仲裁调解书,申请人向其工作的单位申请工伤所应支付的相关费用,经过仲裁调解,最终争议双方达成一致,并签订了仲裁调解书。

6.2.4 仲裁调解书和仲裁裁决书有何不同

前面介绍了仲裁调解书,那么仲裁裁决书是什么呢?两者之间存在什么区别呢?

(1)什么是仲裁裁决书

仲裁裁决书是仲裁庭对仲裁纠纷案件作出裁决的法律文书。裁决书是劳动争议仲裁机关根据已查明的事实依法对争议案件作出裁决的书面文书。

仲裁裁决书的法律效力具体表现在如下所示的 3 点。

◆ 当事人不得再以同一理由,就同一事实重新申请仲裁。即生效后的裁决是解决当事人之间经济纠纷的最后决定,不得再争议。

◆ 当事人不得向人民法院起诉。裁决生效后,已是期满不诉的案件,当事人不得再争议。如当事人再起诉,法院可不受理。

◆ 当事人必须遵照生效裁决的条款和规定的期限自动履行。一方如果逾期不履行,另一方可向有管辖权的人民法院申请执行。

(2)仲裁调解书和仲裁裁决书的相似之处

仲裁调解书和仲裁裁决书两者是有许多相似之处的,使得在实际操作中用处相似,具体介绍如表 6-5 所示。

表 6-5 仲裁调解书和仲裁裁决书的相似之处

相 似 点	具体介绍
结束仲裁程序	仲裁调解书和仲裁裁决书送达后，均表明劳动争议仲裁委员会已从仲裁法律程序上解决了双方当事人的争议，即意味着仲裁程序的结束
产生法律后果	确定了当事人之间的权利义务关系，产生了实体法上的后果，双方当事人应自觉履行
不能以同一理由再次申请仲裁	当事人不得再以同一理由、同一事实向仲裁机关申请仲裁。如有上述情况申请仲裁的，劳动争议仲裁机关不予受理
具有强制执行效力	人民法院为执行调解书和裁决书而发出的协助执行通知书，有关单位和人员必须执行

（3）仲裁调解书和仲裁裁决书的区别

仲裁调解书和仲裁裁决书虽然比较相似，但仍然存在区别，主要体现在生效时间和权利方面，如表 6-6 所示。

表 6-6 仲裁调解书和仲裁裁决书的不同之处

不 同 点	具体介绍
生效时间不同	调解书自送达之日起具有法律效力；仲裁裁决书并不是送达后立即生效，而是当事人自收到裁决书之日起 15 日内不起诉的，裁决书即发生法律效力
提起诉讼权利不同	当事人双方或其中一方不得就调解书的内容向人民法院起诉；而对裁决书，当事人对其不服或有异议，可在法定的期限内向人民法院起诉

第 7 章

加强风险管理

避免企业遭受较大损失

与其在工伤事故发生后大费周章的进行谈判，不如从一开始就加强工伤风险管理，防患于未然。这样更能让企业运行平稳。

工伤风险管理与预防

工伤在任何企业中都有可能发生，作为企业的 HR 要能够提前了解并做好预防工作。把握企业工作生产中可能存在的风险因素，并做好应对，降低企业的经营风险。

7.1.1　工伤风险管理有什么作用

工伤风险管理是指如何在一个项目或者企业肯定有风险的环境里把工伤风险可能造成的不良影响减至最低的管理过程。下面将分别介绍工伤风险管理的相关知识。

（1）工伤风险管理的意义

加强企业工伤风险管理，对企业的良好发展，维持企业稳定运行有着重要的作用。

◆ 有利于企业作出正确的决策。

◆ 有利于保护企业资产的安全和完整。

◆ 有利于实现企业的经营活动目标，对企业来说具有重要的意义。

（2）工伤风险管理的预防措施

很多企业对工伤风险管理并不重视，甚至不少企业的领导都抱着得过且过的思想状态，并对此项成本的支出敷衍了事，这些行为都给企业日后工伤事故的发生埋下了隐患。

那么应当如何预防企业工伤风险呢？

◆ 贯彻《工伤保险条例》，利用国家保险制度来分散工伤风险，以固定缴纳的工伤保险费量化工伤风险管理的成本。

◆ 从营业收入中提取一定比例的工伤风险基金，尽可能将未包括进工伤保险范围的工伤事故成本量化为数额确定工伤风险基金。

◆ 将一些专业技能要求较强、工伤风险较高的岗位，通过合同交由专业公司来做，如运输、保安、保洁、高危设备的维护等工作，将工伤风险转移给专业公司承担，从而使工伤风险管理成本量化为固定的合同价款。

7.1.2　企业如何预防工伤事故的发生

企业在从事生产过程中，由于产品加工生产的工序和使用的机器设备等，难免会发生工伤事故，且事故多集中发生在劳动强度密集度较大的生产企业。

因此，企业能否有效预防和减少工伤事故，关系到企业能否减少经济损失，同时也能避免员工受到工伤伤害。下面具体介绍预防或减少工伤事故发生的可行方法。

◆ 加强职业培训，强化安全意识，提高自我保护能力

据相关资料统计分析，绝大多数工伤事故都是因为员工违反操作规程或安全意识较差发生的。一些新进入企业工作的员工，由于没有经过专业的技术培训和职业教育，对所要从事的生产过程和设备操作是十分陌生的。

所以，新员工进行必要的岗前培训显得十分重要。同时，应该定期开展安全生产专项培训，提高广大员工的安全生产意识，杜绝违章行为发生，维护生产秩序。

◆ 完善科学管理制度，落实各项安全生产防护措施

企业要尽可能减少工伤事故，就必须完善企业的各项管理制度，制定和

落实安全生产岗位责任制和安全生产规章制度，做好安全生产检查工作，建立标准化作业制度，对员工要经过培训后方能上岗，用科学的管理制度防范和杜绝工伤事故发生。

◆　及时发放配备劳动保护用品

企业对一些特殊岗位的员工，要及时发放手套、雨鞋、雨衣、防尘口罩等劳动保护用品。向员工配备这些用品不是一种福利，而是保护员工身体健康，减少工伤事故的一种预防措施。

◆　安排员工加班加点工作时应考虑员工身体承受能力

企业有时在生产或者销售的旺季时，会安排员工加班工作，在连续疲劳工作的情况下，很容易发生工伤事故，企业要防止因疲劳工作而导致工伤事故。

◆　定期进行检测和维护，防止因生产设备的原因发生事故

企业的生产设备长时间使用可能会出现损坏或老化的现象，及时检测和维护生产设备可以避免一些事故产生。同时，对生产车间等场所的硬件设施也要进行安全检测，避免不必要的事故产生。

◆　主动参加工伤保险，减少工伤事故带来的损失

尽管企业采取了预防工伤事故的措施，但仍可能会发生工伤事故，为了减少工伤事故对员工个人带来的生理和心理伤害，降低企业因工伤事故带来的经济损失，企业应参加工伤保险统筹。

所谓工伤保险统筹，就是当企业员工发生工伤事故时，由工伤保险基金来对受伤员工实行经济补偿，这样就分担了企业的经济压力。

如果企业没有依法办理工伤保险的，发生工伤事故时，全部费用就需要由企业来承担，这样对企业而言就得不偿失了。

因为生产类企业中发生工伤的可能性相比其他企业要高很多，因此，通过加入工伤保险来分散风险对企业来讲是十分必要的。同时企业积极参加工伤保险，也能为企业营造一个良好的生产经营秩序，增强企业的凝聚力。

◆ 针对特殊岗位可购买商业保险，分担企业和员工的经济负担

企业在为员工办理工伤保险的同时，对某些特殊工种发生意外伤害概率比较高的岗位员工，再额外办理商业保险。在这种情况下，企业可以选择为员工购买意外伤害的商业保险。

万一发生安全事故，也可以有效分担企业和员工的经济负担。通过上述各项措施的落实，可以有效防止和减少工伤事故发生。万一发生工伤事故，还能通过工伤保险和意外伤害商业险来合理分担损失。

 知识延伸｜为每一位职工缴纳工伤保险降低风险

工伤事故是不可预估的，只有为每一位职工缴纳工伤保险才能在发生事故后将单位的损失降到最低。在许多职工流动性较大的工厂，企业还没有达到为每一位职工缴纳工伤保险的程度。如果没有为职工缴纳工伤保险，工伤事故发生后的医疗费用、赔偿费用将全部由单位自行承担。故此，为职工缴纳工伤保险是最好的预防处理工伤的方法。

7.1.3 双重或多重劳动关系，用人单位如何规避工伤风险

前面章节介绍了双重或多重劳动关系的工伤认定，那么在面对双重或多重劳动关系时，企业应当如何规避工伤风险呢？下面进行具体介绍。

（1）双重或多重劳动关系的一般介绍

双重劳动关系下的用工，指同一劳动者在同一时期与两个不同的用人单位建立或形成均符合劳动关系构成要件的用工关系。

目前，我国《劳动合同法》等相关法律法规并未禁止双重劳动关系的存在，甚至部分司法解释、地方法规及政府规章对双重劳动关系予以书面认可。如最高人民法院《关于审理劳动争议案件适用法律若干问题的解释（三）》第八条规定："企业停薪留职人员、未达到法定退休年龄的内退人员、下岗待岗人员以及企业经营性停产放长假人员，因与新的用人单位发生用工争议，依法向人民法院提起诉讼的，人民法院应当按劳动关系处理。"

（2）双重或多重劳动关系下的用工风险

要了解如何规避风险，首先需要了解双重或多重劳动关系下存在的风险有哪些。

◆　对前用人单位的连带赔偿风险

根据我国劳动人事相关法律法规的规定，先成立的劳动关系优先于后成立的劳动关系，原用人单位有权要求劳动者履行劳动合同，不得对外兼职或建立新的劳动关系，若企业招用与其他用人单位尚未解除或者终止劳动合同的劳动者，给原用人单位造成损失的，应当承担连带赔偿责任。

◆　工伤赔付的法律风险

一般而言，劳动者已由原用人单位购买了社会保险，随着全国统一社会保障的启动，使得社会保险无须也无法重复办理，导致后建立劳动关系的用人单位难以为劳动者购买保险（尤其是工伤保险）。

这样一旦劳动者在未缴纳工伤保险费的用人单位发生工伤，就不能从工伤保险基金处获得工伤保险赔偿，或者说发生工伤的用人单位就免不了本可以由工伤保险基金承担的相关赔偿责任。

（3）双重或多重劳动关系下的用工风险规避方法

要规避双重或多重劳动关系，主要可以通过以下 3 种方法实现，具体介绍如图 7-1 所示。

加强招聘录用环节的审查	在招聘录用新人员时，①在录用条件阐明：尚未与其他单位办理劳动关系解除／终止手续的情形属于不符合录用条件，用人单位可随时在试用期内解除劳动合同；②在人员录用面试过程中，应询问对方是否与其他单位存在劳动关系、是否还存在未了结的债权债务情况；③要求劳动者正式入职前提交与前用人单位解除／终止劳动存在劳动关系的证明材料，并进一步电话核实；④在员工手册阐明：若员工与其他单位存在劳动关系，则用人单位有权单方面解除劳动合同。
签订劳动合同和购买社保	针对已存在双重劳动关系的员工，用人单位应与之签订书面劳动合同，避免被劳动者主张双倍工资的风险；用人单位应为该部分员工购买社会保险，尤其是工伤保险，避免因员工工伤导致承担高昂的赔偿责任。
少用存在双重劳动关系职工	用人单位应逐步减少存在双重劳动关系的职工量，尽量不在重要的技术岗位、管理岗位及涉密岗位等岗位上使用存在双重劳动关系的职工，尽量只在非全日制用工模式下使用存在双重劳动关系的人员，避免既是全日制用工又存在双重劳动关系的用工模式。

图 7-1

7.1.4　企业 HR 预防工伤事故的具体操作

由于所处的企业环境不同，面临的工伤事故也就不同，所以预防工伤事故的相关操作也不同。本节以制造企业为例，介绍应当如何做好工伤事故风险管理。

在制造型企业中，尽管企业已经做好了各项安全防护，但工伤事故还是有可能发生。只是说做好安全方面的措施，伤害事故相对也会减少。只要是看得到的危险，就有可能避免，但在实际运作中，看不到的危险才是工伤事故发生的根源。

在日常的安全整改与检查中，都是处理那些看得见的隐患。看不到的隐患恰恰就是员工本人，因此除了工作硬件、工作环境上做改善外，还要在员工身上做改善。具体介绍如表 7-1 所示。

表 7-1　预防工伤事故的具体操作

项　目	具体介绍
购买商业保险抵御风险	员工入职后及时参保工伤保险，如果因为种种原因不能参保工伤保险的企业或是岗位，单位可以考虑为其购买一个商业意外险，商业意外险包括险种有：疾病医疗、意外医疗、疾病及意外亡故等项目。商业保险可以分担未参加工伤保险的费用，从而减轻员工伤害风险
设备设施的保养与检查	在一些电子制造型类制造行业中，工伤发生的次数相对不算多，当然也因为在安全方面做的工作比较到位，如员工工作环境、操作设备的安全防保措施等。定期进行检查、定期保养，确保设备设施安全可靠。除了在设备设施上做好相应的工作之外，还得对人员进行培训，常提醒、常跟进员工的工作状态及工作方法
易发生工伤部门重点关注	对于公司易发生工伤的部门，如生产部、仓库、维修部、保安部等。对于这些部门的员工，一入职就应及时办理工伤保险。目前，每年发生工伤一般都是在仓库、生产部、工厂等部门，其他部门相对较少。所以，HR 应该引起重视，对这些部门进行重点安全防护
重点部门、岗位安全标语不能少	在很多企业的生产车间，安全出口等位置都挂着相应的安全标语提醒员工注意安全。大部分安全标语在安全出口或是车间都是"以人为本，安全第一""安全第一，预防为主"等。但在设备上就是以警告提示，如"非操作人员，不得随意启动设备""非专业人员，禁止启动设备""高压——危险""有电——危险"等。目的就是为了让员工不要随便接触设施，以免造成伤害
员工安全意识的提升与提醒	有些员工的安全意识比较薄弱，平时的安全培训也没少参加，但是偏偏就是在操作时会受伤，如果换一个员工都可以避免。因为他们对于安全的警惕性不高，所以容易受伤。HR 应该时刻注意，不能放松警惕，对员工进行安全生产教育
HR 部门的监督与巡查，定期进行安全会议的检讨	对于员工工伤事故的发生，作为 HR 应该见到的也不少。所以要经常给员工培训安全防护知识，定期进行监察和汇报，定期召开安全会议进行讨论与检讨

续表

项　　目	具体介绍
安全隐患的排除与杜绝	在正常运作中，安全隐患无时不在，一个不小心就会有事故发生。事故也许是对单位的损失，也许是员工人身安全受损。所以定期对隐患排检是十分必要的。通常情况下，可以要求工程维修部每周检查一次，每次检查后做好相应记录，提出隐患位置及整改时间计划。行政部经理至少每月跟进一次完成情况，以及整改后效果，确保无隐患存在为止

7.1.5　如何预防恶意工伤碰瓷行为

　　近年来，越来越多的工伤碰瓷事件受到各企业的关注，特别是一些中小企业，风险承受能力较差，面对碰瓷事件往往选择私了、息事宁人。出现这种情况，还是因为制度不够完善，容易让人钻空子。

　　究其原因，只要当事人有这个意向，"工伤事故"是可以人为制造出来的，也就是"碰瓷"。因为在工作时间、工作场所、为了工作，这3个要素都是可以"做"出来的。

　　那么应当如何预防与应对工伤碰瓷行为呢？

　　事先做好调查。企业在进行人员招聘时，要对招聘的人员有一个充分的了解，了解其过往是否存在相关违规违法行为，只有通过调查，了解应聘人员的具体情况，才能将风险从源头遏制。

　　为企业员工购买保险。企业想要预防工伤碰瓷，就需要做好自身的工作，积极为公司员工购买工伤保险，这样可以在一定程度上帮助企业较少损失，同时也是相关法律要求的。

　　积极向公安部门汇报情况。如果企业觉得工伤事件蹊跷，或在工伤事故、工伤理赔过程中存在疑惑之处，都可以向有关部门或公安机关进行汇报，避免上当受骗，给企业造成损失。

| 范例解析 | 　恶意工伤碰瓷处理难点

余某和曾某是某建筑工程有限公司的雇员，都在员工食堂工作。在一次工作中，双方因工作问题意见不统一而发生争吵，后来上升到肢体冲突。余某先用水勺击打曾某脸部，而曾某拿着刀将余某砍成轻伤。

该区人民检察院以故意伤害罪对曾某提起公诉，法院判处其拘役5个月。余某向该区人力资源和社会保障局提起工伤认定申请，人社局认定余某为工伤。

该建筑公司不服，向该区人民法院提起诉讼，法院认为曾某与余某发生冲突，最终导致被砍伤的原因是履行工作职责，因此做出工伤认定决定。然而该建筑公司仍然不服，于是继续向法院提起诉讼。

该建筑公司的代理人郑某表示，人社局和法院一审都忽略了是余某先动的手，从而引发的冲突。

该建筑公司人事部负责人陈小姐坦言："如果我们承认是工伤，那么今后是否只要是发生在公司的打架斗殴，只要打人的凶器是公司的，都算是工伤？起因是不是为工作是人为界定的。"

整个事件"谁先动手"最受关注。该区人社局的相关人士明确表示，"该案的确是余某先动的手，但这一点并不影响对于他的工伤认定"。据参与调查的工程师介绍，虽然是余某先用水勺打了曾某，但是这个行为可以被理解为是带着催促的意味，余某"打人"这个动作并非以打伤人为目的和出发点的。相反，曾某则是在平日宿怨的激化下，将余某砍伤的。

所以余某是因履行工作职责而遭到暴力伤害。"工伤的认定不在于当事人究竟有没有过失，而在于其有没有受到伤害"。

该区人保局的专家还表示，这起暴力伤害造成了余某十级伤残，同时由于违反企业的内部管理条例，他又处于失业状态是弱者。从这个角度出发，对于他的工伤认定是从宽处理的。"企业有异议，是因为他们抓住的都是事情发生过程中的细节问题，而作为政府来说，是从整体、全局上来考量、判定的"。

但多数受访专业人士对此案有着不同的看法。人社局工伤认定窗口的相关专家表示，如果在一个特定场合下，下属不服从上级安排，与主管发生争执，并且暴力相向，那么这种情况可以认定为工伤。

但此案很难将余某先动手的行为解释为是出于履行工作职责，这两者间没有必然联系。相反，把两人之间的冲突看作是打架更为合适。

| 范例解析 | 恶意工伤碰瓷处理难处

某煤矿公司新招聘员工朱某，没想到朱某上班第一天就受伤。老板刘先生第一时间赶到医院，得知朱某出现颈椎错位，身体左侧瘫痪。之后联系朱某的亲属，对方提出私了，要求公司一次性赔偿40万元人民币，双方签署了赔偿协议。

同年11月，刘先生得知朱某在其老家从事其他活动，根本不像大病初愈的人，遂报警。警方发现朱某等人曾在河北某公司以同样手法处理了一起类似的工伤事故。他们流传于各地，主要针对煤矿企业，导演"工伤"事故，骗取上百万赔偿金。

根据劳动法，员工上班因工作原因发生伤害，属于工伤，由用人单位赔偿。如果用人单位缴纳社保的，则社保基金赔偿。实践中，如果社保未缴或者未来得及缴纳的，都由用人单位赔偿。如本案第一天上班就发生"工伤"，社保也来不及缴的，加上对方私了的赔偿金额，比法定工伤赔偿金额低，故用人单位自认倒霉予以赔偿了。

工伤碰瓷一般是团伙作案，有受伤者、谈判者，甚至还有医学专业的人员参加，他们对工伤理赔的流程与数额轻车熟路。

通常有两种情况，一种类型是上下班，找熟人制造交通事故，然后来工伤理赔。另一种类型是在无人监控的地方自己制造受伤。这种事故一般在上班后几个月内发生，之后提出私了解决，然后通过私了获得赔偿金。

而案发基本是因为在其他地方有过类似事故，偶然发现。所以也要建立工伤事故信息网，对于屡屡发生工伤的，予以重点监控，或许就是诈骗。发现可疑工伤，不要私了，需要走正规的工伤认定程序进行调查，以及在劳动能力鉴定后赔偿，如此碰瓷者便会知难而退。

工伤碰瓷是以诈术骗财，刑法上属于诈骗罪。全国人大常委会出台的关于《刑法》第二百六十六条的解释："以欺诈、伪造证明材料或者其他手段骗取养老、医疗、工伤、失业、生育等社会保险金或者其他社会保障待遇的，属于刑法第二百六十六条规定的诈骗公私财物的行为。"此条规定骗取社保基金的是诈骗，而骗取用人单位的赔偿款，亦是诈骗。

因此对于企业而言，由于工伤的相关法律通常对劳动者起到保护作用，是企业比较被动，一旦遇到恶意的碰瓷事件，往往难以应对。特别是一些中小企业，可能会因为碰瓷事件导致企业破产倒闭。

工伤碰瓷比交通碰瓷更有隐蔽性，而且有的用人单位劳动安全不规范，不想被曝光，容易私了得逞。要想避免工伤碰瓷，最好的办法是严格落实劳动法、社保法，其次，对于事故走法律途径。HR 要依法做好工伤保险的相关工作，将风险降到最低，才能使企业稳定运行

7.1.6　工伤职工不能从事原工作怎么办

发生工伤后，劳动者不能从事原来工作的，用人单位可以与劳动者协商调整岗位，如果劳动者不同意，用人单位可以在作出赔偿后与之解除劳动合同。

（1）工伤职工不能从事原工作的处理办法

职工发生工伤后，无论评定级别高低，或多或少都会对劳动者自身的劳动能力产生影响，导致工作岗位应当进行适当地调整或安排。《工伤保险条例》

对职工因工致残的不同等级就劳动关系处理和工作岗位安排问题做出了不同的规定。

◆ 职工因工致残被鉴定为一级至四级伤残的，保留劳动关系，退出工作岗位。

◆ 职工因工致残被鉴定为五级、六级伤残的，保留与用人单位的劳动关系，由用人单位安排适当工作，难以安排工作的，由用人单位按月发给伤残津贴，经工伤职工本人提出，该职工可以与用人单位解除或者终止劳动关系。

◆ 《工伤保险条例》对职工因工致残被鉴定为七级至十级伤残的工作安排没有具体规定，但规定劳动合同可以期满终止，或者职工本人可以提出解除劳动合同。

因此，一级至四级伤残职工因完全丧失劳动能力而无须再提供劳动；五级、六级伤残职工因大部分丧失劳动能力应适当安排工作，但不强制进行工作；七级至十级伤残职工属于部分丧失劳动能力，原则上应恢复原工作岗位，并允许用人单位根据具体情况安排其他适当的工作。

（2）职工调换岗位能否降薪

调岗降薪属于劳动合同内容的变更，必须遵循协商一致的原则，用人单位若强行调岗降薪则是非法的。

如果的确属于客观情况发生重大变化，用人单位不能与劳动者就调岗降薪达成一致的，可以在提前 1 个月通知劳动者后，与劳动者解除劳动合同，并按照劳动者工作年限支付经济补偿金。具体介绍如图 7-2 所示。

员工无过错

通常情况下是双方未对员工的职位、岗位进行约定，因此理论上讲用人单位可以调整员工岗位。如双方在劳动合同中已经明确约定了职位、岗位，那么用人单位的调职、调岗决定，应当视为对劳动合同的重大修改，必须与员工进行协商、征得员工的同意。

另一种情况是用人单位以员工有过错为由，对其进行调职、调岗。这种调职、调岗实质上是用人单位对员工的处罚行为。法律上讲，用人单位对员工进行处罚，应当建立在充分的事实基础上，以合法有效的厂纪厂规为依据，并遵循相应的程序，比如听取申辩、通过工会等。

员工有过错

图 7-2

 知识延伸 | 《劳动法》规定的可以解除劳动合同的情况

　　用人单位提前三十日以书面形式通知劳动者本人或者额外支付劳动者一个月工资后，可以解除劳动合同：①劳动者患病或者非因工负伤，在规定的医疗期满后不能从事原工作，也不能从事由用人单位另行安排的工作的；②劳动者不能胜任工作，经过培训或者调整工作岗位，仍不能胜任工作的；③劳动合同订立时所依据的客观情况发生重大变化，致使劳动合同无法履行，经用人单位与劳动者协商，未能就变更劳动合同内容达成协议的。

7.2
工伤保险相关知识

　　企业 HR 在处理企业相关的工伤问题时，想要能够轻松高效，就需要掌握工伤保险相关知识。

7.2.1　工伤保险、雇主责任险和意外险三者的区别

工伤保险、雇主责任险及团体意外险的投保人均为雇主，也就是说，这是为了转嫁赔偿员工伤亡的经济风险。

（1）工伤保险、雇主责任险和意外险的具体介绍

工伤保险、雇主责任险和意外险各有各的特点，下面分别对其特点进行介绍。

工伤保险。工伤保险，是指劳动者在工作中或在规定的特殊情况下，遭受意外伤害或患职业病导致暂时或永久丧失劳动能力以及死亡时，劳动者或其遗属从国家和社会获得物质帮助的一种社会保险制度。

雇主责任险。雇主责任险是指被保险人所雇用的员工在受雇过程中从事与保险单所载明的与被保险人业务有关的工作而遭受意外或患与业务有关的国家规定的职业性疾病，所致伤、残或死亡，被保险人根据《中华人民共和国劳动法》及劳动合同应承担的医药费用及经济赔偿责任，包括应支出的诉讼费用，由保险人在规定的赔偿限额内负责赔偿的一种保险。

意外险。以被保险人因遭受意外伤害造成死亡、残废为给付保险金条件的人身保险。其基本内容是投保人向保险人交纳一定的保险费，如果被保险人在保险期限内遭受意外伤害并以此为直接原因或近因，在自遭受意外伤害之日起的一定时期内造成的死亡、残废、支出医疗费或暂时丧失劳动能力，则保险人给付被保险人或其受益人一定量的保险金。

（2）工伤保险、雇主责任险和意外险的区别

工伤保险、雇主责任险和意外险虽然都可以起到保障的作用，但是三者又存在一定的区别，具体介绍如表7-2所示。

表 7-2　工伤保险、雇主责任险和意外险的区别

项　　目	雇主责任险	工伤保险	意 外 险
是否强制	否	是	否
法律基础	雇主按照雇用合同应承担的经济赔偿责任	法律规定强制雇主承担的经济赔偿责任	被保险员工的意外，不能代替雇主的责任
保障范围	受雇工作期间（含上下班期间）	受雇工作期间（含上下班期间）	24 小时意外
被保险人名单	否，但要告知总人数	是（记名投保）	是（记名投保）
保额	以实际工资总额为基础	以实际工资总额为基础	约定
费率	0.2 ~ 1.8%	0.5 ~ 1.5%（按标准收费，收费较高）	意外 0.1%左右，意外医疗 0.3%左右
医疗费	无限额（但保单整体约定限额）、有免赔	无限额、无免赔	有限额、一般有免赔
误工补助	赔偿	赔偿	无
是否包括职业病	是	是	否
对全体员工是否有保障	是	否（企业一般选择性投保，新员工风险偏低则不投保）	否（除非及时申报变更员工名单）
死亡伤残补助	赔偿	赔偿	赔偿

通过表 7-2 可以基本了解工伤保险、雇主责任险和意外险 3 种保险的区别，下面具体对其区别进行介绍。

◆　雇主责任险和意外险的区别

首先需要了解的是雇主责任险和意外险的区别，下面进行具体介绍。

保险责任不同。雇主责任险保障的是雇员在工作期间遭受意外伤害，赔付项目为死亡给付、伤残给付、医疗费（没有限额）、职业性疾病给付、误工费；意外险保障的是雇员在 24 小时内遭受意外伤害，赔付项目一般为

死亡给付、伤残给付、医疗费（有限额）。

投保方式不同。雇主责任险基本采用不记名投保；意外险一般必须采用记名的投保方式。

保险标的不同。雇主责任险的保险标的是雇主的赔偿责任，被保险人为雇主；意外险的保险标的是被保险人即雇员的生命或身体。

保额确定方式不同。雇主责任险的保险金额为雇员的工资，保险费按照雇员一年的工资收入总和乘上不同工种的相应费率进行计算；意外险的保险金额由投保人自行确定。

◆ 工伤保险和雇主责任险的区别

在实际工作中，很多对相关知识不了解的企业 HR 或老板容易混淆工伤保险与雇主责任险，下面对其进行具体区别。

保险责任不同。雇主责任险的保险责任采取统括式；工伤保险的保险责任采取细分式，包括因工作原因受到事故伤害的；因履行工作职责受到暴力等意外伤害的；患职业病的；因工外出期间，由于工作原因受到伤害或者发生事故下落不明的等，共 10 种情形。

投保方式不同。雇主责任险基本采用不记名投保；工伤保险一般必须采用记名的投保方式。

赔偿方式不同。雇主责任险的赔偿先赔付给企业，由企业赔付给雇员；工伤保险规定对伤残补助按照 1 ~ 10 伤残级别给予 24 个月工资至 6 个月工资不等的一次性伤残补助金。另外，逐月发放伤残津贴、死亡给予一次性补偿，赔偿直接赔付给雇员个人。

赔偿限额标准不同。雇主责任险的赔偿限额一般对于死亡或伤残按照 1 ~ 10 伤残级别分别给予 36 个月或 48 个月工资的赔偿金额。当然，如果购买的限额越高，则同等伤残等级下可以获得的补偿则越高，影响雇员获得赔偿金的因素不仅仅是月工资，还有雇主购买的赔偿限额；工伤保险则是按照市平均工资水平在法律规定的限额内进行赔偿。

自担风险程度不同。 雇主责任险中，雇主可以按照投保意愿选择无免赔额的承保条件，一旦出险，在保险金额内雇主可以获得工伤保险条例中规定的由雇主自行补足的费用。

7.2.2　工伤保险缴纳空档期如何避免风险

如今，新员工入职，HR 需为其缴纳社会保险的，但实际上会因各种原因出现"空档期"，从而存在一定的风险。

（1）HR 应当如何避免风险

新入职劳动者与原单位解除劳动关系后，与新用人单位建立劳动关系的当月，很少有用人单位于新员工入职当天申报办理新增或转移社会保险，导致中间存在一段时间的社保缴纳"空档期"，那么 HR 应当如何操作，才能尽可能降低企业的风险呢？

◆ 工伤保险参保单位，当月无法为新招人员办理参保手续的，在签订劳动合同之日起 5 个工作日内，携带劳动合同到社会保险经办机构办理新增人员备案手续。

◆ 在次月缴费时，需要补缴当月的工伤保险费，即可有效规避空档期的风险。

◆ 企业还可以在社保缴纳"空档期"为员工购买一定的商业保险，降低企业的风险，也起到保护员工的作用。

（2）未按规定操作可能存在的风险

如果 HR 未按照相关规定为员工缴纳工伤保险或未足额缴纳，一旦出现工伤事故，企业将承受较大损失，如图 7-3 所示。

合理备案并于次月补缴	签订劳动合同之日至次月缴费期间的空当，若发生工伤，工伤保险基金支付相关待遇。对于参保单位新调入职工，持调入手续备案后，同等对待。
未足额申报缴纳	用人单位若少报职工的工资数据、未足额缴纳工伤保险费，由此造成工伤职工应当享受的待遇降低的，降低部分由用人单位支付。
未缴纳工伤保险	若用人单位忽略工伤保险缴纳的空档期，隐瞒不报，未及时办理备案手续，也未补缴工伤保险，则当员工在工伤保险缴纳空档期内出现工伤事故时，由用人单位负责赔偿。

图 7-3

| 范例解析 |　工伤保险空档期的工伤事故

某服装制作公司为了扩大生产，使企业快速发展，最近新招聘了一批车间工作人员。由于错过了社保缴纳时间，企业的HR并未及时到社保部门办理社会保险新增人数备案手续，准备下月开始为其缴纳社保。

然而就在当月，新招聘的员工刘某因为在工作实习期内违规操作车间的生产设备，导致重伤，经过医院治疗出院，经鉴定为5级伤残，最终法院判决用人单位全额承担该员工的工伤赔偿，共计30余万元。

这时企业负责人才意识到事态的严重，由于还未为新入职的员工购买工伤保险，最终不得不由企业承担该员工的所有医疗费用，以及该员工应当获得的工伤待遇。

通过上述案例可以看出工伤保险的重要性，该例中的企业，并没有及时进行新增人数的报备，也没有给新入职的员工购买相应的商业保险，最终导致员工处于没有受到保护的状态，出现工伤事故，则应当由用人单位承担对员工的工伤赔偿。

企业应积极地对自身存在的不足进行反馈、复盘，不断反思与总结，尽可能规避用工风险。HR 应利用一些人力资源产品或服务，去解决如社保"空档期"等一系列用工风险问题，为企业经营保驾护航。

第8章

通勤事故判定

明确事故解决流程

近几年，通勤事故的发生率逐渐升高，受到了人们的关注。通勤事故究竟应当如何判定呢？其中有哪些需要注意的内容呢？本章将进行介绍。

8.1
通勤事故的责任判定

现如今，越来越多的事故发生在职工通勤过程中，受到人们的关注，这也在一定程度上影响到工伤的认定。因此，企业 HR 需要了解通勤事故的责任是如何判定的。

8.1.1　将通勤事故纳入工伤认定有什么意义

要了解将通勤事故纳入工伤认定的意义，首先需要知道什么是通勤，本小节将进行具体介绍。

（1）什么是通勤

通勤是日制汉语，指从家往返工作地点的过程，通俗地讲就是上下班的过程。

通勤一词最早是在铁路系统使用的，直到现在铁路系统仍把异地职工乘车上下班叫作通勤。

以前员工通勤主要步行上班，现如今，汽车、火车、公共汽车和自行车等交通工具使住在较远处的人可以快捷地上班，而通勤事故的类型也发生了变化。

（2）通勤事故纳入工伤认定的意义

《工伤保险条例》第十四条规定，职工有下列情形之一的，应当认定为工伤：在上下班途中，受到非本人主要责任的交通事故或者城市轨道交通、客运轮渡、火车事故伤害的。

将通勤事故纳入工伤认定的主要原因是员工上下班是为了工作，因此上下班途中出现事故应当纳入工伤认定，能起到保护劳动者的作用。

上下班途中是职工在享有正常的休息休假权利后由居所或是休息地点到工作场所地点必然要发生的一个地点转换过程，将该时段的风险纳入工伤保险体系是对基本人权的尊重，是对劳动者提供劳动保护条件，也是维护正当权益的必要。

8.1.2　通勤事故类工伤的构成要素有哪些

在正常的上班期间，员工如果因为工作原因身体上受到伤害，一般都是可以认定为工伤。不过，如果员工在上下班途中造成工伤，其构成要素有哪些呢？

"上下班途中"是指在合理的上下班时间和合理的上下班路线中，如果受到非本人负主责的事故将认定为工伤。通勤事故类工伤的构成要素主要有以下 3 点。

◆　关于上下班途中的时间因素

上下班途中在时间上要求在一个合理的时间范围内，根据职工上下班路程的远近程度，使用交通工具的不同，考虑交通状况等因素，在合理的一段时间范围内均可以认为是上下班时间。

但也要考虑迟到或者早退因素，即使职工是在工作时间受伤，也可能是因为职工迟到或者早退，公司可以因职工迟到或者早退而进行处分，但不能因此否认该职工是在上下班途中受到伤害，也就是说此时职工仍有可能构成工伤。

另外，需要注意的是要正确处理条例中规定的上下班与用人单位规定的上下班时间的关系。职工在用人单位规定的上下班时间里正常上下班，途中遭受机动车事故伤害，当然应当认定工伤。但如果不是在用人单位规定的上下班时间上下班，比如职工违反工作纪律迟到或者早退，在途中遭受机动车事故，仍应认定为工伤。这是因为在工伤保险中，国际通行的两大原则是用人单位单方责任原则和无过错责任原则，也就是无论职工有无过错，只要职工发生了工伤事故，都应当享受工伤保险待遇。

◆ 关于上下班途中的路线因素

在合理时间内经过合理路线，而不是必经路线或者最近路线。合理路线可以是地面路线，也可以是地下路线，甚至可以是高空路线（高架）或者过江河等。

各种路线只要可以联系到迅捷，或者费用低、安全性好等理由，就可以认为是合理路线。住所地或者上班场所可以有两处以上，有两个不同的方向，无论选择哪处或者哪个方向，只要是以上下班为目的，在合理的时间，都可以认为是合理路线。职工与他人共搭车上下班而选择的绕道路线、因修路等原因交通改道的路线，顺道买菜以及回父母或者子女家的路线，都可以认为是合理路线。

但如果下班后故意绕行或者与回家的路线方向大相径庭，或者上下班路程通常需要 1 个小时，但中途购物花了 3 个小时，则明显违背了连续性原则，一般不宜认定为工伤。

◆ 关于上下班途中的目的要素

也就是说职工发生机动车事故时必须是以上下班为目的，而不是中途外出办事。那样可能因公外出受到伤害或者因履行职务受到意外事故伤害，都可能构成工伤，但不是上下班途中因机动车事故受到伤害。

职工在上下班途中虽然从事了其他活动，但是该活动是职工日常生活必需的、合理的要求，且在合理时间内未改变以"上下班"为目的的合理路线，应当认定为"上下班途中"。我们认为目的因素是最重要的，否则即使在合理的时间、合理的路线，但不是以上下班为目的，也不宜认定为"上下班途中"。

8.1.3 非本人主要责任的判断

在《工伤保险条例》中介绍到，在上下班途中，受到非本人主要责任的交通事故或者城市轨道交通、客运轮渡、火车事故伤害的。实际情况中，"非本人主要责任"因素通常令人感到疑惑。

（1）如何判断责任

"非本人主要责任"是指"本人"对事故的发生无过错、无责任或仅负较小的过失责任，具体而言是指在事故的原因或责任体系中处于不重要的地位，对事故的发生不构成决定性作用。

是否符合工伤认定中的"非本人主要责任"的情形，判断权在社会保险行政部门，其主要认定依据来自公安机关交通管理部门出具的事故认定书，情况较为复杂时也会综合以下证据。

法院判决。交通事故无责任认定或其他事故，当事人提起诉讼，人民法院就事故赔偿责任进行判决，判决承担责任比例的法律文书。

政府或其部门就事故出具的调查报告、事故通报、调查结论等。如轨道交通、轮渡、火车等事故发生后，相关部门可能就事故产生的原因进行调查，由此形成的相关报告、通报等结论性文件。

调查笔录。行政机关、司法机关就事故情况对当事人、知情人、相关单位等的调查笔录。

音像资料。与事故相关的录音、录像资料。

调解协议。当事人之间就事故达成的调解协议，但是协议中对于责任的认定一般都处于模糊的状态，需要根据赔偿数额、赔偿主体等进行综合判断。

（2）责任的划分

企业 HR 只有了解了非本人主要责任是如何判断的，才能知道受伤职工是否能认定工伤。

《道路交通事故处理程序规定》第四十六条规定，公安机关交通管理部门应当根据当事人的行为对发生道路交通事故所起的作用以及过错的严重程度，确定当事人的责任。

- ◆ 因一方当事人的过错导致道路交通事故的，承担全部责任。
- ◆ 因两方或者两方以上当事人的过错发生道路交通事故的，根据其行为对事故发生的作用以及过错的严重程度，分别承担主要责任、同等责任和次要责任。
- ◆ 各方均无导致道路交通事故的过错，属于交通意外事故的，各方均无责任。一方当事人故意造成道路交通事故的，他方无责任。

由以上规定可知，交通事故的责任分为全部责任、主要责任、同等责任、次要责任、无责任 5 种责任分担方式。"非本人主要责任"就包含了同等责任、次要责任、无责任 3 种形式。也就是说，只要是职工在上下班途中发生的不是负全部责任、主要责任的交通事故，都应当认定为工伤。

| 范例解析 | **认定交通事故中的责任划分为工伤的难点**

戴某是某食品加工公司的正式职工，从事搬运工作。一天下午，戴某下班后驾驶摩托车回家，途中与另一行驶中的摩托车相撞受伤。之后，该食品加工公司向人力资源和社会保障局提出工伤认定申请。

在案件审核过程中，被认为交警部门出具的《道路交通事故认定书》

中认定戴某在本次交通事故中承担次要责任的结论所依据的事实与被调查询问情况不符。因此，该《道路交通事故认定书》不能作为工伤认定的依据。于是作出《不予认定工伤决定书》，认定戴某受伤不是工伤。戴某对此决定不服，向上级主管部门人力资源和社会保障局提出行政复议申请，认为作出的工伤认定决定事实不清、证据不足、适用依据错误，请求撤销被具体行政行为。

行政复议期间，向行政复议机关提供了其向交通事故双方当事人作的调查询问笔录。人力资源和社会保障局经审理，撤销了人力资源和社会保障局作出的工伤认定决定。

本案争议的焦点是社会保险行政部门认定《工伤保险条例》中"非本人主要责任"情形是否应当以交警部门出具的交通事故认定书为依据的问题。

最高人民法院《审理工伤保险行政案件若干问题的规定》规定，在认定是否存在《工伤保险条例》"本人主要责任"情形时，应当以有权机构出具的事故责任认定书、结论性意见和人民法院生效裁判等法律文书为依据，但有相反证据足以推翻事故责任认定书和结论性意见的除外。

人力资源和社会保障部《关于执行〈工伤保险条例〉若干问题的意见》规定，认定职工受到交通事故伤害是否属"非本人主要责任"的情形，应当以有关机关出具的法律文书或者人民法院的生效裁决为依据。

本案中，戴某事故发生地公安机关交通警察机构出具的《道路交通事故认定书》认定戴某在本次事故中承担非主要责任，被现场无目击证人证言和现场勘察记录等证据的情况下，仅凭自认为相互矛盾的事故双方当事人证言，是不足以推翻该事故责任认定结论的。

因此，被应当以公安机关交通警察机构出具的《道路交通事故认定书》作为认定"非本人主要责任"情形的依据。

本案中，戴某在下班途中受到非本人主要责任的交通事故伤害，依法应当认定为工伤。

8.1.4 员工发生的通勤事故都是工伤吗

前面章节介绍过工伤认定，员工发生通勤事故可以申报工伤，但是不是所有的情形都可以申报工伤呢？根据相关条例规定，需要满足一定的条件，才能够申报工伤。

（1）能够认定工伤的情形

依据《工伤保险条例》第十四条第六款之规定，"在上下班途中，受到非本人主要责任的交通事故或者城市轨道交通、客运轮渡、火车事故伤害的"，可以认定为工伤。

这里结合《最高人民法院关于审理工伤保险行政案件若干问题的规定》（法释〔2014〕9号）对需要满足的条件进行了解读。

◆ 职工在上班和下班的合理时间，职工下班后离开工作地点，其受伤时间超出从工作地点到居住地点的时间，这种情况下不能认定为工伤。

◆ 职工在上下班过程中往返的必经路上，比如往返于工作地与配偶、父母、子女居住地、员工宿舍等。

◆ 在工作时间内，职工来往于多个与其工作职责相关的工作场所之间的合理区域，因为交通事故受伤的可以认定为工伤。

◆ 职工因工作原因驻外，有固定的住所、有明确的作息时间和工作线路，因为交通事故受伤，可以认定为工伤。

◆ 非本人主要责任的交通事故，以交通事故责任认定书为准，交通事故中职工本人不承担全部或者主要责任，可以认定为工伤。

（2）无法认定工伤的情形

要认定工伤，需要满足工伤认定的相关条件，否则无法认定工伤。那么，员工发生的通勤事故无法认定工伤的情形有哪些呢？

◆ 在上下班的过程当中，员工如果违反交通法规发生交通事故，最后受到伤害的不能认定为工伤。因为违反交通法规的责任全部在员工个人，所以用人单位不用承担相应责任，比如说员工在上下班的途中开车打电话的，或者是上下班途中开车闯红灯的，这些违反交通法规的行为都不能认定工伤。

◆ 员工不在合理的上下班时间发生交通事故，则不能被认定为工伤。例如员工旷工、请假等发生交通事故则不能被认定为工伤，这不属于合理的上下班时间。

◆ 员工虽然在上下班时间，却没有在上下班的必经之路上，则不能认定为工伤。例如下班回家后再出门办事出现交通事故、下班后驾车与朋友聚会出现交通事故。

| 范例解析 | 发生通勤事故无法认定工伤的情形

赵某在某食品加工公司工作，一天17:00从单位下班回家，但因亲属在某地承包一场婚宴，于是赵某中途去婚宴现场帮忙，一段时间后才离去回家。在18:35左右，赵某驾驶二轮摩托车与张某驾驶的小轿车发生碰撞，导致赵某当场死亡。

经公安局交通管理大队认定赵某负事故的次要责任。后来赵某的亲属向人力资源和社会保障局申请工伤认定，人力资源和社会保障局作出《不予认定工伤决定书》，张某上诉至当地法院，通过法院审理，驳回原告上诉请求，维持原判。

在本案中，福州市人力资源和社会保障局调查提出，根据《关于工伤保险有关规定处理意见的函》（人社厅函〔2011〕339号）和《规定》第六条第（三）项规定，"即使是在上下班途中从事属于日常工作生活所必需的活动，也需在合理时间内未改变以上下班为目的的合理路线的途中。"

赵某到某地后帮助其亲属办酒席，该酒席属于亲属承包，所以赵某在某地帮助家人进行经营性活动，一小时后再回家发生交通事故。既偏离下班途中的合理路线，也超出合理时间，且路线的起点不在用人单位，家庭经营性行为也与工作无任何关联，因此并非下班过程。根据以上意见，人力资源和社会保障局作出《不予认定工伤决定书》。

通过上述案例可以发现，赵某虽然处于下班途中，但是途中去某地帮忙操办酒席，帮助家人进行经营性活动，之后出现交通事故。因此，赵某不在合理的时间、合理的路线以及与工作无任何关联，不能认定为工伤。

虽然从整体来看，赵某出现工伤事故是处于上下班途中，但是其在下班途中帮助亲属从事其他经营性活动，之后才回家，在此过程中出现交通事故，虽然不是承担主要责任，同样无法认定工伤。

8.1.5 发生交通事故后，如何出具事故责任认定书

在发生交通事故后通常会出具事故责任认定书，展示事故双方的具体责任，其目的是分清事故责任，为依照交通法规和其他规定对肇事者作出正确恰当的处分，同时也为以后事故损害赔偿处理打下基础，提供依据。

（1）事故责任认定书责任划分情形

根据事故双方在交通事故中需要承担的责任进行划分，主要可以划分为3种，具体介绍如表8-1所示。

表8-1 交通事故责任划分

责　任	具体介绍
全部责任和无责任	事故完全由当事人中一方违章造成，由违章者负全部责任，而与事故无直接因果关系的另一方无责任。如某司机由于醉酒开车突然把车开入左侧，把正常骑自行车行驶的某学生撞倒。被撞人员经医院抢救无效死亡。这起事故就是完全由于驾驶员一方的违章行为造成的，因此该司机应负全部责任，而被撞人由于无违章行为而无责任

责 任	具体介绍
主要责任和次要责任	主要因一方违章，另一方或第三方也有违章行为造成的事故，主要违章者要负主要责任，另一方或第三方负次要责任。如某地的一起交通事故，一女学生骑自行车由北向南行驶，在百货大楼转盘处骑入快车道，与某司机驾驶的由东向西行驶的解放牌挂斗车相刮，汽车从女学生胸部轧过，经抢救无效死亡。在这起事故中，女学生骑自行车侵占快车道，避让措施不当，应负主要责任。司机开车不注意观察，负有次要责任
同等责任	造成交通事故的各方当事人均有违章行为，情节相当，各方负同等责任。如某物资运输公司的司机陈某，驾驶大货车以五六十公里的速度从北向南行驶。行至这条公路 19 公里处时，在陈某前方六七十米处，某单位司机张某驾驶 130 货车，以 60 多公里的时速相对驶来。陈某不顾会车危险，仍然强行超越车前右侧一行驶车辆，结果在两车接近时，双方司机惊慌失措，加之车速快，躲让不及，造成两车相撞，130 货车被撞后栽入旁沟内。这起事故本来是可以避免的，但由于两车司机忽视交通安全，违反交通法规，酿成灾祸，理所当然应负同等责任

（2）事故责任认定书的基本内容

公安机关交通管理部门应当自现场调查之日起 10 个工作日内制作道路交通事故认定书。交通肇事逃逸案件在查获交通肇事车辆和驾驶人后 10 个工作日内制作道路交通事故认定书。对需要进行检验、鉴定的，应当在检验、鉴定结论确定之日起 5 个工作日内制作道路交通事故认定书。

道路交通事故认定书应当载明以下内容。

◆ 道路交通事故当事人、车辆、道路和交通环境等基本情况。

◆ 道路交通事故发生经过。

◆ 道路交通事故证据及事故形成原因的分析。

◆ 当事人导致道路交通事故的过错及责任或者意外原因。

◆ 作出道路交通事故认定的公安机关交通管理部门名称和日期。

公安部门在制作事故责任认定书时，还应当遵循以下原则。

◆ 程序合法。

◆ 事实清楚。

◆ 证据确实充分。

◆ 适用法律正确。

◆ 责任划分公正。

图 8-1 为事故责任认定书模板。

××市公安局交通管理局××交通大队

道路交通事故认定书

××认字[20××]第××号

交通事故时间：	天气：
交通事故地点：	

当事人、车辆、道路和交通环境等基本情况：

1.当事人情况

2.车辆情况

3.道路情况

交通事故发生经过：

交通事故证据及事故形成原因分析：

当事人导致交通事故的过错及责任或者意外原因：

（交 通 事 故 处 理 专 用 章）

年　月　日

图 8-1

（3）不服交警部门事故认定怎么办

如果事故双方对事故责任认定书不服，依据《道路交通安全法》《道路交通事故处理程序规定》相关内容，可以采取如下操作。

对道路交通事故认定不服的，不能提起行政诉讼。当事人可以自道路交通事故认定书送达之日起三日内，向上一级公安机关交通管理部门提出书面复核申请。确实有证据证明办案交警有问题的，也可以通过纪检、监察、公安督察等正常渠道进行情况反映。

| 范例解析 |　不服事故认定书的处理办法

某日下午，一对老年夫妇从东向西欲穿过道路到道路西侧的人行道上行走，因为道路西侧停有很多车辆，故借道机动车道由南向北行走。当欲从林某驾驶的小客车（停驶状态）和前面的大客车（停驶状态）之间的空当穿过到西侧人行道时，林某驾驶的小客车突然快速起步，小客车先将两位来人撞倒在地。

事故造成老头死亡、老太太重伤，随后当地交通队以老年夫妇未在人行道内行走，违反《道路交通安全法》第六十一条："行人应当在人行道内行走，没有人行道的靠路边行走。"，确定事故发生的原因。

林某驾车未在确保安全的原则下通行，违反《道路交通安全法》第二十二条第一款："机动车驾驶人应当遵守道路交通安全法律、法规的规定，按照操作规范安全驾驶、文明驾驶。"是事故发生的原因。认定肇事司机林某和老年夫妇各承担事故的同等责任。

老年夫妇的子女对事故责任认定不服，通过向事故发生地公安机关信访部门反映。信访部门责令交通队重新调查，交通队撤销了原认定，但是只是对原事故认定书引用的错误法律条款进行了修改，责任仍然维持同等责任。

当事人不服，又向公安局反映，市公安局受理后责令当地公安局重新调查处理，发现肇事司机严重违章驾驶，起步时不向前看而向后看，违反了司机驾车起步的基本操作规程，存在重大过失。

后来，交通队通知去领取重新认定的事故认定书，认定肇事司机林某承担事故全部责任，老年夫妇无责任。

通过上述案例进一步说明了，当事故当事人认为事故责任认定书的内容有问题时，应当及时通过合理的途径进行反馈，只有这样才能让自己避免遭受重大损失。

8.1.6 公安部门没有出具事故责任认定书，应该如何办

发生通勤事故时，事故双方一定要向事故处理人员索要事故责任认定书。认定书是事故双方承担权利与义务的法律文件，没有认定书就无法对事故的责任进行划分，受害者也无法对加害方提出索赔的诉求，上法庭打官司也要认定书作为证据。

通常情况下，交警只要受理了交通事故案件就不可能不出具交通事故责任认定书，假如真的有交警故意不出具交通事故责任认定书，那么可以向这个警察所在地的交警大队或者交警支队，直至公安局或者所在地人民政府进行投诉。

如果没有事故责任认定书，进行上诉或申报工伤都会变得比较困难，下面通过具体的案例进行分析。

| 范例解析 |　没有出具事故责任认定书如何认定工伤

一日下午，无证驾驶且无牌照的李某驾驶摩托车与无证驾驶且无牌照的张某的摩托车相撞，造成李某受伤，经司法鉴定已构成10级伤残。李某时候进行上诉，张某赔偿因交通事故造成的各项经济损失及精神抚慰金共计5万元。

被告张某辩称，李某所述不是事实，两人并没有发生碰撞，双方为同向行驶，且相距10米左右，李某摔倒是因其无证驾驶、超载行驶、路面不平等原因造成的，原告损失应由其自负。

经法院调查，当日李某驾驶无牌号的摩托车，车上载有两人，与张某驾驶摩托车左转弯时发生交通事故，导致李某摔倒受伤。

李某受伤后被送到医院救治，住院半个月，共花费1.7万余元，交通费600元。后经司法鉴定所鉴定，李某构成十级伤残，采取内固定术进行治疗

后，取出内固定手术需要费用约为6 632元；鉴定费700元。

本案中的原、被告双方当事人均属无证驾驶无牌照的两轮机动摩托车，均未投保任何保险，且没有公安交警部门的事故责任认定，这一情况给法院的审理造成了一定的困难。

人民法院做出民事判决，要求张某于本判决生效后10日内赔偿原告李某医疗费等各项损失共计两万余元；驳回原告李某的其他诉讼请求。

通过上述案例可以发现，虽然在没有事故责任认定书的情况下仍然可以进行法院判决，但是需要花费大量的时间进行取证、调查，这严重影响事故的处理进度，也为案件审理增加了难度。

因此，在出现通勤事故时，一定要要求公安部门出具事故责任认定书，方便后续事故的处理。

8.1.7　上下班途中猝死能否认定为工伤

在上下班途中发生工伤事故可能被认定为工伤，那么员工在上下班途中猝死能否被认定为工伤呢？

按照《工伤保险条例》的规定，职工在工作时间和工作岗位，突发疾病死亡或者在48小时之内经抢救无效死亡的，视同工伤。而在上班途中猝死、突发性死亡的，只要未被认定为职业病导致，就难以认定为工伤。

因此，员工在上下班途中不在工作岗位，也不在工作时间，如果未被认定为职业病就无法认定为工伤。

| 范例解析 |　下班途中猝死是否能认定工伤

徐某是某生产加工公司的员工，每天主要负责巡查车间，对车间内出现故障的设备进行维修，使其保持正常运行。徐某在公司工作近20年。一天，徐某像往常一样正常到公司上班，因车间各设备正常，全天只对车间的一些

常用工具进行了维修，晚上下班前徐某按规定履行了交接班手续后骑车离开公司回家。

20分钟后，公司接到电话称徐某在家门口不知何因摔倒生命垂危正在抢救，1小时后，又得知徐某经医院抢救无效死亡。应其家属要求，向当地人社部门申请工伤认定。

当地人社部门受理后，经过大量的调查核实，对徐某的死亡作出不予认定工伤的决定。徐某家人不服，于是提起行政复议，同时找来徐某生前个别同事作证说，徐某生前曾对其说过有点不舒服等。

此外，还找个别医生证明说，这种情况在死亡发生前会存在身体不适等症状。复议机关并未采纳徐某家属意见，维持了人社部门的决定。

工伤认定部门向徐某生前部门多为同事进行询问、调查，但均未反映徐某有身体不适或难受的症状。用人单位亦表示没有听说徐某反映身体不适；没有徐某与单位相关负责人员等的电话通话记录。

再考虑徐某按时下班的行为，因此没有证据显示，徐某在工作时间和工作岗位上存在突发疾病的情形，不符合突发疾病视同工伤条件。

根据《工伤保险条例》第十四条第（六）项规定，"劳动者在上下班途中，受到非本人主要责任的交通事故或者城市轨道交通、客运轮渡、火车事故伤害的，应当认定为工伤。"徐某虽然是在上下班路上，但是并没有证据证明徐某遭受事故伤害，显然不符合这一条款规定。

第十五条第一款规定，"劳动者在工作时间和工作岗位，突发疾病死亡或者在48小时之内经抢救无效死亡的，视同工伤。"这一视同工伤条款强调了"在工作时间和工作岗位上突发疾病"这一条件。然而徐某死亡是在自己的家门口，并不是在工作岗位和工作时间。

因此，徐某的死亡不具备在工作时间和工作岗位上突发疾病这一条件，不宜视同为工伤。

| 范例解析 |　猝死认定工伤的情况

　　吕某在某自动化设备有限公司担任销售经理。一天，吕某为公司的员工做销售业务培训。当日中午，吕某突然感觉头疼不适，于是回宿舍休息。当天13:50，吕某被发现在公交车站晕倒，之后被送至医院抢救，当日15:00经抢救无效死亡，该医院出具的《居民死亡医学证明（推断）书》中记载死亡原因为"猝死"。

　　之后，吕某妻子就此事向劳动和社会保障局申请工伤认定，社保局进行调查核实，认为吕某的事故属于工伤，公司不服社保局的工伤认定结果，认为吕某并不是在工作中突发疾病死亡，而是因为吕某固有的疾病原因导致其死亡的。

　　该公司申请行政复议，经过调查后，相关负责人做出判断，维持工伤认定的决定。该公司仍然不服，于是将社保局行政复议机构一同告上法院，要求撤销工伤认定。

　　法院审理后认为，社保局作出视同为工伤的决定，证据确实充分，适用法律正确，执法程序合法。管委会作出的《行政复议决定书》复议程序合法，复议结论正确。

　　而该自动化设备有限公司认为吕某的死亡是其本身固有的疾病原因造成的，但在规定期限内未提供有效证据进行证明，应承担举证不能的责任。为此，判决驳回某自动化设备公司的诉讼请求。

　　一审宣判后，各方当事人均未上诉。经办法官指出，根据《工伤保险条例》规定，职工在工作时间和工作岗位，突发疾病死亡或者在48小时之内经抢救无效死亡的，视同工伤。

　　本案中，吕某作为公司的销售经理，在事发当天上午在公司培训员工，因感觉头痛及身体不适而中止培训，并告知身旁同事要回住处休息，可见吕某当时已经出现发病症状。

　　从他当天中午感觉头疼不适要回住处休息，下午1:00晕倒在归途的车站，下午3:00在医院抢救无效死亡。因从其发病到晕倒在回宿舍途中的公交车站，具有时间前后性与状态连续性。为此，应视为在工作时间和工作岗位突发疾病，在 48 小时之内经抢救无效死亡的情形。

8.1.8 交通事故责任认定书出来后怎么办

事故认定书出具以后就将进入到理赔阶段。这一阶段中通常包含 3 种操作方式，分别是自行协商、双方一致请求交警调解以及向法院民事起诉。

（1）自行协商

自行协商一般是针对小额案件或简易案件，且双方对事故责任无异议，双方都无其他违规驾驶的情形（比如：酒后开车、无证驾驶等）才适合自行协商。

自行协商也包含了"互碰自赔"的部分。这种处理方式好处是省时又省力，但也存在风险，当事人利用此规则迅速要求撤离现场，消灭事故现场证据。事后又反悔，不承认事先协商好的责任，导致索赔难。

（2）双方一致请求交警调解

在出现交通事故后，双方当事人一致请求公安交通管理部门调解，才可以在收到交通事故认定书之日起 10 日内书面提出调解申请，等待交通管理部门调解。

交通管理部门调解事故损害赔偿争议的期限为 10 天。达成协议后，由公安机关交通管理部门作出调解书，并送达各方当事人。该调解书在双方当事人共同签字后方为生效，然后按照规定履行赔偿。

据《交通事故处理程序规定》规定，调解的一般程序如图 8-2 所示。

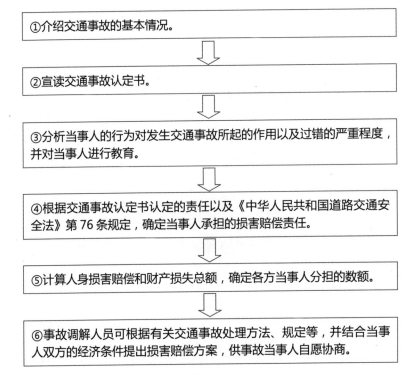

①介绍交通事故的基本情况。

②宣读交通事故认定书。

③分析当事人的行为对发生交通事故所起的作用以及过错的严重程度，并对当事人进行教育。

④根据交通事故认定书认定的责任以及《中华人民共和国道路交通安全法》第76条规定，确定当事人承担的损害赔偿责任。

⑤计算人身损害赔偿和财产损失总额，确定各方当事人分担的数额。

⑥事故调解人员可根据有关交通事故处理方法、规定等，并结合当事人双方的经济条件提出损害赔偿方案，供事故当事人自愿协商。

图 8-2

（3）向法院民事起诉

如果前两种方式都不能使双方满意的话，最后还可以通过起诉的方式，让人民法院进行判决。诉讼指人民法院在的交通事故损害赔偿争议当事人及其他诉讼参与人的共同参加下，对交通事故损害赔偿纠纷予以解决的方式。

在司法实践中，如案件进入到法院审判阶段，双方对《交通事故责任认定书》所认定的责任比例没有异议，法院将按照认定书对双方各自的损失进行审理。

如双方或一方对《交通事故责任认定书》所认定的责任比例有异议，异议方应提供相关证据证实异议的理由，异议方有证据证实认定书认定比例确有错误的，法院只将认定书作为审判参考，综合异议人所提交的证据对案件各方的责任比例重新进行划分。如当事人对认定书有异议，却没有证据能够证实其异议理由，应承担举证不能的法律后果。

8.1.9　无法判定交通事故责任，能否认定工伤

在实际工作中，容易出现无法判定交通事故责任的情况，那么面对这种情况能否认定工伤呢?

公安交通管理部门出具的事故责任认定书是社会保险行政部门履行工伤认定职责的重要依据，但并非工伤认定的前提条件。

公安交通管理部门无法认定事故责任的，社会保险行政部门不得以此为由不予认定工伤。

实践中确实存在发生道路交通事故后，无法查清事故原因的情况。此时公安机关只能出具道路交通事故证明。

对于此种特殊情况，应当以有权机构出具的事故责任认定书或者人民法院生效裁判等法律文书为依据。如有权机构无法出具事故责任认定书，或者出具的法律文书无法认定事故责任，社会保险行政部门可以依据经调查核实的相关证据作出结论，若无证据能够证明劳动者承担事故主要责任，就应当认定为工伤。

| 范例解析 |　无法判定交通事故责任认定工伤

龚某驾驶电动二轮车在下班途中出现事故，车倒在停放于非机动车道停车位内小型轿车左后方。

经路人报警送龚某至医院进行抢救，因抢救无效死亡。机动车司法鉴定所出具了一份技术鉴定，鉴定意见为:无法确定二轮车与轿车是否发生过接触。交通警察大队出具《道路交通事故证明》证实:"因事发时为夜间、雨天，监控设施因光线较暗未能看到事故经过，且无直接目击证人，致事发时龚某驾车倒地原因无法确定，致此交通事故成因无法查清。"

两年后，人力资源和社会保障局（以下简称人社局）依据《道路交通事故证明》，认为本次事故不能认定工伤，并作出了《不予认定工伤决定书》。龚某亲属对该决定书不服，遂向人民法院提起行政诉讼。

本案的争议点在于，上下班途中发生事故，在无法确定事故原因和判定事故责任时，人社局认为不能认定工伤。《工伤保险条例》第十四条从责任划分角度仅排除了在交通事故中负主要责任和全部责任的受害人可以享受工伤待遇的情形，并未排除事故责任无法认定的情形下受害职工可以主张享受工伤保险待遇的权利。

本案中，人社局所依据的交通警察大队出具的《道路交通事故证明》没有明确交通事故成因，也没有划分道路交通事故责任。机动车司法鉴定所出具的鉴定意见亦明确无法确定轿车与事故中的二轮车是否发生过接触。因此，本案中人社局提供的证据不足以证明龚某在交通事故中承担全部或主要责任，应当承担举证不力的法律后果。

人民法院依照《中华人民共和国行政诉讼法》第七十条第（一）项、第（二）项之规定，判决：一、撤销被告某市人力资源和社会保障局作出的《不予认定工伤决定书》；二、责令被告某市人力资源和社会保障局重新作出行政行为。

人社局不服，提起上诉。通过二审，最终因人社局提供的证据不足以证明龚某在此次事故中承担主要责任或全部责任，因此人社局的证据不足。据此，应当认为人社局作出不予认定为工伤的决定所依据的证据不足，市人社局应当承担举证不力的法律后果。

二审判决：驳回上诉，维持原判。

在进行庭审的过程中，人社局认为不构成工伤，并就认定的原因进行了举证，然而确举证不利。因为社保部门无法证明龚某在此次交通事故中承担主要或全部责任，所以龚某应当认定工伤，享受工伤保险待遇。

8.2
通勤类事故工伤理赔

发生通勤类事故，被认定为工伤后就会涉及理赔，不同情况下的理赔方式有所不同，其结果也就不同。

8.2.1　通勤事故工伤如何赔付

通勤事故工伤赔付是一件比较麻烦的事，因为交通事故涉及的对象较多，相关责任难以明确，这就使得工伤赔付变得困难。

（1）交通事故工伤的待遇

由于交通事故引起的工伤，应当首先按照《道路办法》及有关规定处理。工伤保险待遇按照以下规定执行。

◆ 交通事故赔偿已给付了医疗费、丧葬费、护理费、残疾用具费、误工工资的，企业或者工伤保险经办机构不再支付相应的待遇（交通事故赔偿的误工工资相当于工伤津贴）。企业或者工伤保险经办机构先期垫付有关费用的，职工或其亲属获得交通事故赔偿费后应当予以偿还。

◆ 交通事故赔偿给付的死亡补偿费或者残疾生活补助费，已由伤亡职工或者亲属领取的，工伤保险的一次性工亡补助金或者一次性伤残补助金不再发给。但交通事故赔偿给付的死亡补偿费或者残疾生活补助费低于工伤保险的一次性工亡补助金或者一次性伤残补助金的，由企业或者工伤保险经办机构补足差额部分。

◆ 职工因交通事故死亡或者致残的，除按照上述两项处理有关待遇外，其他的工伤保险待遇还可以按照规定享受。

◆ 由于逃逸或者其他原因，受伤害职工不能获得交通事故赔偿的，企业或者工伤保险经办机构应当按照规定给予工伤保险待遇。

（2）交通事故导致工伤，是否可以获得双重赔偿

因第三人造成工伤的职工或其近亲属，从第三人处获得民事赔偿后，可以按照《工伤保险条例》第三十七条的规定向工伤保险机构申请工伤保险待遇补偿。因此，工伤职工是可以获得双重赔偿的。

◆ 《中华人民共和国安全生产法》第四十八条规定，因生产安全事故受到损害的从业人员，除依法享有工伤社会保险外，依照有关民事法律尚有获得赔偿的权利的，有权向本单位提出赔偿要求。

◆ 《最高人民法院关于审理人身损害赔偿案件适用法律若干问题的解释》第十二条规定，依法应当参加工伤保险统筹的用人单位的劳动者，因工伤事故遭受人身损害，劳动者或者其近亲属向人民法院起诉请求用人单位承担民事赔偿责任的，告知其按《工伤保险条例》的规定处理。

因用人单位以外的第三人侵权造成劳动者人身损害，赔偿权利人请求第三人承担民事赔偿责任的，人民法院应予支持。

 知识延伸 | 《社会保险法》相关规定

《社会保险法》第四十二条规定，由于第三人的原因造成工伤，第三人不支付工伤医疗费用或者无法确定第三人的，由工伤保险基金先行支付。工伤保险基金先行支付后，有权向第三人追偿。

| 范例解析 |　通勤事故工伤赔付

某制衣公司职工孙某骑车在上班途中与王某驾驶的小汽车发生碰撞，孙某受伤花费医疗费2万余元。经交警部门认定，王某负事故的全部责任，孙某通过交通事故人身损害赔偿获得赔偿款9万余元。之后，孙某被人力社保部门认定为工伤，由于孙某所在公司未给孙某缴纳工伤保险，现孙某要求制衣公司承担工伤赔偿责任。

在遭遇交通事故或其他事故伤害的情形下，职工因劳动关系以外的第三人侵权造成人身损害，同时构成工伤的，依法享受工伤保险待遇。

如职工获得侵权赔偿，用人单位承担的工伤保险责任相对应项目中应扣除第三人支付的下列5项费用：医疗费、残疾辅助器具费、工伤职工在停工留薪期间发生的护理费、交通费、住院伙食补助费。

在本次事故中，孙某既是工伤事故中的企业劳动者，又是交通事故中的受害人，有双重身份。一方面，王某撞伤了孙某需要承担侵权赔偿责任；另一方面，国家建立工伤保险制度，目的是保障因工作遭受事故伤害或者患职业病的职工获得医疗救治和经济补偿。

只要客观上存在工伤事故，就会在受伤职工和用人单位之间产生工伤保险赔偿关系，确认该法律关系成立与否，无须考查工伤事故发生的原因，即使工伤事故系因用人单位以外的第三人侵权所致。

8.2.2　交通事故赔偿与工伤赔偿的区别

人身损害赔偿司法解释规定，因用人单位以外的第三人侵权造成交通事故的，事故责任者应承担民事赔偿责任。受伤职工的工伤保险赔偿待遇是基于工伤保险关系而享有，用人单位也不得以侵权第三人赔偿了相关费用而拒绝支付相应的工伤保险待遇。

因此只有在第三人造成的交通事故中，受伤职工才有双重赔偿。这里的双重赔偿指的是交通事故赔偿与工伤赔偿，那么两者有什么区别呢?

◆ 法律关系主体不同

工伤事故赔偿产生于具有劳动关系的用人单位与劳动者之间,获得赔偿的权利人是因工伤事故遭受人身损害的劳动者,赔偿义务人是与劳动者具有劳动关系的用人单位。

因此,工伤事故赔偿法律关系主体之间具有劳动关系,是其显著特征。而交通事故赔偿法律关系主体之间则无此特殊要求。

◆ 适用法律不同

工伤事故赔偿属于劳动法规定的工伤保险责任范畴,适用《劳动法》和《工伤保险条例》的规定。

交通事故赔偿属于民事侵权责任,适用《民法通则》《道路交通安全法》和最高人民法院《关于审理人身损害赔偿案件若干问题的解释》等法律、司法解释的规定。

◆ 归责原则不同

工伤事故赔偿适用无过错责任,不论劳动者对工伤事故的发生是否具有过错,用人单位均承担完全的赔偿责任。交通事故赔偿一般适用过错责任,即对事故的发生具有过错才承担赔偿责任。

◆ 主张权利的时效不同

根据《劳动争议调解仲裁法》第27条规定,从当事人知道或者应当知道其权利被侵害之日起1年内申请劳动仲裁,根据《民法通则》第136条的规定,交通事故赔偿主张权利的诉讼时效为1年,逾期便丧失了主张权利的胜诉权。

◆ 主张权利的程序不同

根据《工伤保险条例》《劳动法》规定,工伤事故赔偿应当先行申请工伤认定和劳动争议仲裁,对仲裁裁决不服的,方可向人民法院起诉。

而交通事故赔偿则无此前置程序，根据《道路交通安全法》第 74 条规定，公安交通管理部门在做出《事故认定书》后，如双方当事人未申请调解或调解未能达成协议或调解书生效后未履行的，即可向人民法院起诉。

◆　赔偿项目、内容不同

根据《工伤保险条例》和最高人民法院《关于审理人身损害赔偿案件若干问题的解释》的规定两者分别获得不同的赔偿项目及内容。

第 9 章

职业病管理

如何规范诊断职业病

对一些特殊的行业，职业病的发病率是比较高的，因此企业要做好职业病预防管理。除此之外，职业病的诊断与鉴定也是十分重要的。

9.1
职业病的基础知识

职业病是指企业、事业单位和个体经济组织等用人单位的劳动者在职业活动中，因接触粉尘、放射性物质和其他有毒、有害物质等因素而引起的疾病。企业在面对职业病时，首先要充分掌握职业病的基础知识。

9.1.1 职业病的特点和认定条件有哪些

在劳动生产或接触生产中使用或产生的有毒化学物质、粉尘气雾、异常的气象条件、高低气压、噪声、振动、微波、X射线、γ射线、细菌和霉菌；长期强迫体位操作、局部组织器官持续受压等，均可引起职业病，一般将这类职业病称为广义的职业病。对其中某些危害性较大，诊断标准明确，结合国情，由政府有关部门审定公布的职业病，称为狭义的职业病，或称法定（规定）职业病。

政府规定诊断为法定（规定）职业病的，需由诊断部门向卫生主管部门报告；规定职业病患者，在治疗休息期间，以及确定为伤残或治疗无效而死亡时，按照国家有关规定，享受工伤保险待遇或职业病待遇。

（1）职业病的特点

并非所有的工作产生的病状都能够被称为职业病，职业病需要满足以下5个特点。

◆ 接触职业病危害人数多，患病数量大。
◆ 职业病危害分布行业广，中小企业危害严重。

◆ 职业病危害流动性大、危害转移严重。

◆ 职业病具有隐匿性、迟发性的特点，危害往往容易被忽视。

◆ 职业病危害造成的经济损失巨大，影响长远。

除此之外，与一般疾病相比，职业病还具有以下特点。

病因明确。即职业病危害因素，多数病因是可以检测的。

有一定的临床特征。不同毒物作用于人体的靶器官不同，其临床表现也各具特点。如矽肺 X 线胸片上有特殊的圆形阴影；石棉肺 X 线胸片上有特殊的不规则影及胸膜斑；噪声导致听力下降；慢性苯中毒主要引起血液系统的损伤等。

群体发病特点。同一生产环境中，往往不是个别人发病，而是同时或先后发现一批相同的疾病患者。

发病存在剂量 - 效应关系。当劳动者接触剂量（时间、浓度）达到一定范围时，出现高发某种职业病的情况。因此，职业病一般具有隐匿性、迟发性特点，危害往往容易被忽视。

治疗比较困难。大部分职业病目前尚无特效的治疗办法，如能早发现早治疗，康复较易；如发现越晚，治疗越难。

存在个体差异。虽然职业病具有群发特点，但不同个体仍然存在差异。

可以预防。采取有效的防护措施，职业病是完全可以预防的。

从以上特点可以发现，职业病是一种人为的疾病，其发生率与患病率的高低与防护意识的强弱和防护保障措施是否到位密切相关。

（2）职业病的认定条件

《中华人民共和国职业病防治法》规定的职业病，必须要具备以下 4 个条件。

◆ 患者主体必须是任职于企业、事业单位和个体经济组织等用人单位的劳动者（也就是要有明确的用人单位）。

◆ 必须在从事职业活动的过程中产生。

◆ 必须接触粉尘、放射性物质和其他有毒、有害物质等职业病危害因素引起。

◆ 必须列入国家规定的职业病范围（具体请查阅最新的《职业病分类和目录》）。

| 范例解析 |　职业病的认定

杨某在某机械公司任职，并与公司签订了书面劳动合同，后来双方多次续签。期满后，机械公司不再想与杨某续签，在支付了杨某工作期间的终止劳动合同经济补偿金之后，为其办理了终止劳动合同的相关手续，出具了终止劳动合同证明书。

之后，杨某以工作期间从事具有职业病危害作业未进行离岗前职业健康检查为由，向劳动仲裁机构提出申请。要求①认定机械公司违法终止劳动合同，②机械公司为其进行离岗前职业健康检查，③机械公司支付违法终止劳动合同赔偿金2万余元。

经审理查明，杨某在该公司工作期间主要负责仓库物流管理，主要的工作区域为生产车间内部，主要工作内容是从物流仓库运输配件至车间内物料存放区域，在生产线工位物料区域需进行卸载作业。

除此之外，该机械公司已依法进行建设项目职业病危害控制效果评价。根据该文件记载，机械公司存在的生产性噪声为间断声，车间生产线个别工位噪声强度超出职业卫生接触限值要求。

杨某工作期间因配件运输与上述存在职业病危害因素工位有间接接触，但不直接从事该类工位作业。杨某所从事工作岗位不产生或存在噪声职业病危害，属于非噪声作业。因此杨某离职前，机械公司未对其进行职业病健康检查。

劳动者在职业活动中直接接触因职业活动产生或存在的可能对职业人群健康、安全和作业能力造成不良影响的因素或条件，可能导致与工作有关的疾病、职业病和伤害的作业。

杨某运输配件过程中并不产生或存在噪声职业病危害因素，其与相关产生、存在职业病危害因素的工位的工作接触系间接接触。故尚不足以认定其从事接触职业病危害作业，机械公司在合同期满后终止与其劳动合同并不违反法律规定。

9.1.2　职业病主要类型有哪些

了解了职业病认定的条件后，还需要了解职业病主要有哪些类型。

按照 2011 年 12 月 31 日施行的《中华人民共和国职业病防治法》的规定，职业病是指企业、事业单位和个体经济组织等用人单位的劳动者在职业活动中因接触粉尘、放射性物质和其他有毒、有害因素而引起的疾病。

根据 2013 年 12 月 30 日修订的《职业病分类和目录》它包括十大类，132 种职业病，具体介绍如下。

尘肺。有硅肺、煤工尘肺等。

职业性放射病。有外照射急性放射病、外照射亚急性放射病、外照射慢性放射病、内照射放射病等。

职业性化学中毒。有铅及其化合物中毒、汞及其化合物中毒等。

物理因素职业病。有中暑、减压病等。

职业性传染病。有炭疽、森林脑炎等。

职业性皮肤病。有接触性皮炎、光敏性皮炎等。

职业性眼病。有化学性眼部烧伤、电光性眼炎等。

职业性耳鼻喉疾病。有噪声聋、铬鼻病。

职业性肿瘤。有石棉所致肺癌、间皮癌，联苯胺所致膀胱癌等。

其他职业病。有职业性哮喘、金属烟热等。

9.1.3　职业病和工伤、视同工伤有什么不同

根据《工伤保险条例》中对工伤认定条件的规定，职业病能够被认定为工伤，职业病属于工伤中的一类。而两者的不同点在于，工伤一般指意外伤害，突发性的；职业病是因为工作的环境造成的慢性伤害。

（1）工伤和职业病有何区别

职业病虽然可以认定为工伤，但是职业病认定工伤和普通工伤还是有一定的区别。

含义不同。工伤是指生产劳动过程中，由于外部因素直接作用而引起机体组织的突发性意外损伤。职业病是指企业、事业单位和个体经济组织的劳动者在职业活动中，因接触粉尘、放射性物质和其他有毒、有害物质等因素而引起的疾病。

起因不同。工伤一般为突发性事件，如因职业性事故导致的伤亡及急性化学物中毒等。职业病一般为接触的有毒化学物质、粉尘气雾、异常的气象条件、长期强体位操作、局部组织器官持续受压而造成的。

待遇不同。工伤职工享受医疗费、误工费、护理费和伤残费，还应依照劳动能力鉴定部门出具的伤残鉴定文件，享受不同等级的工伤待遇。职业病病人依法享受国家规定的相关职业病待遇，包括调离原岗位或给予适当岗位津贴等。

（2）职业病鉴定和工伤鉴定的区别

职业病鉴定是确定是否属于职业病，而工伤鉴定是确定伤残影响劳动能力程度。职业病鉴定与工伤鉴定存在巨大差别。

职业病鉴定是由职业病鉴定机构对职工患病是否属于职业病以及病情程度定性，适用《职业病防治法》《职业病分类目录》等规定。

工伤鉴定分为劳动能力鉴定、生活自理障碍鉴定和停工留薪期确认，初次鉴定由设区的市级劳动能力鉴定委员会负责，再次鉴定由省级劳动能力鉴定委员会负责。适用中华人民共和国国家标准《劳动能力鉴定职工工伤与职业病致残等级》GB/T。目的是确定工伤职工享受工伤保险待遇标准。患职业病职工职业病鉴定和工伤鉴定性质不同、适用标准不同、目的不同。

 知识延伸 | 职业病鉴定结果处理

当事人如果对职业病诊断机构作出的职业病诊断结论有异议，在接到职业病诊断证明书之日起三十日内，可以向职业病诊断机构所在地区级卫生行政部门申请鉴定。

申请鉴定需向鉴定办提供以下资料：①职业病鉴定申请书（当事人自行书写）；②职业病诊断证明书。

设区的市级职业病诊断鉴定委员会负责职业病诊断争议的首次鉴定。当事人对设区的市级职业病鉴定结论不服的，可以在接到鉴定书之日起十五日内，向原鉴定组织所在地省级卫生行政部门申请再鉴定。职业病鉴定实行两级鉴定制，省级职业病鉴定结论为最终鉴定。

| 范例解析 | 对职业病鉴定结果不服怎么办

雷某向当地劳动人事局递交患病性质认定申请，自称两年前起曾在某服装公司工作，如今出现头晕无力、面色苍白等症状导致无法工作。之后，在职业病防治院被确诊为职业性慢性重度苯中毒。

当地的劳动人事局经过调查，认定雷某伤残性质为工伤。某服装公司不服，申请行政复议，要求撤销该工伤认定书。

某服装公司认为雷某虽然曾在该公司工作，但在今年3月申请离开了，双方已不存在劳动关系，但劳动人事局在作出的工伤认定书中仍把雷某列为申请人单位职工，与事实不符。

从雷某离开公司至今无法了解雷某的去向和工作单位，雷某也没有充分证据证明其未在有害环境中工作，雷某在离开公司后患病原因不明，不能将责任推给公司。

从上述案例可以看出，职业病患者和用人单位对职业病鉴定不服的，在规定的期限内都可以申请行政复议。企业如果觉得职业病患者患病与公司没有关系，应当积极进行申述，并提供相应的证明材料。

9.1.4 职业病危害因素有哪些

职业病的危害因素较多，主要包括生产过程中产生的有害因素、劳动过程中的有害因素以及生产环境中的有害因素，具体介绍如下。

（1）生产过程中产生的有害因素

生产过程中产生的有害因素主要包括化学因素、物理因素和生物因素，下面进行具体介绍。

◆ 化学因素

化学因素主要包含两类，分别是有毒物质和生产性粉尘。

有毒物质。如铅、汞、乙烯生产过程中，有苯、甲苯、乙基苯、苯乙烯等毒物产生；生产丁苯橡胶过程中有丁二烯、苯乙烯、高芳烃油、亚硝酸钠、过氧化二异丙苯等几十种有害物质产生。

生产性粉尘。如炼油生产过程中，有石油焦粉尘产生，使用的催化剂硅酸铝粉（粉尘状）等；催化剂生产过程中，有金属粉尘、水泥粉尘等产生。此外，还有石棉尘、煤尘等。

◆ 物理因素

常见的导致职业病的物理因素主要包含如下所示的一些。

①异常气象条件，如高温、高湿、低温等。

②异常气压，如高气压、低气压。

③噪声、振动。

④非电离辐射，如可见光、紫外线、红外线、射频、微波、激光。

⑤电离辐射，如 X 射线、放射性同位素仪表产生的 γ 射线等。

◆ 生物因素

有附着在皮毛上的炭疽杆菌、蔗渣上的霉菌等，除此之外，还有布鲁氏菌、伯氏疏螺旋体、森林脑炎病毒、炭疽芽孢杆菌等。

另外，医疗卫生人员及人民警察导致职业病的生物因素还可能包括艾滋病病毒。

（2）劳动过程中的有害因素

劳动过程是指生产过程的劳动组织、操作体位和方式以及体力和脑力劳动的比例等。在此过程中产生的有害因素如下。

◆ 大检修或抢修期间，易发生劳动组织和制度不合理，劳动作息制度不合理等情况。

◆ 精神紧张，自动化程度高，仪表控制代替了笨重的体力劳动和手工操作，也带来了精神紧张问题。

◆ 劳动强度过大或生产定额不当，如安排的作业与职工生理状况不相适应等。

◆ 个别系统或器官过分紧张，如视力紧张等。

◆ 长时间处于某种不良体位或使用不合理的工具等。

（3）生产环境中的有害因素

生产环境可以是大自然的环境，也可以是按生产过程的需要而建立起来的人工环境，生产环境中的职业危害因素有以下一些。

◆ 自然环境中的因素，如炎热季节的太阳辐射。

◆ 房屋建筑或布置不合理，如有毒工段与无毒工段安排在一个车间。

◆ 由不合理生产过程所致的环境污染，如氯气回收、精制、液化岗位产生的氯气液泄，有时造成周围 10m ～ 20m 环境的污染。

9.1.5　如何做好职业病的三级预防

近年来，各单位都要求开展职业病的三级预防工作，那么如何在有效的时间内做好职业病预防工作呢？本节将具体介绍三级预防的内容以及其具体操作。

（1）什么是职业病三级预防

职业病的三级预防是指通过不同级别的三级预防措施对职业病进行预防，从而对劳动者起到保护的作用。下面具体介绍职业病三级预防的具体内容，如表 9-1 所示。

表 9-1　三级预防的具体内容

预防等级	具体介绍
病因预防 （一级）	一级预防是从根本上杜绝危害因素对人的作用，即改进生产工艺和生产设备，合理利用防护设施及个人防护用品，以减少工人接触的机会和程度。对人群中处于高危状态的个体，可依据职业禁忌证进行检查，凡有职业禁忌证者，不应参加与之相关的工作。可见原始级预防的措施针对的是控制整个人群的健康危险因素，因此属于第一级预防的范畴

预防等级	具体介绍
临床前期预防（二级）	第一级预防措施所需费用较大，有时难以完全达到理想效果，所以第二级预防成为必须的措施。其主要手段是定期进行环境中职业危害因素的监测和对接触者的定期体格检查，以便早期发现病损，及时预防、处理。此外，还有长期病假或外伤后复工前的检查及退休前的检查。定期体格检查的间隔期可根据下列原则而定：①疾病的自然演变、发病快慢和严重程度；②接触的职业危害程度；③接触人群的易感性。体格检查项目应鼓励使用特异及敏感的生物检测指标进行评价。肺通气功能的检查或 X 线肺部摄片，常用作对接触粉尘 作业者的功能性和病理性改变的指标；其他如心电图、脑电图、神经传导速度和听力检查等，均可作为早期的特异性检查方法
临床预防（三级）	三级预防原则包括：①对已受损害的接触者应调离原有工作岗位，并予以合理的治疗；②根据接触者受到损害的原因，对生产环境和工艺过程进行改进，既治疗病人，又治理环境；③促进患者康复，预防并发症。除极少数的职业中毒有特殊的解毒治疗外，大多数职业病主要依据受损的靶器官或系统，用临床治疗原则，给予对症综合处理。特别对接触粉尘所致肺纤维化的病损，目前尚无特效方法予以逆转。因此还需要全面执行三级预防措施，做到及时预防、早期检测、早期处理，促进康复、预防并发症、改善生活质量

需要注意的是，第一级预防针对的是整个的或选择的人群，对健康个人更具重要意义。虽然第一级预防对人群的健康和福利状态能起根本的作用，但第二和第三级却是对病人的弥补措施，也不可或缺，所以 3 个水平的预防措施相辅相成，浑然一体。

（2）如何发挥三级预防的作用

通常情况下，职业性病伤与一般病因或发病过程不明的疾病不同，要产生预防效益，需要做好以下三方面工作。

◆ 生产性有害因素的识别评价与控制环境监测

应识别环境中潜在的职业危害因素，及其强度（接触量）和接触的机会，并应向职工公布，为改进生产环境提供依据。

生物监测是指定期、系统和连续地检测人体生物材料中毒物、代谢产物含量或由其所致的生物易感或效应水平，并与参比值进行比较，以评价人体接触毒物的程度及可能的潜在健康影响。

◆ 职业卫生服务与健康促进职业卫生服务

采取综合干预措施，以期提供和维持安全和健康的工作条件和工作环境，有利于劳动者身心健康及发挥劳动者的工作效能，从而达到促进职工健康、提高职工生命质量和推动经济可持续发展的目的。

健康监护着重于早期检测在特定生产环境中劳动者的健康状况，并通过就业前和定期健康检查，发现疾患应告知劳动者本人并及早处理，及时阻断接触。

对劳动能力已受到损害者，应做劳动能力鉴定，并按劳动保险条例的规定处理。人员培训和健康教育培训职业卫生和劳动保护的业务和管理人员，让直接参与生产者懂得职业危害因素损害健康的致病环节和防护知识，实行自我保健，也对企业的管理者实行群众性监督。

◆ 遵循相关法律法规，做好监督工作

职业卫生法规与监督管理以上两个方面工作除直接服务所必需外，其积累的资料，又可为制订有关法令提供科学依据。

职业卫生标准和职业病诊断标准是职业卫生相关法规中最为重要的部分，卫生行政部门应遵循《职业病防治法》精神，实施职业卫生监督管理，帮助和督促用人单位落实、执行"法"和相关法规，并与有关政府部门如劳动经济部门、工业部门、工会等共同紧密协作，做好监督管理服务工作。为了执行卫生政策和法令，国家卫生部设有卫生法制与监督司，以及地方卫生监督部门。

在企业的规划设计、施工及验收等方面，贯彻三级预防的同时，执行预防性卫生监督；企业投入生产后，要执行经常性卫生监督。

职业病的鉴定与诊断

了解了职业病的相关基础知识后，还需要知道职业病鉴定与诊断相关知识。HR 只有掌握了这些知识，才能处理好职业病相关工作。

9.2.1　职业病的诊断标准和鉴定程序

职业病的诊断与鉴定工作非常重要，企业 HR 需要了解职业病诊断的相关标准和要求，以及职业病鉴定的流程。

（1）职业病诊断标准

企业 HR 需要知道作为用人单位应当为职工提供哪些健康检查，以及职业病诊断需要的具体材料。

◆　对用人单位的要求

用人单位要做好职业病防治和检查工作，具体包含以下内容。

①用人单位应当组织所有从事接触职业病危害作业的劳动者进行职业健康检查。

②用人单位应当组织接触职业病危害因素的劳动者进行上岗前职业健康检查。

③用人单位应当组织接触职业病危害因素的劳动者进行定期职业健康检

查。对需要复查和医学观察的劳动者，应当按照体检机构要求的时间，安排其复查和医学观察。

④用人单位应当组织接触职业病危害因素的劳动者进行离岗时的职业健康检查。

⑤用人单位对遭受或者可能遭受急性职业病危害的劳动者，应当及时组织进行健康检查和医学观察。

⑥体检机构发现疑似职业病病人应当按规定向所在地卫生行政部门报告，并通知用人单位和劳动者。用人单位对疑似职业病病人应当按规定向所在地卫生行政部门报告，并按照体检机构的要求安排其进行职业病诊断或者医学观察。

⑦职业健康检查应当根据所接触的职业危害因素类别，按《职业健康检查项目及周期》的规定确定检查项目和检查周期，需复查时可根据复查要求相应增加检查项目。

⑧职业健康检查应当填写《职业健康检查表》，从事放射性作业劳动者的健康检查应当填写《放射工作人员健康检查表》。

◆　诊断要求

在申请职业病诊断时，应当提供相应的材料，具体介绍如下。

①职业史、既往史。

②职业健康监护档案复印件。

③职业健康检查结果。

④工作场所历年职业病危害因素检测、评价资料。

⑤诊断机构要求提供的其他必需的有关材料。用人单位和有关机构应当按照诊断机构的要求，如实提供必要的资料。没有职业病危害接触史或者健

康检查没有发现异常的，诊断机构可以不予受理。

（2）职业病鉴定程序

根据《职业病防治法》有关规定，职业病鉴定程序如图9-1所示。

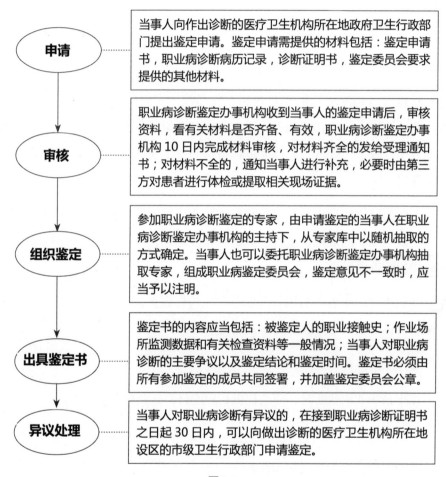

| 申请 | 当事人向作出诊断的医疗卫生机构所在地政府卫生行政部门提出鉴定申请。鉴定申请需提供的材料包括：鉴定申请书，职业病诊断病历记录，诊断证明书，鉴定委员会要求提供的其他材料。 |

| 审核 | 职业病诊断鉴定办事机构收到当事人的鉴定申请后，审核资料，看有关材料是否齐备、有效，职业病诊断鉴定办事机构10日内完成材料审核，对材料齐全的发给受理通知书；对材料不全的，通知当事人进行补充，必要时由第三方对患者进行体检或提取相关现场证据。 |

| 组织鉴定 | 参加职业病诊断鉴定的专家，由申请鉴定的当事人在职业病诊断鉴定办事机构的主持下，从专家库中以随机抽取的方式确定。当事人也可以委托职业病诊断鉴定办事机构抽取专家，组成职业病鉴定委员会，鉴定意见不一致时，应当予以注明。 |

| 出具鉴定书 | 鉴定书的内容应当包括：被鉴定人的职业接触史；作业场所监测数据和有关检查资料等一般情况；当事人对职业病诊断的主要争议以及鉴定结论和鉴定时间。鉴定书必须由所有参加鉴定的成员共同签署，并加盖鉴定委员会公章。 |

| 异议处理 | 当事人对职业病诊断有异议的，在接到职业病诊断证明书之日起30日内，可以向做出诊断的医疗卫生机构所在地设区的市级卫生行政部门申请鉴定。 |

图9-1

9.2.2　职业病鉴定所需材料

要进行职业病鉴定，就需要根据相关要求提前准备好鉴定所需的文件，避免出现文件不足、无法鉴定的情况。企业HR也要提醒职业病患者准备相关材料。

（1）职业病诊断

根据《职业病诊断与鉴定管理方法》中的相关规定，在申请职业病诊断时应当提供如下所示的文件。

◆ 职业史、既往史。

◆ 职业健康监护档案复印件。

◆ 职业健康检查结果。

◆ 工作场所历年职业病危害因素检测、评价资料。

◆ 诊断机构要求提供的其他必需的有关材料。

需要注意，用人单位和有关机构应当按照诊断机构的要求，如实提供必要的资料。没有职业病危害接触史或者健康检查没有发现异常的，诊断机构可以不予受理。

（2）申请认定工伤

根据《工伤保险条例》规定，按照职业病防治法规定被诊断、鉴定为职业病，所在单位自被诊断、鉴定为职业病之日起 30 日内，向劳动保障部门提出工伤认定申请。用人单位未按照上述规定提出工伤认定申请的，患职业病的职工在被诊断、鉴定为职业病之日起一年内，可以直接向劳动保障部门提出工伤认定申请。

提出工伤认定申请应当提交下列材料。

◆ 工伤认定申请表（当地劳动部门领取）。

◆ 与用人单位存在劳动关系（包括事实劳动关系）的证明材料。

◆ 医疗诊断证明书（包括门诊病历、急诊病历、住院病历的复印件）。

如果认定为工伤，劳动保障部门收到工伤认定申请之日起六十日内作出《工伤认定书》，并通知单位和职工或亲属。职工凭《工伤认定书》可以申请工伤伤残鉴定和享受工伤待遇。

9.2.3　中暑是否可以被认定为职业病

根据《防暑降温措施管理办法》的第十九条规定，劳动者因高温作业或者高温天气作业引起中暑，经诊断为职业病的，享受工伤保险待遇。

也就是说，只有被诊断为职业病的中暑从业者才可以享受工伤保险待遇，但不是所有的中暑职工都能被认定为工伤。这类从业者一般长期都在高温环境下作业，有高温接触史，如钢铁工人、建筑工人和环卫工人等。

 知识延伸 | 高温安全防护

虽然职业性中暑可以认定为工伤，享受工伤保险待遇，但劳动者自身也要有意识地进行劳动保护，毕竟身体健康最重要。高温作业时，如果出现头晕、头痛、口渴、多汗、全身疲乏、心慌、注意力不集中等情况，即可能处于中暑先兆的状态，此时应果断中止高温作业，及时就医。除了注意及时避暑，最好摄入一定低浓度含盐的清凉饮料。

企业不得因高温天气停止工作、缩短工作时间降低或扣除劳动者工资。如遇企业违反规定，劳动者可直接向劳动监察机构举报。

中暑在哪种情况下能够认定为工伤呢？

◆ 中暑被职业病诊断机构诊断为职业性中暑（职业病）的，根据新《工伤保险条例》第十四条第（四）项规定，职工患职业病的，应当认定为工伤。

◆ 上班期间因中暑死亡的或在 48 小时之内经抢救无效死亡的，可根据新《工伤保险条例》第十五条第（一）项规定，职工在工作时间和工作岗位，突发疾病死亡或者在 48 小时之内经抢救无效死亡的，视同工伤。

下面通过具体的案例进行分析。

| 范例解析 | 职业性中暑应当认定工伤

吴某是某快递公司的快递员，由于连日的高温天气，导致其在送快递的路上中暑，昏迷倒地。之后，附近的路人将其送至医院进行救治，当地的职业病防治机构认定为职业性中暑。

伤愈出院后，吴某申请进行工伤认定，被当地社保部门认定为工伤。吴某所在快递公司不服，提起行政诉讼，要求撤销对吴某的工伤认定。公司方面觉得吴某不能被认定为工伤。

社会保险部门认为吴某的情形应当认定为工伤，吴某中暑经当地职业病防治机构确诊为职业性中暑，属于职业病的一种，根据《工伤保险条例》相关规定，职业病应当认定为工伤。

国家应急管理部等部门联合下发《防暑降温措施管理办法》。该办法第十九条规定，劳动者因高温作业或者高温天气作业引起中暑，经诊断为职业病的，享受工伤保险待遇。

《工伤保险条例》第十四条规定：职工有下列情形之一的，应当认定为工伤：（四）患职业病的。

9.2.4　精神分裂症是否属于职业病

精神分裂症是指在各种不同原因（生物学、心理学和社会环境因素）的影响下，人的精神活动发生分裂，即人的思维、情感、意志行为之间互不协调，患者对正常事物产生歪曲的理解和认识，行为荒诞怪异，脱离现实。

按照《劳动能力鉴定——职工工伤与职业病致残等级》（GB/T）的规定，精神分裂症和躁郁症均为内源性精神病，发病主要决定于病人自身的生物学素质。

在工伤或职业病过程中伴发的内源性精神病不应与工伤或职业病直接所致的精神病相混淆。精神分裂症和躁郁症不属于工伤或职业病性精神病。

| 范例解析 | 精神疾病能否认定为职业病

蔡某是某包装公司的员工，蔡某向人社局提出申请，以他在该公司因工作原因所患精神分裂症及导致的割腕伤、烧伤申请认定工伤。人社局决定不予认定工伤。蔡某不服，向法院起诉，法院作出判决，认为人社局对蔡某作出的《不予认定工伤决定书》，在适用法律上没有适用具体条款，该行为属于适用法律、法规错误为由，判决撤销并重做。

之后，人社局重新作出《不予认定工伤决定书》，蔡某不服，再次向人民法院提起诉讼。

蔡某举出医学诊断证明，病情诊断为：精神分裂症，因工作环境所致。蔡某自己委托司法物证技术鉴定所出具的《蔡某一案司法鉴定意见书》，鉴定意见为，被鉴定人蔡某所患"精神分裂症"与其长期从事繁重工作之间存在一定因果关系等证据材料，以此来证明其所患精神分裂症是在工作时间和工作场所内，因工作原因受到事故伤害，应认定为工伤。

法院经审查认为，蔡某所患疾病既非事故伤害，也不是因为履行工作职责受到的伤害，也不属于卫计委、劳动保障部印发《职业病目录》中规定的职业性疾病，因此不予认定该其为工伤。

根据《中华人民共和国行政诉讼法》第六十九条的规定，判决：驳回蔡某的诉讼请求。

本案蔡某患精神分裂症之前既未受到事故伤害或意外伤害，亦未被诊断为职业病，故其所患精神分裂症既不是工伤或职业病直接所致，也不是工伤或职业病过程中伴发而生。

工作环境恶劣可能会影响蔡某身心健康，从而诱发精神分裂症，但患精神分裂症的主要原因还是在于蔡某自身的生物学因素，因此工作环境恶劣与精神分裂症之间并不具有直接因果关系，不能认定其所患精神分裂症系由工作原因引起。

9.2.5　解除劳动合同后被诊断为职业病，能否享受工伤待遇

根据被鉴定为职业病的时间不同，处理方式也不相同，通常情况下存在以下两种情况。

解除合同前被诊断为职业病。 解除合同前被鉴定为职业病的职工，认定为工伤。解除合同时，由工伤保险基金支付一次性工伤医疗补助金，用人单位支付一次性就业补助金，工伤保险关系已经终止。其中，一次性工伤医疗补助金是对旧伤复发的补偿，如职业病复发，应当由工伤职工自行承担治疗费用。

解除合同后被诊断为职业病。 劳动或聘用合同期满后或者本人提出而解除劳动或聘用合同后，未再从事接触职业病危害作业的人员，被发现鉴定为职业病的，可以享受工伤保险待遇。

| 范例解析 |　劳动关系解除后被诊断为职业病，能否认定工伤

陈某在一家建筑公司任职，主要负责电焊工作，并且与该公司一次性签订了 5 年的合同。一段时间前，该公司提出要与陈某解除还有两年才到期的劳动合同，陈某基本认可，于是双方对这件事进行了充分的协商，最终达成一致，解除了劳动合同。

一个月后，陈某觉得身体不适，于是去医院进行检查，最终被诊断为电焊工尘肺一期，经劳动能力鉴定委员会鉴定为七级伤残。由于公司没有安排陈某进行离职体检，也没有为其办理工伤保险，陈某要求劳动合同解除无效，应当恢复劳动关系，并由公司承担工伤赔偿损失。

不过公司却认为即使陈某没有进行离职检查，但是陈某离职是双方沟通后的结果，陈某无权要求进行改变。当前情况下，双方已经不存在劳动关系，陈某的请求也就无法成立。

本案解除劳动合同的协议对陈某没有法律约束力。尽管《劳动合同法》第三十六条规定："用人单位与劳动者协商一致，可以解除劳动合同。"即

表面看来，陈某是在完全自愿的基础上与公司解除劳动合同的，甚至双方已经进行过充分的协商，彼此对协商的结果也无异议，陈某应当受到对应的约束。其实不然，因为上述规定的适用并非绝对，在特殊情况下即使符合上述条件，解除劳动合同的协议同样对员工没有法律约束力。

《职业病防治法》第三十五条规定："对未进行离岗前职业健康检查的劳动者不得解除或者终止与其订立的劳动合同。"正因为陈某所从事的电焊岗位具有职业危害，而在双方协商解除劳动合同前，公司没有对陈某进行离岗前的职业健康检查，陈某此后被诊断为电焊工尘肺一期，决定了双方解除劳动合同的行为违反了法律的禁止性规定，所以这样的协议从一开始便当属无效。

9.2.6 退休人员被诊断为职业病，能否获工伤认定

前面介绍到与用人单位解除劳动关系后，未再从事接触职业病危害作业的人员，被发现鉴定为职业病的，可以享受工伤保险待遇。那么，企业员工退休后被诊断为职业病的，能否认定为工伤，享受工伤待遇呢？

对于退休职业病职工的工伤待遇问题，在实践中有多种操作模式。有些地方不管进行工伤认定与否，其待遇均按照工伤保险条例的规定处理。但有的地方则按照地方实际情况执行。

下面以重庆市为例进行介绍，该市发布了《重庆市人力资源和社会保障局关于职工退休后被诊断为职业病工伤待遇问题的通知》对退休人员职业病问题进行了规定。

图 9-2 为《重庆市人力资源和社会保障局关于职工退休后被诊断为职业病工伤待遇问题的通知》文档。

重庆市人力资源和社会保障局关于职工退休后被诊断为职业病工伤待遇问题的通知

渝人社发〔2010〕168 号

各区县（自治县）人力资源和社会保障局（人事、劳动局），北部新区社会保障局：国务院《工伤保险条例》（以下简称《条例》）实施以来，我市部分退休人员反映他们在职期间曾从事过可能导致尘肺等职业病危害的工作，退休以后依法被诊断患有职业病，要求按照《条例》的规定享受工伤待遇。根据《职业病防治法》、《条例》等相关法律法规，结合我市实际，现有关问题通知如下：

一、工伤认定

退休前曾从事该可能导致职业病危害的工作，退休后未继续从事可能导致职业病危害工作的退休人员（含达到法定退休年龄未办理退休手续的人员），按照国家职业病防治规定被首次诊断为职业病的，可按国家和我市工伤认定相关规定申请工伤认定。

二、工伤待遇

退休人员被诊断为职业病并认定为工伤的（以下简称退休职业病人员），按照《条例》的有关规定享受工伤待遇。一次性伤残补助金等按以下办法计发：

（一）一次性伤残补助金，以被初次诊断为职业病时本人领取的养老待遇标准为计算基数，本人按月领取的养老待遇高于被诊断或鉴定为职业病时全市上年度职工月平均工资 300% 的，按全市上年度职工月平均工资的 300% 为计算基数；低于全市上年度职工月平均工资 60% 的，按照全市上年度职工月平均工资的 60% 为计算基数。

（二）经鉴定为一至四级伤残的，仍按月领取养老待遇，不享受伤残津贴。养老待遇低于同期同等级工伤职工最低伤残津贴标准的，调整至同等同级工伤职工最低伤残津贴标准。

三、待遇支付渠道

（一）退休职业病人员养老待遇仍由原渠道支付。

（二）退休职业病人员退休前曾在存在职业病危害的原用人单位参加了工伤保险，且原用人单位仍在参加工伤保险并已额缴纳工伤保险费的，本通知实施后退休职业病人员发生的符合工伤保险基金支付范围的工伤保险待遇按规定在工伤保险基金中列支。其他工伤待遇由原用人单位支付。

四、执行时限

本通知自 2010 年 10 月 1 日起执行。本通知印发前，退休职业病人员已按相关政策进行处理的不再重新处理。

图 9-2

其中明确规定"退休前曾从事过可能导致职业病危害的工作，退休后未继续从事可能导致该职业病危害工作的退休人员（含达到法定退休年龄未办理退休手续的人员），按照国家职业病防治规定被首次诊断为职业病的，可按国家和我市工伤认定相关规定申请工伤认定。"

下面具体来了解其他一些省市对退休后被诊断为职业病的相关规定。

◆ 广东省：《关于进一步完善我省工伤保险制度有关问题的通知》第 2 条第 1 项规定，职工在离开职业病发生单位两年内，被诊断、鉴定为患职业病的，在被诊断、鉴定为职业病之日起 1 年内提出工伤认定申请的，劳动保障行政部门应当受理并作出工伤认定。

◆ 云南省：《云南省职业病防治条例》规定，对离职后诊断为职业病可以认定工伤的期限，作出了"离职后两年内"的限制性规定。

◆ 湖北省：《湖北省工伤保险实施办法》规定，用人单位对接触粉尘、放射性、有毒有害物质的职工，在终止、解除劳动关系或者办理退休手续前，应进行职业健康检查，并将检查结果告知职工。被确诊有职业病的应办理工伤认定、劳动能力鉴定、工伤保险待遇核定手续，按照《条例》和本办法的规定享受工伤待遇。用人单位未对职工进行离岗或退休前职业健康检查的，不得终止、解除劳动关系，职工退休后被确诊患有职业病的，由用人单位承担责任。

◆ 青海省：《青海省实施〈工伤保险条例〉办法》规定，用人单位对接触职业危害作业的职工，在终止、解除劳动关系或办理退休手续前，应进行职业健康检查，并将检查结果告知职工。被确诊患有职业病的应办理工伤认定、劳动能力鉴定、待遇核定手续，支付工伤保险待遇。用人单位未对职工进行离岗前职业健康检查的，不得终止、解除劳动关系，退休后被确诊患有职业病的，由原用人单位承担责任，并支付工伤保险待遇。

关于退休人员的职业病工伤认定问题，企业 HR 需要根据当地的实际情况、事故情况以及相关政策情况进行合理解决。

| 范例解析 | 退休后被诊断为职业病应当享受工伤待遇

胡某是某事业单位的退休人员，退休3年后，胡某在没有其他诱因的情况下出现咳嗽、胸闷等症状，胡某当即住院进行治疗，之后胡某被诊断为职业病（二期尘肺）。

当胡某要求原单位提交工伤申请认定时却遭到拒绝。公司认为工伤认定指与本单位存在劳动关系的员工，而胡某已经退休并享受退休待遇，与本单位没有劳动关系，因此不能申请工伤认定。

胡某为此诉至当地劳动仲裁部门，根据人力资源和社会保障部《关于执行〈工伤保险条例〉若干问题的意见》第8条规定，曾经从事接触职业病危害作业、当时没有发现罹患职业病，办理退休手续后，未再从事接触职业病危害作业的退休人员，可以自诊断、鉴定为职业病之日起1年内申请工伤认定，社会保险行政部门应当受理。

仲裁委经调解，单位为胡某向当地劳动行政部门提交了工伤认定申请。

由上述案例可知，职业病认定工伤并不一定受到时间限制。最重要的一点是造成职业病的原因是否与所从事的职业有关。因此，在实务操作中要进行具体分析。

9.2.7　工会组织在职业病防治工作中的作用有哪些

工会组织是劳动者利益的代表，在现代各种社会组织中，工会是由劳动者组成的特殊的社会组织。工会运动涉及劳动者的经济生活及社会生活的各个方面，尤其在劳动关系的形成和变化之中有着重要的影响。

工会也是以劳动者代表的身份存在，就劳动关系中的矛盾和劳动问题与雇主一方进行交涉，诸如在劳动工资、劳动工时、劳动待遇等方面维护劳动者的权益而进行活动。作为劳动者群体的代表，工会成为市场经济中劳动关系的重要组成部分，成为劳动力所有者的代表。

下面具体来看工会在职业病防治中应如何发挥作用。

（1）工会组织在职业病防治中的职责

工会组织在职业病防治过程中起着重要的作用，主要职责包含如下所示的一些。

◆ 督促并协助用人单位开展职业卫生宣传教育和培训。

◆ 对用人单位的职业病防治工作提出意见和建议。

◆ 就劳动者反映的有关职业病防治的问题与用人单位进行协调并督促解决。

◆ 对用人单位违反职业病防治法律、法规，侵犯劳动者合法权益的行为，有权要求纠正。

◆ 当产生严重职业病危害时，有权要求采取防护措施或向政府有关部门建议采取强制性措施。

◆ 当发生职业病危害事故时，有权参与事故调查处理。

◆ 当发现有危及劳动者生命健康的情况时，有权向用人单位建议组织劳动者撤离危险现场。

◆ 教育劳动者履行职业病防治义务，遵守职业病法律、法规和操作规程。

（2）工会在职业病防治中应如何发挥作用

工会在职业病防治中发挥的作用主要是通过以下 3 种方式实现。

◆ 一是积极探索工会参与职业病防治工作的有效途径。各级工会要主动参与职业病防治工作，重点做好集体用工合同签订工作。加强对本地区职业病防治工作薄弱环节和防治对策的研究，加强与卫生、行政部门的协调、沟通，多途径开辟职业卫生资源渠道。在推进协调劳动关系三方会议制度的同时，积极促进职业卫生专业委员会的建立或与政府职业卫生主管部门建立联席会议制度。

◆ 二是扩大工会劳动保护工作在中小企业的覆盖面。通过加强指导和服务，推动这类企业的工会劳动保护组织建设。特别是对于尚未建立工会组织的一些私营企业，地方工会应承担起职责，不妨由地方总工会面向社会公开选聘推荐，并经会员民主选举产生企业工会主席，其工资报酬、福利待遇由总工会确定并组织发放，彻底改变企业工会干部与企业主的依附关系。

◆ 三是企业工会组织要对企业员工加强劳动保护与维权。企业工会干部要积极参加卫生、安监等部门组织的培训，协助企业做好职工的职业卫生知识培训工作，普及职业病防治知识。同时要协助督促企业依法对接触职业病危害的职工到有资质的医疗卫生机构进行职业健康体检，及时发现职业禁忌人员并调离原岗位。另外工会对感染职业病的员工加强维权，保障他们病有所医。

9.2.8 职业病诊断证明书包括哪些内容

根据中华人民共和国卫计委〔2002〕第 24 号部长令发布的《职业病诊断与鉴定管理办法》第十四条规定，职业病诊断机构在进行职业病诊断时，应当组织 3 名以上取得职业病诊断资格的执业医师进行集体诊断。

那么职业病诊断证明书应当包含哪些事项及内容呢？

◆ 包含事项

根据相关规定，《职业病诊断证明书》应当明确以下内容。

①被检查者是否患有职业病。

②患有职业病的，还应当写明所患职业病的名称、程度（期别）、处理意见和复查时间。

◆ 包含内容

《职业病诊断证明书》的格式由卫计委统一规定，应当包含以下内容。

①患者职业病接触史、临床表现、实验室检查结果、依据的诊断标准、诊断结论等方面的内容。

②应由 3 名以上取得职业病诊断资格的执业医师集体诊断签名后出具。

③经具有职业病诊断资质的医疗卫生机构审核盖章后并加盖"专用章"方为有效。

需要注意的是，职业病诊断证明书应当一式三份，劳动者、用人单位各执一份，诊断机构存档一份。

图 9-3 为一份完整的《职业病诊断证明书》，可供参考。

职业病诊断证书

编号：

姓名		性别		身份证号码	
用人单位名称					
职业病危害接触史					

诊断结论：

处理意见：

诊断医师（签字）：　　　　　　　　　诊断机构：

（公章）

　　年　月　日　　　　　　　　　　年　月　日

1.如对本诊断结论有异议，可以在接到本证明书三十日内向_____卫生局申请设区的市级职业病鉴定。
2.诊断为职业病的，必要时可以抄送所在地社保部门和工会组织。

图 9-3

9.2.9 居住地与用人单位所在地不一致，如何申请职业病诊断

在现实情况中容易出现劳动者本人居住地与用人单位所在地不一致的情况，应该向哪一个职业病诊断机构申请职业病诊断呢？

根据卫计委《卫计委关于对异地职业病诊断有关问题的批复》的说明，劳动者本人居住地与用人单位所在地不一致，申请职业病诊断依照下述方式处理。

①根据《职业病诊断与鉴定管理办法》第10条的规定，劳动者可以选择

用人单位所在地或本人居住地的职业病诊断机构申请职业病诊断，在申请诊断时应当提供既往诊断活动资料。某诊断机构已作出职业病诊断的，在没有新的证据资料时，其他的诊断机构不再进行重复诊断。

②在尘肺病诊断中涉及晋级诊断的，原则上应当在原诊断机构进行诊断。对职业病诊断结论不服的，应当按照《职业病诊断与鉴定管理办法》申请鉴定，而不宜寻求其他机构再次诊断。

③职业病诊断机构应当严格按照《职业病诊断与鉴定管理办法》的规定进行诊断，凡违反规定作出的诊断结论，应当视为无效诊断。

9.2.10　入职新公司发现职业病怎么办

员工入职新公司后发现职业病的，原则上由现单位承担工伤待遇。如现单位有证据证明该职业危害是由原单位造成的，则由原单位承担工伤待遇。

如经组织调查发现，职工在新单位后被诊断患有职业病，新发现的职业病不论是否与现工作有关，其工伤待遇由新单位负责。

因此，企业 HR 需要注意，在招聘员工时，要了解新员工健康状况，安排好入职前的健康检查，防患于未然。

| 范例解析 |　入职一天发现职业病的处理办法

黄某开始与甲煤矿公司签订了为期一年的劳动合同，期间主要负责井下工作。黄某在入职时和离职之前都进行了职业健康检查，均未发现异常。

合同到期后黄某并未与公司续签合同，在家休息数日后，黄某与李某等人又到另一地区的乙煤矿公司工作，但没有签订劳动合同。之后黄某在工作前又被安排进行健康检查，然后参加该公司的培训。培训完开始上班时，被告知检查结果为职业禁忌（粉尘）。当日下午，黄某工作时不慎受伤，乙煤矿公司一次性赔偿黄某两万余元。

后来黄某到另一个医院进行检查，结果为疑似患有尘肺病，几个月后，黄某到医院住院治疗，结果诊断为煤工尘肺二期。

黄某向人力资源和社会保障局申请作工伤认定，该局认定黄某的职业病煤工尘肺二期应认定或者视同为工伤，后因程序违法被撤销。

后来黄某以甲煤矿公司为用人单位，向人力资源和社会保障局申请工伤认定，该局以申请用工主体不适格为由，认定黄某职业病煤工尘肺二期不应认定为工伤。

黄某不服，又再次向市人力资源和社会保障局申请工伤认定，市人力资源和社会保障局以申请用工主体不适格为理由，作出工伤认定申请不予受理决定书。

黄某不服，于是向当地人民法院提起行政诉讼，要求其撤销不予受理决定书。

一审法院认为，黄某的用人单位应为乙煤矿公司，其提出工伤认定申请的用工主体应是乙煤矿公司，因此判决黄某败诉，并驳回黄某的诉讼请求。黄某不服提了上诉，称在甲煤矿公司离职时，甲煤矿公司没有安排其进行胸片检查，无法断定是否当时存在问题。

二审法院认为，虽然黄某已经到新单位上班。但黄某在甲煤矿上班多年，没有足够证据排除黄某患尘肺病与其在甲煤矿上班多年之间的因果关系，进而否定甲煤矿职业病用工主体责任。

因此，二审法院支持了黄某的诉讼请求，判决撤销一审判决和市人力资源和社会保障局作出的工伤认定申请不予受理决定；由市人力资源和社会保障局重新作出相应处理。

本案中，黄某被确诊的职业病是尘肺病。尘肺病是煤矿工人在生产中长期吸入大量呼吸性粉尘而引起的以纤维组织增生为主要特征的肺部疾病，尘肺病发病比较缓慢，一般潜伏期较长，并非短时间内可以形成的。

尘肺病是从事采煤工作的高发疾病。在职业病的发现上，黄某是在离开甲煤矿公司一段时间，在乙煤矿公司正式上班仅一天即获得疑似尘肺病的检查结果，并结束了在乙煤矿从事煤矿采集工作，该职业病经过诊断治疗进一步得到确诊信息。

故此，难以认定在乙煤矿公司上班与黄某患尘肺病之间的因果关系。而黄某在甲煤矿公司上班多年，要排除黄某患尘肺病与其在甲煤矿公司上班多年之间的因果关系，需要足够的证据。黄某与甲煤矿公司解除劳动合同关系并不产生消除黄某上班期间患职业病的后果，更不能否定甲煤矿公司应当承担用工主体责任的后果。

第 10 章

实务操作总结

HR 工作更高效

工伤实务操作是十分重要的，HR 要想高效解决工伤相关
的事务，就需要了解工伤相关的实务操作，正确界定各种
因素，从而提高自身的问题解决能力。

10.1
正确认定各种因素

HR 在日常的实务工作中，容易出现各种工伤认定条件鉴定不明确的情况。本节将具体介绍工伤操作实务中如何正确认定各种因素，从而为正确预测工伤认定情况做好准备。

10.1.1　如何界定工作时间、地点的范围

在工伤认定中，工作时间的界定是比较复杂的，也容易引起争议。因此，HR 需要知道应当如何界定职工工作时间的范围，主要包括工作时间的认定以及上下班工伤时间的认定。

（1）工伤认定中的工作时间如何认定

根据《工伤保险条例》第十五条第一款第（一）项规定，职工在工作时间和工作岗位，突发疾病死亡或者在 48 小时之内经抢救无效死亡的，视同工伤。该项规定视同工伤包括两种情形。

◆ 一是在工作时间、工作岗位上，突发疾病死亡。

◆ 二是在工作时间、工作岗位上，突发疾病，48 小时内经抢救无效死亡。

未经抢救死亡，可能存在两种情形。

◆ 一是突发疾病，来不及抢救即已经死亡。

◆ 二是发病时，没有其他人员在场，丧失抢救机会死亡。

需要注意的是，无论是经抢救无效死亡，还是未经抢救死亡，视为工伤的关键都在于，必须是在"工作时间和工作岗位"上突发疾病死亡。

通常理解来看，"工作时间和工作岗位"应当是指单位规定的上班时间和上班地点。同时，职工为了单位的利益，在家加班办工期间，也应当属于"工作时间和工作岗位"，具体介绍如表 10-1 所示。

表 10-1　在家加班也属于工作时间、工作地点的原因

项　　目	具体介绍
第一点	根据《工伤保险条例》第一条规定，制定和实施该条例的目的在于对"因工作遭受事故伤害或者患职业病的职工获得医疗救治和经济补偿"。因此，理解"工作时间和工作岗位"，首先应当要看职工是否为了单位的利益从事本职工作。在单位规定的工作时间和地点突发疾病死亡视为工伤，为了单位的利益，将工作带回家，占用个人时间继续工作，期间突发疾病死亡，其权利更应当受到保护，只有这样理解，才符合倾斜保护职工权利的工伤认定立法目的
第二点	《工伤保险条例》第十四条第（一）、（二）、（三）项认定工伤时的法定条件是"工作时间和工作场所"，而第十五条视为工伤时使用的是"工作时间和工作岗位"。相对于"工作场所"而言，"工作岗位"强调更多的不是工作的处所和位置，而是岗位职责、工作任务。职工在家加班工作，就是为了完成岗位职责，当然应属于第十五条规定的"工作时间和工作岗位"
第三点	视为工伤是法律规范对工伤认定的扩大保护，的确不宜将其范围再进一步做扩大理解。但是,应当注意的是,第十五条将"工作场所"替换为"工作岗位",本身就是法律规范对工作地点范围的进一步拓展,将"工作岗位"理解为包括在家加班工作,是对法律条文正常理解,不是扩大解释

｜范例解析｜　在工作时间因工受伤能否认定工伤

余某在某市政公司工作，主要负责在该公司承包的工地看守工地材料和指挥过往车辆通行的工作。负责组织施工的杨某让余某骑摩托车去购买饮用水。

余某买水后在返回工地的路上摔倒受伤，被送往医院治疗，经诊断，全身多处脱位、骨折。后来，余某向当地人力资源和社会保障局提出工伤认定申请，该局向原告发出《工伤认定举证通知书》，然后对第三人受伤的事实进行了调查取证，同年认定为工伤。

不过，该市政公司认为人力资源和社会保障局做出的《认定工伤决定书》存在错误，于是将其诉至人民法院，要求撤销工伤认定。

　　法院审判后，驳回了该市政公司要求撤销人力资源和社会保障局作出的工伤决定书的诉讼请求。

　　该市政公司对一审判决表示不服，于是再次进行上诉。法院审理后认为，人力资源和社会保障局作出的工伤认定事实清楚、证据充分，适用法律正确，一审法院判决并无不当，于是驳回原告上诉，维持原判。

　　本案中，尽管余某的工作职责是守工地、指挥车辆通行，但其受工地上组织挖孔桩的杨某的指派，外出为工地上的工人买饮用水，是为公司正常运转而从事的行为，故余某外出买水受伤应为因工作原因受伤。

　　不仅如此，余某受伤时间在正常的工作时间范围内，且外出买水受伤的地点为其工作场所的自然延伸，故其外出买水受伤属于在工作时间和工作场所内，因工作原因受伤。

　　余某作为原告职工，在工作时间和工作场所内，因工作原因受到事故伤害，符合《工伤保险条例》第十四条第（一）项规定的情形，所以被告在认定工伤决定书中根据上述规定认定第三人受伤应当认定为工伤。

　　（2）上下班工伤认定的时间问题

　　根据《企业职工工伤保险试行办法》第八条的规定，职工因下列情形之一负伤、致残、死亡的，应当认定为工伤：（九）在上下班的规定时间和必经路线上，发生无本人责任或者非本人主要责任的道路交通机动车事故。

　　在《工伤保险条例》中规定，在上下班途中，受到非本人主要责任的交通事故或者城市轨道交通、客运轮渡、火车事故伤害的，应当被认定为工伤。

　　根据《最高人民法院关于审理工伤保险行政案件若干问题的规定》第六条规定，对社会保险行政部门认定下列情形为'上下班途中'的，人民法院应予支持。

①在合理时间内往返于工作地与住所地、经常居住地、单位宿舍的合理路线的上下班途中。

②在合理时间内往返于工作地与配偶、父母、子女居住地的合理路线的上下班途中。

③从事属于日常工作生活所需要的活动，且在合理时间和合理路线的上下班途中。

④在合理时间内其他合理路线的上下班途中。

（3）特殊情况下的工伤认定

除了上面介绍的两种情形外，在实际的实务操作中，还会存在一些特殊的情形，如表 10-2 所示。

表 10-2　特殊情况下的工伤认定方法

情　　形	认定方法
弹性工作时间职业工伤	对于一些实行弹性工作时间的职业，如新闻记者、保险销售人员，则应看出行目的和地点来界定工作时间。出去采访或推销，是以工作为目的，也应该认为是工作期间，发生事故也算工伤
因工外出认定为工伤	社会保险行政部门认定下列情形为"因工外出期间"的，人民法院应予支持：一是职工受用人单位指派或者因工作需要在工作场所以外从事与工作职责有关的活动期间；二是职工受用人单位指派外出学习或者开会期间；三是职工因工作需要的其他外出活动期间
被派遣职工工伤由派遣单位承担保险责任	劳务派遣单位派遣的职工在用工单位工作期间因工伤亡的，派遣单位为承担工伤保险责任的单位。单位指派到其他单位工作的职工因工伤亡的，指派单位为承担工伤保险责任的单位。用工单位违反法律、法规规定将承包业务转包给不具备用工主体资格的组织或者自然人，该组织或者自然人聘用的职工从事承包业务时因工伤亡的，用工单位为承担工伤保险责任的单位

续表

情　　形	认定方法
举证倒置，用人单位需证明是否为工伤	确定劳动关系难、调查取证难、认定结论执行难，一直是横亘在伤者认定工伤路上的"三座大山"，其主要原因就是谁主张谁举证，即工伤的认定需要伤者自行搜集并提交相关证据。针对这一问题，新规采取了举证倒置，明确规定，用人单位或者社会保险行政部门没有证据证明是非工作原因导致的，就应该被认定为工伤

10.1.2　如何处理非全日制用工工伤问题

企业在处理一些特殊的工作时，可能会涉及非全日制用工的情况，那么非全日制用工出现工伤事故时，应当如何处理呢?

（1）什么是非全日制用工

非全日制职工是指以小时计酬为主，在同一用人单位一般平均每日工作时间不超过四小时，每周工作时间累计不超过 24 小时的用工形式的职工。

非全日制用工与全日制用工的区别如下所示。

工作时间不同。标准的全日制用工实行每天工作不超过 8 小时，每周不超过 40 小时的标准工时制度。非全日制用工一般为每天 4 小时，每周工作时间不超过 24 小时。

非全日制用工可以订立口头协议。全日制用工，用人单位与劳动者应当订立书面劳动合同;而非全日制用工，用人单位与劳动者不以书面形式订立劳动合同，职工的劳动权利以及用人单位对职工的要求，可以口头约定。

劳动关系不同。非全日制用工的劳动关系可以随时终止且无须支付经济补偿金。全日制用工，劳动合同终止或解除的，除一些特别情况外，用人单位须向劳动者支付经济补偿金，而非全日制用工则没有明确的规定。

保险缴纳不同。非全日制用工一般只缴纳工伤保险，其余可以不用缴纳。全日制用工的用人单位必须缴纳各种社会保险费用。

计薪方式不同。非全日制用工以小时计酬，结算支付周期最长不超过15日。全日制用工应当按月以货币形式定时向劳动者支付工资。非全日制用工，用人单位必须以货币形式向劳动者定时支付工资。但是，支付工资的周期比全日制用工短，即每半月至少支付一次。

（2）非全日制用工发生工伤怎么办

根据我国《劳动合同法》第三十三条规定，职工应当参加工伤保险，由用人单位缴纳工伤保险费，职工不缴纳工伤保险费。即使劳动合同中约定此项费用由劳动者个人承担，也因违反法律的强制性规定而视作无效。

《关于非全日制用工若干问题的意见》中明确规定，用人单位应当按照国家有关规定为建立劳动关系的非全日制劳动者缴纳工伤保险费。从事非全日制工作的劳动者发生工伤，依法享受工伤保险待遇。

非全日制从业人员因工作遭受事故伤害或者患职业病后，与用人单位的劳动关系按照规定，享受下列工伤保险待遇。

◆ 按照本办法规定由工伤保险基金支付的工伤保险待遇。

◆ 由承担工伤责任的用人单位参照本办法规定支付停工留薪期待遇，并不得低于全市职工月最低工资标准。

◆ 致残一级至四级的，由承担工伤责任的用人单位和工伤人员以享受的伤残津贴为基数，一次性缴纳基本医疗保险费至工伤人员到达法定退休年龄，享受基本医疗保险待遇。

◆ 致残五级至十级的，由承担工伤责任的用人单位按照本办法规定的标准支付一次性工伤医疗补助金和伤残就业补助金。

| 范例解析 |　非全日制用工工伤理赔

　　李某是某单位的员工，主要负责配送早餐。李某与公司签订的是书面非全日制用工劳动合同。双方约定，李某的工作地点在某区域内，配送早餐时间每天不超过3小时，具体时间为3:00～6:00，每天配送早餐份数约200份，劳动报酬的计费方式为小时工资，每月工资发放时间为1日和20日。劳动报酬中包括法律规定的应当缴纳的社会保险费，双方任何一方随时通知对方终止用工，本合同即时终止。

　　一天早上，李某在单位配送早餐的途中被汽车撞伤。经该单位申请，李某经劳动和社会保障局认定为工伤。李某经杭州市劳动能力鉴定委员会评定为八级伤残。受伤后，李某不能继续从事配送早餐工作，于是提出解除劳动关系。

　　李某在正常上班时间里配送早餐途中被汽车撞伤，经劳动和社会保障局认定为工伤，故李某可按照工伤的规定享受工伤保险待遇。但因该单位未依照有关规定为李某参加工伤保险，致使李某无法享受工伤保险待遇，故李某的工伤保险待遇损失应由该单位承担。

　　用人单位未为劳动者缴纳工伤保险，导致工伤保险基金未支付的一次性伤残补助金、双方终止劳动关系后的一次性医疗补助金和伤残就业补助金以及因工伤等级鉴定所支付的费用，应由用人单位支付。

10.1.3　个体工商户的雇工受伤能否享受工伤待遇

　　《工伤保险条例》第二条规定，中华人民共和国境内的企业、事业单位、社会团体、民办非企业单位、基金会、律师事务所、会计师事务所等组织和有雇工的个体工商户（以下称用人单位）应当依照本条例规定参加工伤保险，为本单位全部职工或者雇工（以下称职工）缴纳工伤保险费。

　　中华人民共和国境内的企业、事业单位、社会团体、民办非企业单位、基金会、律师事务所、会计师事务所等组织的职工和个体工商户的雇工，均有依照本条例的规定享受工伤保险待遇的权利。

如果该个体工商户没有参加工伤保险，雇主将按照本条例规定的工伤保险待遇项目和标准支付费用。

| 范例解析 |　个体工商户的雇工受伤后的工伤认定

赵某是某餐厅招聘的员工，一天，赵某下班途中驾车与杨某驾车相撞，赵某受伤，当即被送往医院救治，诊断赵某全身多处骨折，头部受伤等。

后来，经公安局交通巡逻警察大队认定赵某承担事故的同等责任。赵某向某市人力资源和社会保障局申请工伤认定。为查明赵某是否下班途中发生交通事故、是否构成工伤，人力资源和社会保障局工作人员分别对赵某同事进行了调查，证实事故发生当天赵某正常上班，并在下午4点以后5点以前下班。

由于赵某提供的工伤认定材料不足，于是作出《工伤认定申请材料补正通知书》，之后赵某补足了部分材料。人力资源和社会保障局受理了工伤认定，但张某因证明人不能来配合调查为由，申请中止工伤认定，一段时间后恢复工伤认定。

最后经调查发现，赵某在发生交通事故时该餐厅还未依法登记，所以赵某与工伤认定的法定情形不符。根据相关法律法规，决定终止工伤认定。

赵某向劳动人事争议仲裁委员会申请仲裁，因其未能出具工伤认定书，某市劳动人事争议仲裁委员会作出不予受理案件通知书，认定其不符合受理条件，决定不予受理，于是赵某向法院提起诉讼。

关于赵某因交通事故受伤能否按工伤处理的问题。法院审理后认为，赵某在上下班途中因交通事故受到损伤，虽然承担同等责任，也应当认定为工伤并享受工伤待遇。由于该餐厅还未登记，但赵某实为其员工，工伤待遇应当由该餐厅承担。

根据《工伤保险条例》的相关规定，职工在上下班途中，受到非本人主要责任的交通事故伤害的，应当认定为工伤。赵某在下班途中发生交通事故，且其在事故中承担非主要责任，故用人单位未为赵某投保工伤保险的，应就赵某因此造成的工伤损失承担赔偿责任。

鉴于赵某系在该餐厅设立中发生的工伤事故，故其应当依法应享受《工伤保险条例》确定的工伤保险待遇，赵某经鉴定构成九级工伤，所主张一次性伤残补助金、一次性工伤医疗补助金、一次性伤残就业补助金，依法应予支持。

10.1.4　正确理解工伤认定中的工作场所与工作原因

对"工作原因"的理解，一般情况下是指职工正在从事本职工作，或者在从事与本职工作有关联的事情，但往往会忽略与工作有关的还有为完成工作任务而必需的生理需要。

所谓必需的生理需要，通常可以理解为劳动者在日常工作中合理的生活生理需要，是无法回避、无法克服、必须需要的，比如吃饭、喝水、上厕所等。这些必需的生理需求，与劳动者的正常工作密不可分，也应当受到法律的保护。

（1）正确理解工作原因

根据《工伤保险条例》等相关规定，工作原因并非严格限定在双方约定的本职岗位工作范围内。其他为用人单位的利益所付出的劳动亦能构成"工作原因"，包括但不限于以下情形。

◆ 因从事用人单位临时指派的工作受伤。
◆ 因从事工作而解决必要生理需要(如喝水、用餐、上厕所、正常的休息) 时受伤。
◆ 因参加用人单位组织的或者受用人单位指派参加其他单位组织的学习、培训、会议、体育、文艺等与工作相关的活动受伤。

◆ 为了用人单位的利益，从事超出本职岗位工作范围的活动而受伤。

◆ 因参与用人单位安排的抢险救灾等维护国家利益、公共利益的活动受伤。

例如在前面章节介绍工伤认定时说到的串岗问题，即职工因擅自从事其他岗位工作而遭受伤害的情形，职工虽未在本职岗位上受伤，但其工作动机是用人单位利益，仍应认定为工伤。用人单位以职工违反劳动纪律为由进行抗辩的，法院通常不予支持。

（2）工作场所的认定

关于"工作场所"的认定不应太过局限，工作场所应当指职工从事职业活动的场所。在判断工作场所时，应当符合以下 4 种情形，如表 10-3 所示。

表 10-3　工作场所的认定情形

情　　形	具体介绍
情形一	工作场所包括职工日常从事生产劳动的特定岗位，如马路边的绿化带毫无疑问应属于绿化工人的工作场所
情形二	工作场所包括用人单位指派职工为完成特定工作所涉及的相关区域。如平时负责接送通勤的驾驶员受公司指派到外地去接客户的路途中也属于驾驶员的工作场所
情形三	工作场所包括用人单位为提高工作效率、改善劳动条件所设置的相关设施与处所，如休息室、厕所、更衣室、饮水室、消毒间、食堂餐厅等。这些处所并非职工直接从事劳动生产的作业区域，但职工上班时饮水进餐、工间休息、上厕所是正常的生理需求，是其提供劳动价值所必需的
情形四	职工有多个工作场所的，职工往来于多个工作场所之间的必经区域，应当认定为工作场所。职工从一个工作场所到另一个工作场所，必然途经某些区域，例如驾驶员从办公室走到汽车内必然经过单位的车库，绿化工人从一块绿化带走到另一块可能途穿越马路等

| 范例解析 |　工伤事故中工作场所及原因的认定

　　孙某是某公司的正式员工。一日上午，公司相关负责人安排孙某驾驶汽车去北京机场接人。孙某接受任务后，在去取车的路上摔倒，之后被快速送往医院治疗。

　　事后，孙某向劳动人事局提出工伤认定申请，劳动局经调查核实后认为，孙某受伤不属于《工伤保险条例》规定的法定工伤情形，于是决定不予受理孙某的事故认定。

　　孙某认为，自己是在工作时间、工作场所，因工作原因摔倒致伤，符合《工伤保险条例》十四条第（一）项规定的情形，劳动局作出的《工伤认定决定书》认定事实错误，适用法律错误。故提起行政诉讼，请求法院依法撤销《工伤认定决定书》，并要求重新确认。

　　劳动局认为，孙某在因工外出期间受伤，主要原因是本人注意力不集中导致的，孙某虽然受伤，但是与其接受的工作任务没有明显的因果关系。不属于《工伤保险条例》十四条第（五）项规定应当认定工伤的情形。因此，不予认定工伤是合理的，法院应当支持。

　　公司认为，孙某的工作指令虽然是由公司领导发出的，但是孙某受伤并未发生在公司的工作场所内，因此不符合工伤认定的条件，劳动局的工伤认定正确。

　　一审判决，撤销劳动局所作的《工伤认定决定书》，劳动局在判决生效后 60 日内重新作出具体行政行为。

　　劳动局不服，向高级人民法院提起上诉认为，该公司的营业和工作场所以及孙某所开汽车内是其正当的工作场所，而孙某受伤却不在这两个地点，因此不符合工伤认定条件。

　　一审判决认定事实有误，适用法律错误，故请求撤销一审判决，依法改判维持上诉人所作的《工伤认定决定书》。

二审认为，汽车停放在商业中心外，孙某要完成开车任务，必须由商业中心营业场所到一楼门外停车处，故从商业中心到停车处是孙某来往于办公室和汽车两个工作场所之间的必经区域，也应当认定为孙某的工作场所。孙某是为完成开车接人的工作任务，才从位于商业中心的工作场所下到一楼，并在途中摔伤。故孙某在下楼过程中摔伤，因为完成工作任务所致，应当维持原判。

在上述案例中，职工从事工作中存在过失不属于不认定工伤的法定情形，不影响职工受伤与从事本职工作之间因果关系的成立，即使孙某在行走之中确实有失谨慎，也不影响工伤认定。

孙某是为了去开车才摔倒的，因此应当认定为工伤，不能因为孙某不在工作场所而不认定其为工伤。

10.1.5　如何理解 48 小时的时间限制

48 小时的规定既保障了在工作时间、工作岗位突发重症疾病死亡职工的权益，也可以防止将突发疾病无限制地扩大到工伤保险范围内。因为工伤保险与其他社会保险一样，其保障范围和水平应与经济社会发展水平相适应，如果保障范围无限扩大，基金就会受到冲击，最需要保障的人群就会难以得到保障。

《工伤保险条例》作出了"48 小时"的限制性规定是为了平衡劳资权益，排除与工作无关疾病导致伤亡认定的情形，避免将突发疾病无限制地扩大到工伤范围内。

对突发疾病在"48 小时"之内经抢救后选择自杀或放弃抢救死亡的能否认定为工伤，不能一概而论，要视情况具体分析。

◆ 如果医院在"48 小时"之内经过抢救，并诊断确定突发疾病的职工确实没有继续存活的可能，那么突发疾病职工及其家属选择"安乐死"或放弃抢救死亡的，应该可以认定为工伤。

◆ 如果医院经过抢救并诊断确定突发疾病的职工确实尚有继续存活的可能，那么突发疾病职工及其家属在"48 小时"之内选择"安乐死"或放弃抢救死亡的，则不应认定为工伤。

◆ 突发疾病的职工是否有继续存活的可能，应以医院的诊断证明为准。在无法证明突发疾病的职工经抢救是否有继续存活可能的情形下，为了防止随意非法剥夺他人生命，违背社会伦理现象的发生，不应将在"48 小时"之内选择"安乐死"或放弃抢救死亡的认定为工伤。

实践中，还存在与放弃抢救相反的另一种现象，即用人单位或家属不愿意放弃抢救，职工靠呼吸机控制呼吸至"48 小时"之外的情况。

不愿意放弃抢救机会，抢救超过"48 小时"的是否应认定为工伤，仍应坚持是否在"48 小时"之内死亡的认定标准。对这种情形能否认定为工伤也有不同意见。

◆ 如果在"48 小时"之内病人已出现心跳停止或脑死亡或呼吸停止等症状，经过医院诊断确定没有继续存活的可能，用人单位或家属强烈要求继续抢救超过"48 小时"的，应认定为工伤。

◆ 如果在"48 小时"之内病人并未出现心跳停止或脑死亡或呼吸停止等症状，经过医院诊断也不能确定是否有继续存活的可能，用人单位或家属坚持要继续抢救超过"48 小时"，医院出具的死亡证明也是在"48 小时"之外，则不应认定为工伤。

| 范例解析 |　如何正确理解48小时时间限制

林某是某企业的工作人员，一天公司召开会议，会议期间林某感到身体不适，于是到医院接受治疗，经诊断为冠心病，后来转院到其他医院，经诊断需要进行手术。

一天，林某出现心率血压下降，经抢救效果较差，林某家属要求转回当地治疗。在返回途中死亡。林某所在单位向人社局申请工伤认定，人社局认为林某在工作时间和工作岗位，突发疾病超过48小时经抢救无效死亡的，决定不予视同为工伤。

林某所在单位不服，申请行政复议，复议结果为维持不予认定工伤的行政复议决定书。林某所在单位和林某妻子均表示不服，于是立即向当地法院提起行政诉讼。

《工伤保险条例》规定，职工有下列情形之一的，视同工伤：在工作时间和工作岗位，突发疾病死亡或者在48小时之内经抢救无效死亡的。

法院一审审理认为，原告主张应以确诊林某病情的时间作为"48小时"的起算点。根据原告在工伤认定阶段提供的证据，医院对林某病情在林某初次就诊时已有了明确诊断。

劳动和社会保障部《关于实施<工伤保险条例>若干问题的意见》第三条规定，"48小时"的起算时间，以医疗机构初次诊断时间作为突发疾病的起算点。两位原告的主张不能成立，不予支持。故判决驳回两位原告的诉讼请求。两位原告不服，提起上诉。法院经审理后维持原判。

案件中所述的"48小时"的规定，针对的是因自身疾病的情形，而非工作直接造成的。所谓自身疾病发作或死亡，也就是指职工身体健康出现问题，与工作没有直接因果关系，所以本身不构成"工伤"。

但为了保障职工更高的权益，我国《工伤保险条例》对工伤保险的保障范围进行了适当外延，将职工在工作时间和工作岗位，突发疾病死亡或者在48小时之内经抢救无效死亡的，规定为"视同工伤"。

| 范例解析 | 关于48小时的确定

陈某是某制造公司的职工，一天下午两点陈某上班后，领导发现其精神不振、眼圈发黑，因此安排其去就诊。

于是陈某立即离开单位前去就诊，下午3点左右到甲医院化验血常规，结果为白细胞异常。晚上8点半左右陈某转至乙医院进行治疗。

陈某于8月18日凌晨被转至丙医院，诊断为急性白血病类型待定，弥散性血管内溶血，0点30分左右书面告病危，6点20分左右自动出院，上午7点50分转入丁医院，8月19日晚上10点半左右宣布临床死亡。

9月1日，该制造公司向市人力资源和社会保障局提出了工伤认定申请。人社局认为，陈某于8月17日两点左右离开单位，3点左右到甲医院就诊，至8月19日晚上10点半被宣告临床死亡，已超过48小时，不应认定为工伤或者视同工伤。故市人社局作出《不予认定工伤决定书》。

《工伤保险条例》第15条规定，职工在工作时间和工作岗位，突发疾病死亡或者在48小时之内经抢救无效死亡的，视同工伤。"48小时"的起算时间，以医疗机构的初次诊断时间作为突发疾病的起算时间。

本案中，陈某从突发疾病离开单位到死亡，经历了多家医疗机构的救治，其中陈某在甲医院和乙医院仅进行了血常规、凝血试验、尿液检验等检查，并未对其病情作出判断，尚没有形成诊断。

至8月18日凌晨转至丙医院，并得出诊断结果，此时，医疗机关方完成对陈某的初次诊断，应以此时间作为突发疾病的起算时间。

陈某突发疾病，经医疗机构初次诊断的时间为8月18日凌晨，至其8月19日晚上10点半左右被宣布临床死亡，并未超过48小时，因此，陈某死亡应当被认定为工伤。

10.1.6 特殊情况的工伤认定

除了《工伤保险条例》中详细规定的工伤认定条件外，在实际的操作中，还存在一些较为频发且存在争议的特殊情况。因此 HR 还需要了解特殊情况下的工伤认定方式。

◆ 违反操作规章受伤也属于工伤

职工在生产过程中存在违规操作时受到伤害，应当认定工伤。

陈某是某机械制造公司的员工，一天，陈某在厂内应领导要求从事某项工作。第二天，陈某上班后询问领导是否继续从事该项工作，在领导没有否认的情况下，陈某继续进行该项工作，10分钟后，不慎被油压机压伤。陈某因此向市社保局提起工伤认定申请，市社保局认定陈某属工伤。

陈某的受伤发生在工作时间和工作场所内，而机械制造公司也没有证据证明陈某的擅自操作属于自伤自残行为，因此陈某的受伤属因工作受伤，应认定为工伤。

◆ 因交通违法受伤也获工伤待遇

上班途中遇交通事故受伤，根据具体情况，可能被认定工伤，也可能不被认定为工伤。

某造纸厂员工蒋某一个月前从其住所骑自行车去单位上班，途中遭遇交通事故，导致受伤。蒋某因此向社保部门申请工伤待遇。

由于该事故经交警大队认定为蒋某负主要责任，所以单位负责人黄某认为蒋某的行为属于违反相关治安管理条例导致伤亡的情形。认为其适用于《工伤保险条例》第十六条规定的不得认定为工伤或视同工伤的情形，因此不能认定工伤。

社保部门经调查后认定，蒋某在交通事故中负主要责任的认定书仅仅是对事故中责任的划分，而并非针对责任人的行为是否属违反治安管理行为的定性。任何人的行为是否属于违反治安管理需要由职权机构进行认定，以法定机关作出的法律文书予以确认。

本案中，并没有相关职权机构认定蒋某交通违法属违反治安管理的行为，因此认定蒋某属工伤并不违反法规的规定。

◆　参加单位组织的体育活动时伤亡不属于工伤

参加单位组织的活动出现事故，要从多方面综合考虑，并结合工伤认定条件进行判断。

梁某是某硬件生产公司的员工。一天，单位指派其负责组织带队参加与某电子设备科技公司进行篮球比赛。比赛过程中，梁某突然晕倒，经医院抢救无效死亡。

该硬件生产公司认为，梁某的行为虽然为参加体育活动，但实质上是在履行单位临时赋予的、新的具有相关管理职能的工作，及负责组织。因此，梁某并不是作为一名普通员工参加单位组织的体育比赛，而应视为在工作状态。因此，单位要求社保部门认定梁某在比赛中突然死亡为工伤。

社保部门经调查发现，梁某在其单位任材料管理科长职务，打篮球不属于其工作范畴，篮球场也不是工作场所。篮球比赛属于娱乐活动，也不是工作安排。即使单位要求梁某组织带队，也是为了使活动有组织地进行，不能认为梁某在工作，由此不能理解成公司对其临时性的工作安排。

依据《工伤保险条例》，即"在工作时间和工作岗位，突发疾病死亡或者在48小时之内抢救无效死亡"。工伤认定的前提是在工作时间和工作岗位上。鉴于此，梁某的突发疾病并非在工作时间和工作岗位，故不视为工伤。

工伤认定实务中，对员工参加单位组织的体育比赛中受到伤害，和参加年终奖会以及单位组织的表彰会中受伤的定性，要综合考量多方面的因素。其一是活动是否属于单位组织；其二是是否属于上述几种特殊性单位活动。

有几种活动中的受伤是排除认定为工伤的，如单位组织的娱乐活动（组织者受伤害除外）、非单位组织的体育活动。

10.2
工伤实务操作

企业 HR 在处理工伤事故时，需要注意相应的实务操作，从而帮助自己提高处理效率。

10.2.1 享受工伤待遇的一般程序

劳动者遭遇工伤后，享受工伤保险待遇的程序前提是经过工伤认定和劳动能力鉴定。因此出现工伤事故要及时申报工伤并申请工伤认定，待病情稳定后进行劳动能力鉴定，即可根据鉴定结果享受相应待遇。

（1）工伤认定程序

出现工伤事故后，首先由当地社保局对工伤作出认定，确认伤害的特殊性。根据《工伤保险条例》相关规定，申请工伤认定主要有以下两种情况。

◆ 职工发生事故伤害或者按照职业病防治法规定被诊断、鉴定为职业病，所在单位应当自事故伤害发生之日或者被诊断、鉴定为职业病之日起 30 日内，向统筹地区社会保险行政部门提出工伤认定申请。遇有特殊情况，经报社会保险行政部门同意，申请时限可以适当延长。

◆ 用人单位未按前款规定提出工伤认定申请的，工伤职工或者其近亲属、工会组织在事故伤害发生之日或者被诊断、鉴定为职业病之日起 1 年内，可以直接向用人单位所在地统筹地区社会保险行政部门提出工伤认定申请。

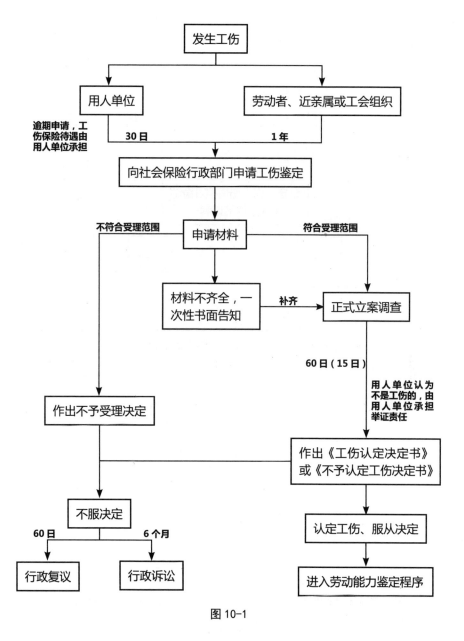

图 10-1

图 10-1 为工伤认定的一般流程，用人单位为了避免不必要的损失，应当在工伤事故发生后，切实做好分内工作，为受伤职工申请工伤认定，否则将使自身遭受损失。

（2）劳动能力鉴定程序

进行工伤认定之后，还需要确认赔偿标准，这与职工受伤程度有关，因此需要进行劳动能力鉴定。根据《工伤保险条例》规定，职工发生工伤，经治疗伤情相对稳定后存在残疾、影响劳动能力的，应当进行劳动能力鉴定。

图 10-2 为劳动能力鉴定的一般流程。

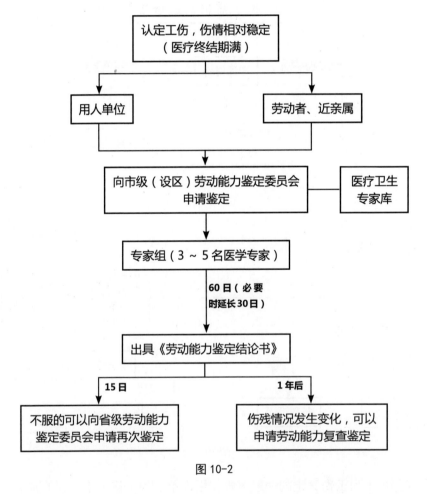

图 10-2

经过工伤认定与劳动能力鉴定后，在性质与标准确认后，便进入具体保险待遇的计算。

10.2.2　超过法定退休年龄人员工伤该如何认定

超过法定退休年龄的劳动者无论是单位用工还是个人用工，均不受《劳动法》和《工伤保险条例》的调整，一旦这些超龄员工发生工伤损害，因其与用人单位之间不存在劳动关系、不属于正式在编人员。所以他们想跟其他员工一样享受工伤待遇就会遇到困难。

超过退休年龄仍可判定为工伤的 3 种情形，下面进行具体介绍。

（1）单位已按项目参保等方式为其缴纳工伤保险费

根据《人力资源社会保障部关于执行〈工伤保险条例〉若干问题的意见（二）》相关规定，用人单位招用已经达到、超过法定退休年龄或已经领取城镇职工基本养老保险待遇的人员，在用工期间因工作原因受到事故伤害或患职业病的，如招用单位已按项目参保等方式为其缴纳工伤保险费的，应适用《工伤保险条例》。

一般情况下已经达到法定退休年龄的劳动者是不能购买工伤保险的，但如果建筑领域按项目方式参保，仍存在已退休或已领取职工养老保险人员在建设工程项目务工，承建单位又已按项目方式参保，按照权利义务对等原则，既然用人单位和劳动者履行了参保义务，那么也就应该有享受工伤保险待遇的权利。

│ 范例解析 │　退休后缴纳工伤保险享受工伤待遇

刘某在一家材料加工公司工作，是该公司的技术人员。退休后不久，被一家个体加工单位招用。该公司为刘某办理了工伤保险缴纳手续，并从入职之日起逐月为刘某缴纳工伤保险费。

一天，刘某在参与吊车移动大型生产设备过程中右手被压伤。经住院治疗后，相关部门认定刘某构成十级伤残。

可是，当公司为刘某申请工伤认定时，人社局以刘某是退休人员、非单位在编正式职工为由,予以拒绝。

人力资源和社会保障部《关于执行〈工伤保险条例〉若干问题的意见(二)》中第二条第二项规定,用人单位招用超龄人员受到事故伤害,招用单位已按项目参保等方式为其缴纳工伤保险费的,应适用《工伤保险条例》。

上述规定意味着用人单位通过项目参保的方式为超龄人员缴纳工伤保险费的,可以按照《工伤保险条例》的规定享受工伤保险待遇。因此,人社局的做法是错误的,刘某有权享受工伤待遇。

(2)职工达到退休年龄未办理退休继续用工受伤

《关于执行〈工伤保险条例〉若干问题的意见(二)》规定,达到或超过法定退休年龄,但未办理退休手续或者未依法享受城镇职工基本养老保险待遇,继续在原用人单位工作期间受到事故伤害或患职业病的,用人单位依法承担工伤保险责任。

虽然说用人单位为职工缴纳社会保险是强制性的义务,但实际中还是有很多的用人单位没有为职工缴纳社保。

未缴纳社保,劳动者到达法定退休年龄后就无法享受养老保险待遇。劳动者继续在单位工作受伤,应当由单位承担工伤保险责任。

| 范例解析 | 退休后被原单位留用的工伤待遇问题

张某是某电力工程公司技术人员,在达到退休年龄后,单位为其办理了退休手续。但经双方协商,张某继续留在公司做技术顾问。为提供安全保障,公司继续按月为张某缴纳工伤保险费。

一年后,某天下午将要下班时,正在从事收尾性工作的张某不慎被电击伤。送医治疗后,公司为其申请工伤认定失败。人社局提出,认定工伤的前提是受伤职工与单位之间存在劳动关系,而张某属于退休后被单位留用人员,留用期间并非劳动关系。

最高人民法院行政庭在《关于离退休人员与现在工作单位之间是否构成劳动关系以及工作时间内受伤是否适用〈工伤保险条例〉问题的答复》中指出，根据《工伤保险条例》第二条、第六十一条等有关规定，离退休人员受聘于现有单位，现工作单位已经为其缴纳了工伤保险费，其在受聘期间因工作受到事故伤害的，应当适用《工伤保险条例》的有关规定处理。

由此可见，《工伤保险条例》等法律法规并未对退休人员享受工伤待遇作出禁止性规定。此外，人社局明知张某系超过法定退休年龄人员，却一直认可并接收公司为张某缴纳的工伤保险费用，公司对此存在信赖利益。

综上，无论是依据法律法规规定，还是依公平诚信原则，张某都应依法享受工伤待遇。

（3）超过退休年龄进城务工农民工工伤问题

用人单位聘用的超过法定退休年龄的务工农民，在工作时间内、因工作原因伤亡的，应当适用《工伤保险条例》的有关规定进行工伤认定。

由此可以看出，如果超过退休年龄进城务工农民工未办理退休手续或者未享受职工基本养老保险待遇，应当可以认定工伤。

| 范例解析 | 超过退休年龄进城务工的农民工工伤认定

从农村进城打工的李某入职到某印刷厂，主要负责印刷工作。因工作存在一定的危险性，单位为她办理了工伤保险，并按时缴纳工伤保险费。然而，单位未与其签订劳动合同。

七年后，年满50周岁的李某未办理退休手续并继续在印刷厂上班。两年后，她在下班途中发生交通事故，抢救无效死亡。警方认定，李某负事故次要责任。

事后，人社局认定李某在下班途中受到的交通事故伤害属于工伤。但是单位向社会保险局申报李某的工伤待遇时却遭到拒绝。人社局认为李某在发生事故时已达52岁，超过了法定退休年龄，对于李某这种无劳动关系、无养老保险待遇、无退休金之三无人员，即使认定为工伤，其工伤待遇也只能由用人单位承担赔偿责任。

《工伤保险条例》并未将超过法定退休年龄的农民工排除出适用工伤保险待遇范围，因此，李某的情况仍然适用于《工伤保险条例》。既然"应当适用《工伤保险条例》的规定进行工伤认定"，那么人社局就应当在工伤基金中支付李某的相关工伤待遇费用。

10.2.3 交通类工伤事故操作指南

近年来，由交通事故引发的工伤事故越来越多，因此预防和处理工伤事故也变得越来越重要，本节将重点介绍交通类工伤事故的处理指南。

（1）交通事故认定工伤的条件

根据《工伤保险条例》的相关规定，交通事故工伤的认定必须满足以下3个条件。

◆ 发生交通事故的时间应是在公司上下班规定的时间内、发生交通事故的地点应该是上下班必经路线上。

◆ 发生的交通事故本人无责任或者不是承担主要责任一方。

◆ 发生的交通事故是因为机动车引起的道路交通事故。

交通事故造成的伤害要想享受工伤待遇同样需要进行工伤认定，这与普通的工伤认定相同。要求用人单位在 30 日内提出认定申请或工伤个人、亲属或工会组织在 1 年内进行申请。

（2）HR 如何做好交通工伤事故理赔

如果在交通类工伤事故中，企业工伤员工已经获得了较大额度的民事赔偿，那么企业 HR 可以与其进行沟通，适当减少公司余下支付的工伤赔偿，这样可以在一定程度上降低企业的开支。

HR 面对这样的情况时，应当如何处理呢？主要分为 3 步。

了解事故详情。去交通事故事发地的交警中队查询当时的事故资料，咨询处理事故的交警，对当时的事故情形心中有数。

进行理赔谈判。在合理合法的前提下与工伤职工进行谈判，通过协商解决更加高效，但也可以通过诉讼、仲裁的方式解决问题。这主要取决于当地关于交通类工伤事故理赔的相关规定是否完善。

达成协议。双方经过协商达成一致，并签署赔偿协议，如果进行了仲裁，还需要到人力资源和社会保障局做仲裁调解书，最后由用人单位支付赔偿款即可。

| 范例解析 |　交通类工伤事故理赔

梁某任职于某塑料加工公司，主要负责仓库管理，双方签订了为期一年的劳动合同，但公司并没有为其参加社会保险。一日，梁某在上班途中发生交通事故死亡，梁某的死亡被认定为工伤。

梁某亲属与公司协商工伤赔偿未果，遂申请劳动仲裁，要求公司支付丧葬补助金、供养亲属抚恤金和一次性工亡补助金等，共计100余万元。另查明，梁某的近亲属已通过民事诉讼从交通事故侵权第三人处得到丧葬费、被扶养人生活费、死亡赔偿金和精神损害抚慰金，共计60余万元。

该案经劳动人事争议仲裁委员会审理后，裁决公司一次性支付供养亲属抚恤金30余万元、一次性工亡补助金60余万元给梁某的父亲。

由于劳动者在上班途中发生交通事故死亡，同时因该事故被认定为工伤，所以劳动者的工伤事故与第三人侵权发生竞合。基于双重主体身份，受害劳动者可以分别依照不同的法律获得救济，即劳动者既可向用人单位主张工伤保险赔偿，又可向侵权第三人主张人身损害赔偿。

参照高级人民法院和省劳动人事争议仲裁委员会《关于审理劳动人事争

议案件若干问题的座谈会纪要》第六条的规定，劳动者工伤由第三人侵权所致，第三人已承担侵权赔偿责任，用人单位所承担的工伤保险责任应扣除医疗费、辅助器具费和丧葬费。

因此，本案中除侵权第三人支付的丧葬费应予扣除外，工亡职工的供养亲属抚恤金和一次性工亡补助金等工伤保险责任由用人单位承担。

第 11 章

工伤法律法规及规范文件

HR 在处理企业各项工伤事务时，往往需要使用到与工伤相关的法律法规和规范文件。因此，HR 要想提高工作效率，有必要了解并学习相关法规和规范文件。

11.1
工伤相关法律法规

企业 HR 在面对工伤事故时，想要在法律范畴内解决问题，HR 需要了解相关法律法规，才能避免因为对法律法规不熟悉，导致出现错误操作，最终致使企业遭受损失。

11.1.1 工伤保险条例（2010 年 12 月 20 日修订）

第一章 总 则

第一条 为了保障因工作遭受事故伤害或者患职业病的职工获得医疗救治和经济补偿，促进工伤预防和职业康复，分散用人单位的工伤风险，制定本条例。

第二条 中华人民共和国境内的企业、事业单位、社会团体、民办非企业单位、基金会、律师事务所、会计师事务所等组织和有雇工的个体工商户（以下称用人单位）应当依照本条例规定参加工伤保险，为本单位全部职工或者雇工（以下称职工）缴纳工伤保险费。

中华人民共和国境内的企业、事业单位、社会团体、民办非企业单位、基金会、律师事务所、会计师事务所等组织的职工和个体工商户的雇工，均有依照本条例的规定享受工伤保险待遇的权利。

第三条 工伤保险费的征缴按照《社会保险费征缴暂行条例》关于基本养老保险费、基本医疗保险费、失业保险费的征缴规定执行。

第四条 用人单位应当将参加工伤保险的有关情况在本单位内公示。

用人单位和职工应当遵守有关安全生产和职业病防治的法律法规，执行安全卫生规程和标准，预防工伤事故发生，避免和减少职业病危害。

职工发生工伤时，用人单位应当采取措施使工伤职工得到及时救治。

第五条 国务院社会保险行政部门负责全国的工伤保险工作。

县级以上地方各级人民政府社会保险行政部门负责本行政区域内的工伤保险工作。

社会保险行政部门按照国务院有关规定设立的社会保险经办机构（以下称经办机构）具体承办工伤保险事务。

第六条　社会保险行政部门等部门制定工伤保险的政策、标准，应当征求工会组织、用人单位代表的意见。

第二章　工伤保险基金

第七条　工伤保险基金由用人单位缴纳的工伤保险费、工伤保险基金的利息和依法纳入工伤保险基金的其他资金构成。

第八条　工伤保险费根据以支定收、收支平衡的原则，确定费率。

国家根据不同行业的工伤风险程度确定行业的差别费率，并根据工伤保险费使用、工伤发生率等情况在每个行业内确定若干费率档次。行业差别费率及行业内费率档次由国务院社会保险行政部门制定，报国务院批准后公布施行。

统筹地区经办机构根据用人单位工伤保险费使用、工伤发生率等情况，适用所属行业内相应的费率档次确定单位缴费费率。

第九条　国务院社会保险行政部门应当定期了解全国各统筹地区工伤保险基金收支情况，及时提出调整行业差别费率及行业内费率档次的方案，报国务院批准后公布施行。

第十条　用人单位应当按时缴纳工伤保险费。职工个人不缴纳工伤保险费。

用人单位缴纳工伤保险费的数额为本单位职工工资总额乘以单位缴费费率之积。

对难以按照工资总额缴纳工伤保险费的行业，其缴纳工伤保险费的具体方式，由国务院社会保险行政部门规定。

第十一条　工伤保险基金逐步实行省级统筹。

跨地区、生产流动性较大的行业，可以采取相对集中的方式异地参加统筹地区的工伤保险。具体办法由国务院社会保险行政部门会同有关行业的主管部门制定。

第十二条　工伤保险基金存入社会保障基金财政专户，用于本条例规定的工伤保险待遇，劳动能力鉴定，工伤预防的宣传、培训等费用，以及法律、法规规定的用于工伤保险的其他费用的支付。

工伤预防费用的提取比例、使用和管理的具体办法，由国务院社会保险行政部门会同国务院财政、卫生行政、安全生产监督管理等部门规定。

任何单位或者个人不得将工伤保险基金用于投资运营、兴建或者改建办公场所、发放奖金，或者挪作其他用途。

第十三条　工伤保险基金应当留有一定比例的储备金，用于统筹地区重大事故的工伤保险待遇支付；储备金不足支付的，由统筹地区的人民政府垫付。储备金占基金总额的具体比例和储备金的使用办法，由省、自治区、直辖市人民政府规定。

第三章　工伤认定

第十四条　职工有下列情形之一的，应当认定为工伤：

（一）在工作时间和工作场所内，因工作原因受到事故伤害的；

（二）工作时间前后在工作场所内，从事与工作有关的预备性或者收尾性工作受到事故伤害的；

（三）在工作时间和工作场所内，因履行工作职责受到暴力等意外伤害的；

（四）患职业病的；

（五）因工外出期间，由于工作原因受到伤害或者发生事故下落不明的；

（六）在上下班途中，受到非本人主要责任的交通事故或者城市轨道交通、客运轮渡、火车事故伤害的；

（七）法律、行政法规规定应当认定为工伤的其他情形。

第十五条 职工有下列情形之一的，视同工伤：

（一）在工作时间和工作岗位，突发疾病死亡或者在 48 小时之内经抢救无效死亡的；

（二）在抢险救灾等维护国家利益、公共利益活动中受到伤害的；

（三）职工原在军队服役，因战、因公负伤致残，已取得革命伤残军人证，到用人单位后旧伤复发的。

职工有前款第（一）项、第（二）项情形的，按照本条例的有关规定享受工伤保险待遇；职工有前款第（三）项情形的，按照本条例的有关规定享受除一次性伤残补助金以外的工伤保险待遇。

第十六条 职工符合本条例第十四条、第十五条的规定，但是有下列情形之一的，不得认定为工伤或者视同工伤：

（一）故意犯罪的；

（二）醉酒或者吸毒的；

（三）自残或者自杀的。

第十七条 职工发生事故伤害或者按照职业病防治法规定被诊断、鉴定为职业病，所在单位应当自事故伤害发生之日或者被诊断、鉴定为职业病之日起 30 日内，向统筹地区社会保险行政部门提出工伤认定申请。遇有特殊情况，经报社会保险行政部门同意，申请时限可以适当延长。

用人单位未按前款规定提出工伤认定申请的，工伤职工或者其近亲属、工会组织在事故伤害发生之日或者被诊断、鉴定为职业病之日起 1 年内，可以直接向用人单位所在地统筹地区社会保险行政部门提出工伤认定申请。

按照本条第一款规定应当由省级社会保险行政部门进行工伤认定的事项，根据属地原则由用人单位所在地的设区的市级社会保险行政部门办理。

用人单位未在本条第一款规定的时限内提交工伤认定申请，在此期间发生符合本条例规定的工伤待遇等有关费用由该用人单位负担。

第十八条 提出工伤认定申请应当提交下列材料：

（一）工伤认定申请表；

（二）与用人单位存在劳动关系（包括事实劳动关系）的证明材料；

（三）医疗诊断证明或者职业病诊断证明书（或者职业病诊断鉴定书）。

工伤认定申请表应当包括事故发生的时间、地点、原因以及职工伤害程度等基本情况。

工伤认定申请人提供材料不完整的，社会保险行政部门应当一次性书面告知工伤认定申请人需要补正的全部材料。申请人按照书面告知要求补正材料后，社会保险行政部门应当受理。

第十九条 社会保险行政部门受理工伤认定申请后，根据审核需要可以对事故伤害进行调查核实，用人单位、职工、工会组织、医疗机构以及有关部门应当予以协助。职业病诊断和诊断争议的鉴定，依照职业病防治法的有关规定执行。对依法取得职业病诊断证明书或者职业病诊断鉴定书的，社会保险行政部门不再进行调查核实。

职工或者其近亲属认为是工伤，用人单位不认为是工伤的，由用人单位承担举证责任。

第二十条 社会保险行政部门应当自受理工伤认定申请之日起 60 日内作出工伤认定的决定，并书面通知申请工伤认定的职工或者其近亲属和该职工所在单位。

社会保险行政部门对受理的事实清楚、权利义务明确的工伤认定申请，应当在 15 日内作出工伤认定的决定。

作出工伤认定决定需要以司法机关或者有关行政主管部门的结论为依据的，在司法机关或者有关行政主管部门尚未作出结论期间，作出工伤认定决定的时限中止。

社会保险行政部门工作人员与工伤认定申请人有利害关系的，应当回避。

第四章 劳动能力鉴定

第二十一条 职工发生工伤，经治疗伤情相对稳定后存在残疾、影响劳动能力的，应当进行劳动能力鉴定。

第二十二条 劳动能力鉴定是指劳动功能障碍程度和生活自理障碍程度的等级鉴定。

劳动功能障碍分为十个伤残等级，最重的为一级，最轻的为十级。

生活自理障碍分为三个等级：生活完全不能自理、生活大部分不能自理和生活部分不能自理。

劳动能力鉴定标准由国务院社会保险行政部门会同国务院卫生行政部门等部门制定。

第二十三条 劳动能力鉴定由用人单位、工伤职工或者其近亲属向设区的市级劳动能力鉴定委员会提出申请，并提供工伤认定决定和职工工伤医疗的有关资料。

第二十四条 省、自治区、直辖市劳动能力鉴定委员会和设区的市级劳动能力鉴定委员会分别由省、自治区、直辖市和设区的市社会保险行政部门、卫生行政部门、工会组织、经办机构代表以及用人单位代表组成。

劳动能力鉴定委员会建立医疗卫生专家库。列入专家库的医疗卫生专业技术人员应当具备下列条件：

（一）具有医疗卫生高级专业技术职务任职资格；

（二）掌握劳动能力鉴定的相关知识；

（三）具有良好的职业品德。

第二十五条 设区的市级劳动能力鉴定委员会收到劳动能力鉴定申请后，应当从其建立的医疗卫生专家库中随机抽取 3 名或者 5 名相关专家组成专家组，由专家组提出鉴定意见。设区的市级劳动能力鉴定委员会根据专家组的鉴定意见作出工伤职工劳动能力鉴定结论；必要时，可以委托具备资格的医疗机构协助进行有关的诊断。

设区的市级劳动能力鉴定委员会应当自收到劳动能力鉴定申请之日起 60 日内作出劳动能力鉴定结论，必要时，作出劳动能力鉴定结论的期限可以延长 30 日。劳动能力鉴定结论应当及时送达申请鉴定的单位和个人。

第二十六条　申请鉴定的单位或者个人对设区的市级劳动能力鉴定委员会作出的鉴定结论不服的，可以在收到该鉴定结论之日起 15 日内向省、自治区、直辖市劳动能力鉴定委员会提出再次鉴定申请。省、自治区、直辖市劳动能力鉴定委员会作出的劳动能力鉴定结论为最终结论。

第二十七条　劳动能力鉴定工作应当客观、公正。劳动能力鉴定委员会组成人员或者参加鉴定的专家与当事人有利害关系的，应当回避。

第二十八条　自劳动能力鉴定结论作出之日起 1 年后，工伤职工或者其近亲属、所在单位或者经办机构认为伤残情况发生变化的，可以申请劳动能力复查鉴定。

第二十九条　劳动能力鉴定委员会依照本条例第二十六条和第二十八条的规定进行再次鉴定和复查鉴定的期限，依照本条例第二十五条第二款的规定执行。

第五章　工伤保险待遇

第三十条　职工因工作遭受事故伤害或者患职业病进行治疗，享受工伤医疗待遇。

职工治疗工伤应当在签订服务协议的医疗机构就医，情况紧急时可以先到就近的医疗机构急救。

治疗工伤所需费用符合工伤保险诊疗项目目录、工伤保险药品目录、工伤保险住院服务标准的，从工伤保险基金支付。工伤保险诊疗项目目录、工伤保险药品目录、工伤保险住院服务标准，由国务院社会保险行政部门会同国务院卫生行政部门、食品药品监督管理部门等部门规定。

职工住院治疗工伤的伙食补助费，以及经医疗机构出具证明，报经办机构同意，工伤职工到统筹地区以外就医所需的交通、食宿费用从工伤保险基金支付，基金支付的具体标准由统筹地区人民政府规定。

工伤职工治疗非工伤引发的疾病，不享受工伤医疗待遇，按照基本医疗保险办法处理。

工伤职工到签订服务协议的医疗机构进行工伤康复的费用，符合规定的，从工伤保险基金支付。

第三十一条　社会保险行政部门作出认定为工伤的决定后发生行政复议、行政诉讼的，行政复议和行政诉讼期间不停止支付工伤职工治疗工伤的医疗费用。

第三十二条　工伤职工因日常生活或者就业需要，经劳动能力鉴定委员会确认，可以安装假肢、矫形器、假眼、假牙和配置轮椅等辅助器具，所需费用按照国家规定的标准从工伤保险基金支付。

第三十三条　职工因工作遭受事故伤害或者患职业病需要暂停工作接受工伤医疗的，在停工留薪期内，原工资福利待遇不变，由所在单位按月支付。

停工留薪期一般不超过 12 个月。伤情严重或者情况特殊，经设区的市级劳动能力鉴定委员会确认，可以适当延长，但延长不得超过 12 个月。工伤职工评定伤残等级后，停发原待遇，按照本章的有关规定享受伤残待遇。工伤职工在停工留薪期满后仍需治疗的，继续享受工伤医疗待遇。

生活不能自理的工伤职工在停工留薪期需要护理的，由所在单位负责。

第三十四条 工伤职工已经评定伤残等级并经劳动能力鉴定委员会确认需要生活护理的，从工伤保险基金按月支付生活护理费。

生活护理费按照生活完全不能自理、生活大部分不能自理或者生活部分不能自理 3 个不同等级支付，其标准分别为统筹地区上年度职工月平均工资的 50%、40% 或者 30%。

第三十五条 职工因工致残被鉴定为一级至四级伤残的，保留劳动关系，退出工作岗位，享受以下待遇：

（一）从工伤保险基金按伤残等级支付一次性伤残补助金，标准为：一级伤残为 27 个月的本人工资，二级伤残为 25 个月的本人工资，三级伤残为 23 个月的本人工资，四级伤残为 21 个月的本人工资；

（二）从工伤保险基金按月支付伤残津贴，标准为：一级伤残为本人工资的 90%，二级伤残为本人工资的 85%，三级伤残为本人工资的 80%，四级伤残为本人工资的 75%。伤残津贴实际金额低于当地最低工资标准的，由工伤保险基金补足差额；

（三）工伤职工达到退休年龄并办理退休手续后，停发伤残津贴，按照国家有关规定享受基本养老保险待遇。基本养老保险待遇低于伤残津贴的，由工伤保险基金补足差额。

职工因工致残被鉴定为一级至四级伤残的，由用人单位和职工个人以伤残津贴为基数，缴纳基本医疗保险费。

第三十六条 职工因工致残被鉴定为五级、六级伤残的，享受以下待遇：

（一）从工伤保险基金按伤残等级支付一次性伤残补助金，标准为：五级伤残为 18 个月的本人工资，六级伤残为 16 个月的本人工资；

（二）保留与用人单位的劳动关系，由用人单位安排适当工作。难以安排工作的，由用人单位按月发给伤残津贴，标准为：五级伤残为本人工资的 70%，六级伤残为本人工资的 60%，并由用人单位按照规定为其缴纳应缴纳的各项社会保险费。伤残津贴实际金额低于当地最低工资标准的，由用人单位补足差额。

经工伤职工本人提出，该职工可以与用人单位解除或者终止劳动关系，由工伤保险基金支付一次性工伤医疗补助金，由用人单位支付一次性伤残就业补助金。一次性工伤医疗补助金和一次性伤残就业补助金的具体标准由省、自治区、直辖市人民政府规定。

第三十七条 职工因工致残被鉴定为七级至十级伤残的，享受以下待遇：

（一）从工伤保险基金按伤残等级支付一次性伤残补助金，标准为：七级伤残为 13 个月的本人工资，八级伤残为 11 个月的本人工资，九级伤残为 9 个月的本人工资，十级伤残为 7 个月的本人工资；

（二）劳动、聘用合同期满终止，或者职工本人提出解除劳动、聘用合同的，由工伤保险基金支付一次性工伤医疗补助金，用人单位支付一次性伤残就业补助金。一次性工伤医疗补助金和一次性伤残就业补助金的具体标准由省、自治区、直辖市人民政府规定。

第三十八条　工伤职工工伤复发，确认需要治疗的，享受本条例第三十条、第三十二条和第三十三条规定的工伤待遇。

第三十九条　职工因工死亡，其近亲属按照下列规定从工伤保险基金领取丧葬补助金、供养亲属抚恤金和一次性工亡补助金：

（一）丧葬补助金为 6 个月的统筹地区上年度职工月平均工资；

（二）供养亲属抚恤金按照职工本人工资的一定比例发给由因工死亡职工生前提供主要生活来源、无劳动能力的亲属。标准为：配偶每月 40%，其他亲属每人每月 30%，孤寡老人或者孤儿每人每月在上述标准的基础上增加 10%。核定的各供养亲属的抚恤金之和不应高于因工死亡职工生前的工资。供养亲属的具体范围由国务院社会保险行政部门规定；

（三）一次性工亡补助金标准为上一年度全国城镇居民人均可支配收入的 20 倍。

伤残职工在停工留薪期内因工伤导致死亡的，其近亲属享受本条第一款规定的待遇。

一级至四级伤残职工在停工留薪期满后死亡的，其近亲属可以享受本条第一款第（一）项、第（二）项规定的待遇。

第四十条　伤残津贴、供养亲属抚恤金、生活护理费由统筹地区社会保险行政部门根据职工平均工资和生活费用变化等情况适时调整。调整办法由省、自治区、直辖市人民政府规定。

第四十一条　职工因工外出期间发生事故或者在抢险救灾中下落不明的，从事故发生当月起 3 个月内照发工资，从第 4 个月起停发工资，由工伤保险基金向其供养亲属按月支付供养亲属抚恤金。生活有困难的，可以预支一次性工亡补助金的 50%。职工被人民法院宣告死亡的，按照本条例第三十九条职工因工死亡的规定处理。

第四十二条　工伤职工有下列情形之一的，停止享受工伤保险待遇：

（一）丧失享受待遇条件的；

（二）拒不接受劳动能力鉴定的；

（三）拒绝治疗的。

第四十三条　用人单位分立、合并、转让的，承继单位应当承担原用人单位的工伤保险责任；原用人单位已经参加工伤保险的，承继单位应当到当地经办机构办理工伤保险变更登记。

用人单位实行承包经营的，工伤保险责任由职工劳动关系所在单位承担。

职工被借调期间受到工伤事故伤害的，由原用人单位承担工伤保险责任，但原用人单位与借调单位可以约定补偿办法。

企业破产的，在破产清算时依法拨付应当由单位支付的工伤保险待遇费用。

第四十四条　职工被派遣出境工作，依据前往国家或者地区的法律应当参加当地工伤保险的，参加当地工伤保险，其国内工伤保险关系中止；不能参加当地工伤保险的，其国内工伤保险关系不中止。

第四十五条　职工再次发生工伤，根据规定应当享受伤残津贴的，按照新认定的伤残等级享受伤残津贴待遇。

第六章 监督管理

第四十六条 经办机构具体承办工伤保险事务,履行下列职责:

(一)根据省、自治区、直辖市人民政府规定,征收工伤保险费;

(二)核查用人单位的工资总额和职工人数,办理工伤保险登记,并负责保存用人单位缴费和职工享受工伤保险待遇情况的记录;

(三)进行工伤保险的调查、统计;

(四)按照规定管理工伤保险基金的支出;

(五)按照规定核定工伤保险待遇;

(六)为工伤职工或者其近亲属免费提供咨询服务。

第四十七条 经办机构与医疗机构、辅助器具配置机构在平等协商的基础上签订服务协议,并公布签订服务协议的医疗机构、辅助器具配置机构的名单。具体办法由国务院社会保险行政部门分别会同国务院卫生行政部门、民政部门等部门制定。

第四十八条 经办机构按照协议和国家有关目录、标准对工伤职工医疗费用、康复费用、辅助器具费用的使用情况进行核查,并按时足额结算费用。

第四十九条 经办机构应当定期公布工伤保险基金的收支情况,及时向社会保险行政部门提出调整费率的建议。

第五十条 社会保险行政部门、经办机构应当定期听取工伤职工、医疗机构、辅助器具配置机构以及社会各界对改进工伤保险工作的意见。

第五十一条 社会保险行政部门依法对工伤保险费的征缴和工伤保险基金的支付情况进行监督检查。

第五十二条 任何组织和个人对有关工伤保险的违法行为,有权举报。社会保险行政部门对举报应当及时调查,按照规定处理,并为举报人保密。

第五十三条 工会组织依法维护工伤职工的合法权益,对用人单位的工伤保险工作实行监督。

第五十四条 职工与用人单位发生工伤待遇方面的争议,按照处理劳动争议的有关规定处理。

第五十五条 有下列情形之一的,有关单位或者个人可以依法申请行政复议,也可以依法向人民法院提起行政诉讼:

(一)申请工伤认定的职工或者其近亲属、该职工所在单位对工伤认定申请不予受理的决定不服的;

(二)申请工伤认定的职工或者其近亲属、该职工所在单位对工伤认定结论不服的;

(三)用人单位对经办机构确定的单位缴费费率不服的;

(四)签订服务协议的医疗机构、辅助器具配置机构认为经办机构未履行有关协议或者规定的;

（五）工伤职工或者其近亲属对经办机构核定的工伤保险待遇有异议的。

第七章 法律责任

第五十六条 单位或者个人违反本条例第十二条规定挪用工伤保险基金，构成犯罪的，依法追究刑事责任；尚不构成犯罪的，依法给予处分或者纪律处分。被挪用的基金由社会保险行政部门追回，并入工伤保险基金；没收的违法所得依法上缴国库。

第五十七条 社会保险行政部门工作人员有下列情形之一的，依法给予处分；情节严重，构成犯罪的，依法追究刑事责任：

（一）无正当理由不受理工伤认定申请，或者弄虚作假将不符合工伤条件的人员认定为工伤职工的；

（二）未妥善保管申请工伤认定的证据材料，致使有关证据灭失的；

（三）收受当事人财物的。

第五十八条 经办机构有下列行为之一的，由社会保险行政部门责令改正，对直接负责的主管人员和其他责任人员依法给予纪律处分；情节严重，构成犯罪的，依法追究刑事责任；造成当事人经济损失的，由经办机构依法承担赔偿责任：

（一）未按规定保存用人单位缴费和职工享受工伤保险待遇情况记录的；

（二）不按规定核定工伤保险待遇的；

（三）收受当事人财物的。

第五十九条 医疗机构、辅助器具配置机构不按服务协议提供服务的，经办机构可以解除服务协议。

经办机构不按时足额结算费用的，由社会保险行政部门责令改正；医疗机构、辅助器具配置机构可以解除服务协议。

第六十条 用人单位、工伤职工或者其近亲属骗取工伤保险待遇，医疗机构、辅助器具配置机构骗取工伤保险基金支出的，由社会保险行政部门责令退还，处骗取金额 2 倍以上 5 倍以下的罚款；情节严重，构成犯罪的，依法追究刑事责任。

第六十一条 从事劳动能力鉴定的组织或者个人有下列情形之一的，由社会保险行政部门责令改正，处 2000 元以上 1 万元以下的罚款；情节严重，构成犯罪的，依法追究刑事责任：

（一）提供虚假鉴定意见的；

（二）提供虚假诊断证明的；

（三）收受当事人财物的。

第六十二条 用人单位依照本条例规定应当参加工伤保险而未参加的，由社会保险行政部门责令限期参加，补缴应当缴纳的工伤保险费，并自欠缴之日起，按日加收万分之五的滞纳金；逾期仍不缴纳的，处欠缴数额 1 倍以上 3 倍以下的罚款。

依照本条例规定应当参加工伤保险而未参加工伤保险的用人单位职工发生工伤的，由该用人单位按照本条例规定的工伤保险待遇项目和标准支付费用。

用人单位参加工伤保险并补缴应当缴纳的工伤保险费、滞纳金后，由工伤保险基金和用人单位依照本条例的规定支付新发生的费用。

第六十三条 用人单位违反本条例第十九条的规定，拒不协助社会保险行政部门对事故进行调查核实的，由社会保险行政部门责令改正，处 2000 元以上 2 万元以下的罚款。

第八章 附 则

第六十四条 本条例所称工资总额，是指用人单位直接支付给本单位全部职工的劳动报酬总额。

本条例所称本人工资，是指工伤职工因工作遭受事故伤害或者患职业病前 12 个月平均月缴费工资。本人工资高于统筹地区职工平均工资 300% 的，按照统筹地区职工平均工资的 300% 计算；本人工资低于统筹地区职工平均工资 60% 的，按照统筹地区职工平均工资的 60% 计算。

第六十五条 公务员和参照公务员法管理的事业单位、社会团体的工作人员因工作遭受事故伤害或者患职业病的，由所在单位支付费用。具体办法由国务院社会保险行政部门会同国务院财政部门规定。

第六十六条 无营业执照或者未经依法登记、备案的单位以及被依法吊销营业执照或者撤销登记、备案的单位的职工受到事故伤害或者患职业病的，由该单位向伤残职工或者死亡职工的近亲属给予一次性赔偿，赔偿标准不得低于本条例规定的工伤保险待遇；用人单位不得使用童工，用人单位使用童工造成童工伤残、死亡的，由该单位向童工或者童工的近亲属给予一次性赔偿，赔偿标准不得低于本条例规定的工伤保险待遇。具体办法由国务院社会保险行政部门规定。

前款规定的伤残职工或者死亡职工的近亲属就赔偿数额与单位发生争议的，以及前款规定的童工或者童工的近亲属就赔偿数额与单位发生争议的，按照处理劳动争议的有关规定处理。

第六十七条 本条例自 2004 年 1 月 1 日起施行。本条例施行前已受到事故伤害或者患职业病的职工尚未完成工伤认定的，按照本条例的规定执行。

11.1.2 工伤职工劳动能力鉴定管理办法（2018 年 12 月 14 日修订）

第一章 总 则

第一条 为了加强劳动能力鉴定管理，规范劳动能力鉴定程序，根据《中华人民共和国社会保险法》、《中华人民共和国职业病防治法》和《工伤保险条例》，制定本办法。

第二条 劳动能力鉴定委员会依据《劳动能力鉴定 职工工伤与职业病致残等级》国家标准，对工伤职工劳动功能障碍程度和生活自理障碍程度组织进行技术性等级鉴定，适用本办法。

第三条 省、自治区、直辖市劳动能力鉴定委员会和设区的市级（含直辖市的市辖区、县，下同）劳动能力鉴定委员会分别由省、自治区、直辖市和设区的市级人力资源社会保障行政部门、卫生计生行政部门、工会组织、用人单位代表以及社会保险经办机构代表组成。承担劳动能力鉴定委员会日常工作的机构，其设置方式由各地根据实际情况决定。

第四条 劳动能力鉴定委员会履行下列职责：

（一）选聘医疗卫生专家，组建医疗卫生专家库，对专家进行培训和管理；

（二）组织劳动能力鉴定；

（三）根据专家组的鉴定意见作出劳动能力鉴定结论；

（四）建立完整的鉴定数据库，保管鉴定工作档案 50 年；

（五）法律、法规、规章规定的其他职责。

第五条 设区的市级劳动能力鉴定委员会负责本辖区内的劳动能力初次鉴定、复查鉴定。省、自治区、直辖市劳动能力鉴定委员会负责对初次鉴定或者复查鉴定结论不服提出的再次鉴定。

第六条 劳动能力鉴定相关政策、工作制度和业务流程应当向社会公开。

第二章　鉴定程序

第七条 职工发生工伤，经治疗伤情相对稳定后存在残疾、影响劳动能力的，或者停工留薪期满（含劳动能力鉴定委员会确认的延长期限），工伤职工或者其用人单位应当及时向设区的市级劳动能力鉴定委员会提出劳动能力鉴定申请。

第八条 申请劳动能力鉴定应当填写劳动能力鉴定申请表，并提交下列材料：

（一）有效的诊断证明、按照医疗机构病历管理有关规定复印或者复制的检查、检验报告等完整病历材料；

（二）工伤职工的居民身份证或者社会保障卡等其他有效身份证明原件。

第九条 劳动能力鉴定委员会收到劳动能力鉴定申请后，应当及时对申请人提交的材料进行审核；申请人提供材料不完整的，劳动能力鉴定委员会应当自收到劳动能力鉴定申请之日起 5 个工作日内一次性书面告知申请人需要补正的全部材料。申请人提供材料完整的，劳动能力鉴定委员会应当及时组织鉴定，并在收到劳动能力鉴定申请之日起 60 日内作出劳动能力鉴定结论。伤情复杂、涉及医疗卫生专业较多的，作出劳动能力鉴定结论的期限可以延长 30 日。

第十条 劳动能力鉴定委员会应当视伤情程度等从医疗卫生专家库中随机抽取 3 名或者 5 名与工伤职工伤情相关科别的专家组成专家组进行鉴定。

第十一条 劳动能力鉴定委员会应当提前通知工伤职工进行鉴定的时间、地点以及应当携带的材料。工伤职工应当按照通知的时间、地点参加现场鉴定。对行动不便的工伤职工，劳动能力鉴定委员会可以组织专家上门进行劳动能力鉴定。组织劳动能力鉴定的工作人员应当对工伤职工的身份进行核实。工伤职工因故不能按时参加鉴定的，经劳动能力鉴定委员会同意，可以调整现场鉴定的时间，作出劳动能力鉴定结论的期限相应顺延。

第十二条 因鉴定工作需要，专家组提出应当进行有关检查和诊断的，劳动能力鉴定委员会可以委托具备资格的医疗机构协助进行有关的检查和诊断。

第十三条 专家组根据工伤职工伤情，结合医疗诊断情况，依据《劳动能力鉴定 职工工伤与职业病致残等级》国家标准提出鉴定意见。参加鉴定的专家都应当签署意见并签名。专家意见不一致时，按照少数服从多数的原则确定专家组的鉴定意见。

第十四条　劳动能力鉴定委员会根据专家组的鉴定意见作出劳动能力鉴定结论。劳动能力鉴定结论书应当载明下列事项：（一）工伤职工及其用人单位的基本信息；（二）伤情介绍，包括伤残部位、器官功能障碍程度、诊断情况等；（三）作出鉴定的依据；（四）鉴定结论。

第十五条　劳动能力鉴定委员会应当自作出鉴定结论之日起 20 日内将劳动能力鉴定结论及时送达工伤职工及其用人单位，并抄送社会保险经办机构。

第十六条　工伤职工或者其用人单位对初次鉴定结论不服的，可以在收到该鉴定结论之日起 15 日内向省、自治区、直辖市劳动能力鉴定委员会申请再次鉴定。申请再次鉴定，应当提供劳动能力鉴定申请表，以及工伤职工的居民身份证或者社会保障卡等有效身份证明原件。省、自治区、直辖市劳动能力鉴定委员会作出的劳动能力鉴定结论为最终结论。

第十七条　自劳动能力鉴定结论作出之日起 1 年后，工伤职工、用人单位或者社会保险经办机构认为伤残情况发生变化的，可以向设区的市级劳动能力鉴定委员会申请劳动能力复查鉴定。对复查鉴定结论不服的，可以按照本办法第十六条规定申请再次鉴定。

第十八条　工伤职工本人因身体等原因无法提出劳动能力初次鉴定、复查鉴定、再次鉴定申请的，可由其近亲属代为提出。

第十九条　再次鉴定和复查鉴定的程序、期限等按照本办法第九条至第十五条的规定执行。

第三章　监督管理

第二十条　劳动能力鉴定委员会应当每 3 年对专家库进行一次调整和补充，实行动态管理。确有需要的，可以根据实际情况适时调整。

第二十一条　劳动能力鉴定委员会选聘医疗卫生专家，聘期一般为 3 年，可以连续聘任。聘任的专家应当具备下列条件：

（一）具有医疗卫生高级专业技术职务任职资格；

（二）掌握劳动能力鉴定的相关知识；

（三）具有良好的职业品德。

第二十二条　参加劳动能力鉴定的专家应当按照规定的时间、地点进行现场鉴定，严格执行劳动能力鉴定政策和标准，客观、公正地提出鉴定意见。

第二十三条　用人单位、工伤职工或者其近亲属应当如实提供鉴定需要的材料，遵守劳动能力鉴定相关规定，按照要求配合劳动能力鉴定工作。工伤职工有下列情形之一的，当次鉴定终止：

（一）无正当理由不参加现场鉴定的；

（二）拒不参加劳动能力鉴定委员会安排的检查和诊断的。

第二十四条　医疗机构及其医务人员应当如实出具与劳动能力鉴定有关的各项诊断证明和病历材料。

第二十五条 劳动能力鉴定委员会组成人员、劳动能力鉴定工作人员以及参加鉴定的专家与当事人有利害关系的，应当回避。

第二十六条 任何组织或者个人有权对劳动能力鉴定中的违法行为进行举报、投诉。

第四章　法律责任

第二十七条 劳动能力鉴定委员会和承担劳动能力鉴定委员会日常工作的机构及其工作人员在从事或者组织劳动能力鉴定时，有下列行为之一的，由人力资源社会保障行政部门或者有关部门责令改正，对直接负责的主管人员和其他直接责任人员依法给予相应处分；构成犯罪的，依法追究刑事责任：

（一）未及时审核并书面告知申请人需要补正的全部材料的；

（二）未在规定期限内作出劳动能力鉴定结论的；

（三）未按照规定及时送达劳动能力鉴定结论的；

（四）未按照规定随机抽取相关科别专家进行鉴定的；

（五）擅自篡改劳动能力鉴定委员会作出的鉴定结论的；

（六）利用职务之便非法收受当事人财物的；

（七）有违反法律法规和本办法的其他行为的。

第二十八条 从事劳动能力鉴定的专家有下列行为之一的，劳动能力鉴定委员会应当予以解聘；情节严重的，由卫生计生行政部门依法处理：

（一）提供虚假鉴定意见的；

（二）利用职务之便非法收受当事人财物的；

（三）无正当理由不履行职责的；

（四）有违反法律法规和本办法的其他行为的。

第二十九条 参与工伤救治、检查、诊断等活动的医疗机构及其医务人员有下列情形之一的，由卫生计生行政部门依法处理：

（一）提供与病情不符的虚假诊断证明的；

（二）篡改、伪造、隐匿、销毁病历材料的；

（三）无正当理由不履行职责的。

第三十条 以欺诈、伪造证明材料或者其他手段骗取鉴定结论、领取工伤保险待遇的，按照《中华人民共和国社会保险法》第八十八条的规定，由人力资源社会保障行政部门责令退回骗取的社会保险金，处骗取金额2倍以上5倍以下的罚款。

第五章　附　则

第三十一条 未参加工伤保险的公务员和参照公务员法管理的事业单位、社会团体工作人员因工（公）致残的劳动能力鉴定，参照本办法执行。

第三十二条 本办法中的劳动能力鉴定申请表、初次（复查）鉴定结论书、再次鉴定结论书、劳动能力鉴定材料收讫补正告知书等文书基本样式由人力资源社会保障部制定。

第三十三条 本办法自2014年4月1日起施行。

11.1.3　人力资源社会保障部关于执行《工伤保险条例》若干问题的意见（人社部发〔2013〕34 号）

各省、自治区、直辖市及新疆生产建设兵团人力资源社会保障厅（局）：

《国务院关于修改〈工伤保险条例〉的决定》（国务院令第 586 号）已经于 2011 年 1 月 1 日实施。为贯彻执行新修订的《工伤保险条例》，妥善解决实际工作中的问题，更好地保障职工和用人单位的合法权益，现提出如下意见。

一、《工伤保险条例》（以下简称《条例》）第十四条第（五）项规定的"因工外出期间"的认定，应当考虑职工外出是否属于用人单位指派的因工作外出，遭受的事故伤害是否因工作原因所致。

二、《条例》第十四条第（六）项规定的"非本人主要责任"的认定，应当以有关机关出具的法律文书或者人民法院的生效裁决为依据。

三、《条例》第十六条第（一）项"故意犯罪"的认定，应当以司法机关的生效法律文书或者结论性意见为依据。

四、《条例》第十六条第（二）项"醉酒或者吸毒"的认定，应当以有关机关出具的法律文书或者人民法院的生效裁决为依据。无法获得上述证据的，可以结合相关证据认定。

五、社会保险行政部门受理工伤认定申请后，发现劳动关系存在争议且无法确认的，应告知当事人可以向劳动人事争议仲裁委员会申请仲裁。在此期间，作出工伤认定决定的时限中止，并书面通知申请工伤认定的当事人。劳动关系依法确认后，当事人应将有关法律文书送交受理工伤认定申请的社会保险行政部门，该部门自收到生效法律文书之日起恢复工伤认定程序。

六、符合《条例》第十五条第（一）项情形的，职工所在用人单位原则上应自职工死亡之日起 5 个工作日内向用人单位所在统筹地区社会保险行政部门报告。

七、具备用工主体资格的承包单位违反法律、法规规定，将承包业务转包、分包给不具备用工主体资格的组织或者自然人，该组织或者自然人招用的劳动者从事承包业务时因工伤亡的，由该具备用工主体资格的承包单位承担用人单位依法应承担的工伤保险责任。

八、曾经从事接触职业病危害作业、当时没有发现罹患职业病、离开工作岗位后被诊断或鉴定为职业病的符合下列条件的人员，可以自诊断、鉴定为职业病之日起一年内申请工伤认定，社会保险行政部门应当受理：

（一）办理退休手续后，未再从事接触职业病危害作业的退休人员；

（二）劳动或聘用合同期满后或者本人提出而解除劳动或聘用合同后，未再从事接触职业病危害作业的人员。

经工伤认定和劳动能力鉴定，前款第（一）项人员符合领取一次性伤残补助金条件的，按就高原则以本人退休前 12 个月平均月缴费工资或者确诊职业病前 12 个月的月平均养老金为基数计发。前款第（二）项人员被鉴定为一级至十级伤残、按《条例》规定应以本人工资作为基数享受相关待遇的，按本人终止或者解除劳动、聘用合同前 12 个月平均月缴费工资计发。

九、按照本意见第八条规定被认定为工伤的职业病人员，职业病诊断证明书（或职业病诊断鉴定书）中明确的用人单位，在该职工从业期间依法为其缴纳工伤保险费的，按《条例》的规定，分别由工伤保险基金和用人单位支付工伤保险待遇；未依法为该职工缴纳工伤保险费的，由用人单位按照《条例》规定的相关项目和标准支付待遇。

十、职工在同一用人单位连续工作期间多次发生工伤的，符合《条例》第三十六、第三十七条规定领取相关待遇时，按照其在同一用人单位发生工伤的最高伤残级别，计发一次性伤残就业补助金和一次性工伤医疗补助金。

十一、依据《条例》第四十二条的规定停止支付工伤保险待遇的，在停止支付待遇的情形消失后，自下月起恢复工伤保险待遇，停止支付的工伤保险待遇不予补发。

十二、《条例》第六十二条第三款规定的"新发生的费用"，是指用人单位职工参加工伤保险前发生工伤的，在参加工伤保险后新发生的费用。

十三、由工伤保险基金支付的各项待遇应按《条例》相关规定支付，不得采取将长期待遇改为一次性支付的办法。

十四、核定工伤职工工伤保险待遇时，若上一年度相关数据尚未公布，可暂按前一年度的全国城镇居民人均可支配收入、统筹地区职工月平均工资核定和计发，待相关数据公布后再重新核定，社会保险经办机构或者用人单位予以补发差额部分。

本意见自发文之日起执行，此前有关规定与本意见不一致的，按本意见执行。执行中有重大问题，请及时报告我部。

11.1.4　人力资源社会保障部关于执行《工伤保险条例》若干问题的意见（二）（人社部发〔2016〕29号）

各省、自治区、直辖市及新疆生产建设兵团人力资源社会保障厅（局）：

为更好地贯彻执行新修订的《工伤保险条例》，提高依法行政能力和水平，妥善解决实际工作中的问题，保障职工和用人单位合法权益，现提出如下意见：

一、一级至四级工伤职工死亡，其近亲属同时符合领取工伤保险丧葬补助金、供养亲属抚恤金待遇和职工基本养老保险丧葬补助金、抚恤金待遇条件的，由其近亲属选择领取工伤保险或职工基本养老保险其中一种。

二、达到或超过法定退休年龄，但未办理退休手续或者未依法享受城镇职工基本养老保险待遇，继续在原用人单位工作期间受到事故伤害或患职业病的，用人单位依法承担工伤保险责任。

用人单位招用已经达到、超过法定退休年龄或已经领取城镇职工基本养老保险待遇的人员，在用工期间因工作原因受到事故伤害或患职业病的，如招用单位已按项目参保等方式为其缴纳工伤保险费的，应适用《工伤保险条例》。

三、《工伤保险条例》第六十二条规定的"新发生的费用"，是指用人单位参加工保险前发生工伤的职工，在参加工伤保险后新发生的费用。其中由工伤保险基金支付的费用，按不同情况予以处理：

（一）因工受伤的，支付参保后新发生的工伤医疗费、工伤康复费、住院伙食补助费、统筹地区以外就医交通食宿费、辅助器具配置费、生活护理费、一级至四级伤残职工伤残津贴，以及参保后解除劳动合同时的一次性工伤医疗补助金；

（二）因工死亡的，支付参保后新发生的符合条件的供养亲属抚恤金。

四、职工在参加用人单位组织或者受用人单位指派参加其他单位组织的活动中受到事故伤害的，应当视为工作原因，但参加与工作无关的活动除外。

五、职工因工作原因驻外，有固定的住所、有明确的作息时间，工伤认定时按照在驻在地当地正常工作的情形处理。

六、职工以上下班为目的、在合理时间内往返于工作单位和居住地之间的合理路线，视为上下班途中。

七、用人单位注册地与生产经营地不在同一统筹地区的，原则上应在注册地为职工参加工伤保险；未在注册地参加工伤保险的职工，可由用人单位在生产经营地为其参加工伤保险。

劳务派遣单位跨地区派遣劳动者，应根据《劳务派遣暂行规定》参加工伤保险。建筑施工企业按项目参保的，应在施工项目所在地参加工伤保险。

职工受到事故伤害或者患职业病后，在参保地进行工伤认定、劳动能力鉴定，并按照参保地的规定依法享受工伤保险待遇；未参加工伤保险的职工，应当在生产经营地进行工伤认定、劳动能力鉴定，并按照生产经营地的规定依法由用人单位支付工伤保险待遇。

八、有下列情形之一的，被延误的时间不计算在工伤认定申请时限内。

（一）受不可抗力影响的；

（二）职工由于被国家机关依法采取强制措施等人身自由受到限制不能申请工伤认定的；

（三）申请人正式提交了工伤认定申请，但因社会保险机构未登记或者材料遗失等原因造成申请超时限的；

（四）当事人就确认劳动关系申请劳动仲裁或提起民事诉讼的；

（五）其他符合法律法规规定的情形。

九、《工伤保险条例》第六十七条规定的"尚未完成工伤认定的"，是指在《工伤保险条例》施行前遭受事故伤害或被诊断鉴定为职业病，且在工伤认定申请法定时限内（从《工伤保险条例》施行之日起算）提出工伤认定申请，尚未做出工伤认定的情形。

十、因工伤认定申请人或者用人单位隐瞒有关情况或者提供虚假材料，导致工伤认定决定错误的，社会保险行政部门发现后，应当及时予以更正。

本意见自发文之日起执行，此前有关规定与本意见不一致的，按本意见执行。执行中有重大问题，请及时报告我部。

11.1.5 社会保险基金先行支付暂行办法（2018 年 12 月 14 日修订）

第一条 为了维护公民的社会保险合法权益，规范社会保险基金先行支付管理，根据《中华人民共和国社会保险法》（以下简称社会保险法）和《工伤保险条例》，制定本办法。

第二条 参加基本医疗保险的职工或者居民（以下简称个人）由于第三人的侵权行为造成伤病的，其医疗费用应当由第三人按照确定的责任大小依法承担。超过第三人责任部分的医疗费用，由基本医疗保险基金按照国家规定支付。

前款规定中应当由第三人支付的医疗费用，第三人不支付或者无法确定第三人的，在医疗费用结算时，个人可以向参保地社会保险经办机构书面申请基本医疗保险基金先行支付，并告知造成其伤病的原因和第三人不支付医疗费用或者无法确定第三人的情况。

第三条 社会保险经办机构接到个人根据第二条规定提出的申请后，经审核确定其参加基本医疗保险的，应当按照统筹地区基本医疗保险基金支付的规定先行支付相应部分的医疗费用。

第四条 个人由于第三人的侵权行为造成伤病被认定为工伤，第三人不支付工伤医疗费用或者无法确定第三人的，个人或者其近亲属可以向社会保险经办机构书面申请工伤保险基金先行支付，并告知第三人不支付或者无法确定第三人的情况。

第五条 社会保险经办机构接到个人根据第四条规定提出的申请后，应当审查个人获得基本医疗保险基金先行支付和其所在单位缴纳工伤保险费等情况，并按照下列情形分别处理：

（一）对于个人所在用人单位已经依法缴纳工伤保险费，且在认定工伤之前基本医疗保险基金有先行支付的，社会保险经办机构应当按照工伤保险有关规定，用工伤保险基金先行支付超出基本医疗保险基金先行支付部分的医疗费用，并向基本医疗保险基金退还先行支付的费用；

（二）对于个人所在用人单位已经依法缴纳工伤保险费，在认定工伤之前基本医疗保险基金无先行支付的，社会保险经办机构应当用工伤保险基金先行支付工伤医疗费用；

（三）对于个人所在用人单位未依法缴纳工伤保险费，且在认定工伤之前基本医疗保险基金有先行支付的，社会保险经办机构应当在 3 个工作日内向用人单位发出书面催告通知，要求用人单位在 5 个工作日内依法支付超出基本医疗保险基金先行支付部分的医疗费用，并向基本医疗保险基金偿还先行支付的医疗费用。用人单位在规定时间内不支付其余部分医疗费用的，社会保险经办机构应当用工伤保险基金先行支付；

（四）对于个人所在用人单位未依法缴纳工伤保险费，在认定工伤之前基本医疗保险基金无先行支付的，社会保险经办机构应当在 3 个工作日向用人单位发出书面催告通知，要求用人单位在 5 个工作日内依法支付全部工伤医疗费用；用人单位在规定时间内不支付的，社会保险经办机构应当用工伤保险基金先行支付。

第六条 职工所在用人单位未依法缴纳工伤保险费，发生工伤事故的，用人单位应当采取措施及时救治，并按照规定的工伤保险待遇项目和标准支付费用。

职工被认定为工伤后，有下列情形之一的，职工或者其近亲属可以持工伤认定决定书和有关材料向社会保险经办机构书面申请先行支付工伤保险待遇：

（一）用人单位被依法吊销营业执照或者撤销登记、备案的；

（二）用人单位拒绝支付全部或者部分费用的；

（三）依法经仲裁、诉讼后仍不能获得工伤保险待遇，法院出具中止执行文书的；

（四）职工认为用人单位不支付的其他情形。

第七条　社会保险经办机构收到职工或者其近亲属根据第六条规定提出的申请后，应当在 3 个工作日内向用人单位发出书面催告通知，要求其在 5 个工作日内予以核实并依法支付工伤保险待遇，告知其如在规定期限内不按时足额支付的，工伤保险基金在按照规定先行支付后，取得要求其偿还的权利。

第八条　用人单位未按照第七条规定按时足额支付的，社会保险经办机构应当按照社会保险法和《工伤保险条例》的规定，先行支付工伤保险待遇项目中应当由工伤保险基金支付的项目。

第九条　个人或者其近亲属提出先行支付医疗费用、工伤医疗费用或者工伤保险待遇申请，社会保险经办机构经审核不符合先行支付条件的，应当在收到申请后 5 个工作日内作出不予先行支付的决定，并书面通知申请人。

第十条　个人申请先行支付医疗费用、工伤医疗费用或者工伤保险待遇的，应当提交所有医疗诊断、鉴定等费用的原始票据等证据。社会保险经办机构应当保留所有原始票据等证据，要求申请人在先行支付凭据上签字确认，凭原始票据等证据先行支付医疗费用、工伤医疗费用或者工伤保险待遇。

个人因向第三人或者用人单位请求赔偿需要医疗费用、工伤医疗费用或者工伤保险待遇的原始票据等证据的，可以向社会保险经办机构索取复印件，并将第三人或者用人单位赔偿情况及时告知社会保险经办机构。

第十一条　个人已经从第三人或者用人单位处获得医疗费用、工伤医疗费用或者工伤保险待遇的，应当主动将先行支付金额中应当由第三人承担的部分或者工伤保险基金先行支付的工伤保险待遇退还给基本医疗保险基金或者工伤保险基金，社会保险经办机构不再向第三人或者用人单位追偿。

个人拒不退还的，社会保险经办机构可以从以后支付的相关待遇中扣减其应当退还的数额，或者向人民法院提起诉讼。

第十二条　社会保险经办机构按照本办法第三条规定先行支付医疗费用或者按照第五条第一项、第二项规定先行支付工伤医疗费用后，有关部门确定了第三人责任的，应当要求第三人按照确定的责任大小依法偿还先行支付数额中的相应部分。第三人逾期不偿还的，社会保险经办机构应当依法向人民法院提起诉讼。

第十三条　社会保险经办机构按照本办法第五条第三项、第四项和第六条、第七条、第八条的规定先行支付工伤保险待遇后，应当责令用人单位在 10 日内偿还。

用人单位逾期不偿还的，社会保险经办机构可以按照社会保险法第六十三条的规定，向银行和其他金融机构查询其存款账户，申请县级以上社会保险行政部门作出划拨应偿还款项的决定，并书面通知用人单位开户银行或者其他金融机构划拨其应当偿还的数额。

用人单位账户余额少于应当偿还数额的，社会保险经办机构可以要求其提供担保，签订延期还款协议。

用人单位未按时足额偿还且未提供担保的，社会保险经办机构可以申请人民法院扣押、查封、拍卖其价值相当于应当偿还数额的财产，以拍卖所得偿还所欠数额。

第十四条 社会保险经办机构向用人单位追偿工伤保险待遇发生的合理费用以及用人单位逾期偿还部分的利息损失等，应当由用人单位承担。

第十五条 用人单位不支付依法应当由其支付的工伤保险待遇项目的，职工可以依法申请仲裁、提起诉讼。

第十六条 个人隐瞒已经从第三人或者用人单位处获得医疗费用、工伤医疗费用或者工伤保险待遇，向社会保险经办机构申请并获得社会保险基金先行支付的，按照社会保险法第八十八条的规定处理。

第十七条 用人单位对社会保险经办机构作出先行支付的追偿决定不服或者对社会保险行政部门作出的划拨决定不服的，可以依法申请行政复议或者提起行政诉讼。

个人或者其近亲属对社会保险经办机构作出不予先行支付的决定不服或者对先行支付的数额不服的，可以依法申请行政复议或者提起行政诉讼。

第十八条 本办法自 2011 年 7 月 1 日起施行。

11.1.6 中华人民共和国职业病防治法（2018 年 12 月 29 日修订）

第一章 总 则

第一条 为了预防、控制和消除职业病危害，防治职业病，保护劳动者健康及其相关权益，促进经济社会发展，根据宪法，制定本法。

第二条 本法适用于中华人民共和国领域内的职业病防治活动。

本法所称职业病，是指企业、事业单位和个体经济组织等用人单位的劳动者在职业活动中，因接触粉尘、放射性物质和其他有毒、有害因素而引起的疾病。

职业病的分类和目录由国务院卫生行政部门会同国务院劳动保障行政部门制定、调整并公布。

第三条 职业病防治工作坚持预防为主、防治结合的方针，建立用人单位负责、行政机关监管、行业自律、职工参与和社会监督的机制，实行分类管理、综合治理。

第四条 劳动者依法享有职业卫生保护的权利。

用人单位应当为劳动者创造符合国家职业卫生标准和卫生要求的工作环境和条件，并采取措施保障劳动者获得职业卫生保护。

工会组织依法对职业病防治工作进行监督，维护劳动者的合法权益。用人单位制定或者修改有关职业病防治的规章制度，应当听取工会组织的意见。

第五条　用人单位应当建立、健全职业病防治责任制，加强对职业病防治的管理，提高职业病防治水平，对本单位产生的职业病危害承担责任。

第六条　用人单位的主要负责人对本单位的职业病防治工作全面负责。

第七条　用人单位必须依法参加工伤保险。

国务院和县级以上地方人民政府劳动保障行政部门应当加强对工伤保险的监督管理，确保劳动者依法享受工伤保险待遇。

第八条　国家鼓励和支持研制、开发、推广、应用有利于职业病防治和保护劳动者健康的新技术、新工艺、新设备、新材料，加强对职业病的机理和发生规律的基础研究，提高职业病防治科学技术水平；积极采用有效的职业病防治技术、工艺、设备、材料；限制使用或者淘汰职业病危害严重的技术、工艺、设备、材料。

国家鼓励和支持职业病医疗康复机构的建设。

第九条　国家实行职业卫生监督制度。

国务院卫生行政部门、劳动保障行政部门依照本法和国务院确定的职责，负责全国职业病防治的监督管理工作。国务院有关部门在各自的职责范围内负责职业病防治的有关监督管理工作。

县级以上地方人民政府卫生行政部门、劳动保障行政部门依据各自职责，负责本行政区域内职业病防治的监督管理工作。县级以上地方人民政府有关部门在各自的职责范围内负责职业病防治的有关监督管理工作。

县级以上人民政府卫生行政部门、劳动保障行政部门（以下统称职业卫生监督管理部门）应当加强沟通，密切配合，按照各自职责分工，依法行使职权，承担责任。

第十条　国务院和县级以上地方人民政府应当制定职业病防治规划，将其纳入国民经济和社会发展计划，并组织实施。

县级以上地方人民政府统一负责、领导、组织、协调本行政区域的职业病防治工作，建立健全职业病防治工作体制、机制，统一领导、指挥职业卫生突发事件应对工作；加强职业病防治能力建设和服务体系建设，完善、落实职业病防治工作责任制。

乡、民族乡、镇的人民政府应当认真执行本法，支持职业卫生监督管理部门依法履行职责。

第十一条　县级以上人民政府职业卫生监督管理部门应当加强对职业病防治的宣传教育，普及职业病防治的知识，增强用人单位的职业病防治观念，提高劳动者的职业健康意识、自我保护意识和行使职业卫生保护权利的能力。

第十二条　有关防治职业病的国家职业卫生标准，由国务院卫生行政部门组织制定并公布。

国务院卫生行政部门应当组织开展重点职业病监测和专项调查，对职业健康风险进行评估，为制定职业卫生标准和职业病防治政策提供科学依据。

县级以上地方人民政府卫生行政部门应当定期对本行政区域的职业病防治情况进行统计和调查分析。

第十三条 任何单位和个人有权对违反本法的行为进行检举和控告。有关部门收到相关的检举和控告后，应当及时处理。

对防治职业病成绩显著的单位和个人，给予奖励。

第二章 前期预防

第十四条 用人单位应当依照法律、法规要求，严格遵守国家职业卫生标准，落实职业病预防措施，从源头上控制和消除职业病危害。

第十五条 产生职业病危害的用人单位的设立除应当符合法律、行政法规规定的设立条件外，其工作场所还应当符合下列职业卫生要求：

（一）职业病危害因素的强度或者浓度符合国家职业卫生标准；

（二）有与职业病危害防护相适应的设施；

（三）生产布局合理，符合有害与无害作业分开的原则；

（四）有配套的更衣间、洗浴间、孕妇休息间等卫生设施；

（五）设备、工具、用具等设施符合保护劳动者生理、心理健康的要求；

（六）法律、行政法规和国务院卫生行政部门关于保护劳动者健康的其他要求。

第十六条 国家建立职业病危害项目申报制度。

用人单位工作场所存在职业病目录所列职业病的危害因素的，应当及时、如实向所在地卫生行政部门申报危害项目，接受监督。

职业病危害因素分类目录由国务院卫生行政部门制定、调整并公布。职业病危害项目申报的具体办法由国务院卫生行政部门制定。

第十七条 新建、扩建、改建建设项目和技术改造、技术引进项目（以下统称建设项目）可能产生职业病危害的，建设单位在可行性论证阶段应当进行职业病危害预评价。

医疗机构建设项目可能产生放射性职业病危害的，建设单位应当向卫生行政部门提交放射性职业病危害预评价报告。卫生行政部门应当自收到预评价报告之日起三十日内，作出审核决定并书面通知建设单位。未提交预评价报告或者预评价报告未经卫生行政部门审核同意的，不得开工建设。

职业病危害预评价报告应当对建设项目可能产生的职业病危害因素及其对工作场所和劳动者健康的影响作出评价，确定危害类别和职业病防护措施。

建设项目职业病危害分类管理办法由国务院卫生行政部门制定。

第十八条 建设项目的职业病防护设施所需费用应当纳入建设项目工程预算，并与主体工程同时设计，同时施工，同时投入生产和使用。

建设项目的职业病防护设施设计应当符合国家职业卫生标准和卫生要求；其中，医疗机构放射性职业病危害严重的建设项目的防护设施设计，应当经卫生行政部门审查同意后，方可施工。

建设项目在竣工验收前，建设单位应当进行职业病危害控制效果评价。

医疗机构可能产生放射性职业病危害的建设项目竣工验收时，其放射性职业病防护设施经卫生行政部门验收合格后，方可投入使用；其他建设项目的职业病防护设施应当由建设单位负责依法组织验收，验收合格后，方可投入生产和使用。卫生行政部门应当加强对建设单位组织的验收活动和验收结果的监督核查。

第十九条 国家对从事放射性、高毒、高危粉尘等作业实行特殊管理。具体管理办法由国务院制定。

第三章　劳动过程中的防护与管理

第二十条 用人单位应当采取下列职业病防治管理措施：

（一）设置或者指定职业卫生管理机构或者组织，配备专职或者兼职的职业卫生管理人员，负责本单位的职业病防治工作；

（二）制定职业病防治计划和实施方案；

（三）建立、健全职业卫生管理制度和操作规程；

（四）建立、健全职业卫生档案和劳动者健康监护档案；

（五）建立、健全工作场所职业病危害因素监测及评价制度；

（六）建立、健全职业病危害事故应急救援预案。

第二十一条 用人单位应当保障职业病防治所需的资金投入，不得挤占、挪用，并对因资金投入不足导致的后果承担责任。

第二十二条 用人单位必须采用有效的职业病防护设施，并为劳动者提供个人使用的职业病防护用品。

用人单位为劳动者个人提供的职业病防护用品必须符合防治职业病的要求；不符合要求的，不得使用。

第二十三条 用人单位应当优先采用有利于防治职业病和保护劳动者健康的新技术、新工艺、新设备、新材料，逐步替代职业病危害严重的技术、工艺、设备、材料。

第二十四条 产生职业病危害的用人单位，应当在醒目位置设置公告栏，公布有关职业病防治的规章制度、操作规程、职业病危害事故应急救援措施和工作场所职业病危害因素检测结果。

对产生严重职业病危害的作业岗位，应当在其醒目位置，设置警示标识和中文警示说明。警示说明应当载明产生职业病危害的种类、后果、预防以及应急救治措施等内容。

第二十五条 对可能发生急性职业损伤的有毒、有害工作场所，用人单位应当设置报警装置，配置现场急救用品、冲洗设备、应急撤离通道和必要的泄险区。

对放射工作场所和放射性同位素的运输、贮存，用人单位必须配置防护设备和报警装置，保证接触放射线的工作人员佩戴个人剂量计。

对职业病防护设备、应急救援设施和个人使用的职业病防护用品，用人单位应当进行经常性的维护、检修，定期检测其性能和效果，确保其处于正常状态，不得擅自拆除或者停止使用。

第二十六条 用人单位应当实施由专人负责的职业病危害因素日常监测，并确保监测系统处于正常运行状态。

用人单位应当按照国务院卫生行政部门的规定，定期对工作场所进行职业病危害因素检测、评价。检测、评价结果存入用人单位职业卫生档案，定期向所在地卫生行政部门报告并向劳动者公布。

职业病危害因素检测、评价由依法设立的取得国务院卫生行政部门或者设区的市级以上地方人民政府卫生行政部门按照职责分工给予资质认可的职业卫生技术服务机构进行。职业卫生技术服务机构所作检测、评价应当客观、真实。

发现工作场所职业病危害因素不符合国家职业卫生标准和卫生要求时，用人单位应当立即采取相应治理措施，仍然达不到国家职业卫生标准和卫生要求的，必须停止存在职业病危害因素的作业；职业病危害因素经治理后，符合国家职业卫生标准和卫生要求的，方可重新作业。

第二十七条　职业卫生技术服务机构依法从事职业病危害因素检测、评价工作，接受卫生行政部门的监督检查。卫生行政部门应当依法履行监督职责。

第二十八条　向用人单位提供可能产生职业病危害的设备的，应当提供中文说明书，并在设备的醒目位置设置警示标识和中文警示说明。警示说明应当载明设备性能、可能产生的职业病危害、安全操作和维护注意事项、职业病防护以及应急救治措施等内容。

第二十九条　向用人单位提供可能产生职业病危害的化学品、放射性同位素和含有放射性物质的材料的，应当提供中文说明书。说明书应当载明产品特性、主要成分、存在的有害因素、可能产生的危害后果、安全使用注意事项、职业病防护以及应急救治措施等内容。产品包装应当有醒目的警示标识和中文警示说明。贮存上述材料的场所应当在规定的部位设置危险物品标识或者放射性警示标识。

国内首次使用或者首次进口与职业病危害有关的化学材料，使用单位或者进口单位按照国家规定经国务院有关部门批准后，应当向国务院卫生行政部门报送该化学材料的毒性鉴定以及经有关部门登记注册或者批准进口的文件等资料。

进口放射性同位素、射线装置和含有放射性物质的物品的，按照国家有关规定办理。

第三十条　任何单位和个人不得生产、经营、进口和使用国家明令禁止使用的可能产生职业病危害的设备或者材料。

第三十一条　任何单位和个人不得将产生职业病危害的作业转移给不具备职业病防护条件的单位和个人。不具备职业病防护条件的单位和个人不得接受产生职业病危害的作业。

第三十二条　用人单位对采用的技术、工艺、设备、材料，应当知悉其产生的职业病危害，对有职业病危害的技术、工艺、设备、材料隐瞒其危害而采用的，对所造成的职业病危害后果承担责任。

第三十三条　用人单位与劳动者订立劳动合同（含聘用合同，下同）时，应当将工作过程中可能产生的职业病危害及其后果、职业病防护措施和待遇等如实告知劳动者，并在劳动合同中写明，不得隐瞒或者欺骗。

劳动者在已订立劳动合同期间因工作岗位或者工作内容变更，从事与所订立劳动合同中未告知的存在职业病危害的作业时，用人单位应当依照前款规定，向劳动者履行如实告知的义务，并协商变更原劳动合同相关条款。

用人单位违反前两款规定的，劳动者有权拒绝从事存在职业病危害的作业，用人单位不得因此解除与劳动者所订立的劳动合同。

第三十四条　用人单位的主要负责人和职业卫生管理人员应当接受职业卫生培训，遵守职业病防治法律、法规，依法组织本单位的职业病防治工作。

用人单位应当对劳动者进行上岗前的职业卫生培训和在岗期间的定期职业卫生培训，普及职业卫生知识，督促劳动者遵守职业病防治法律、法规、规章和操作规程，指导劳动者正确使用职业病防护设备和个人使用的职业病防护用品。

劳动者应当学习和掌握相关的职业卫生知识，增强职业病防范意识，遵守职业病防治法律、法规、规章和操作规程，正确使用、维护职业病防护设备和个人使用的职业病防护用品，发现职业病危害事故隐患应当及时报告。

劳动者不履行前款规定义务的，用人单位应当对其进行教育。

第三十五条　对从事接触职业病危害的作业的劳动者，用人单位应当按照国务院卫生行政部门的规定组织上岗前、在岗期间和离岗时的职业健康检查，并将检查结果书面告知劳动者。职业健康检查费用由用人单位承担。

用人单位不得安排未经上岗前职业健康检查的劳动者从事接触职业病危害的作业；不得安排有职业禁忌的劳动者从事其所禁忌的作业；对在职业健康检查中发现有与所从事的职业相关的健康损害的劳动者，应当调离原工作岗位，并妥善安置；对未进行离岗前职业健康检查的劳动者不得解除或者终止与其订立的劳动合同。

职业健康检查应当由取得《医疗机构执业许可证》的医疗卫生机构承担。卫生行政部门应当加强对职业健康检查工作的规范管理，具体管理办法由国务院卫生行政部门制定。

第三十六条　用人单位应当为劳动者建立职业健康监护档案，并按照规定的期限妥善保存。

职业健康监护档案应当包括劳动者的职业史、职业病危害接触史、职业健康检查结果和职业病诊疗等有关个人健康资料。

劳动者离开用人单位时，有权索取本人职业健康监护档案复印件，用人单位应当如实、无偿提供，并在所提供的复印件上签章。

第三十七条　发生或者可能发生急性职业病危害事故时，用人单位应当立即采取应急救援和控制措施，并及时报告所在地卫生行政部门和有关部门。卫生行政部门接到报告后，应当及时会同有关部门组织调查处理；必要时，可以采取临时控制措施。卫生行政部门应当组织做好医疗救治工作。

对遭受或者可能遭受急性职业病危害的劳动者，用人单位应当及时组织救治、进行健康检查和医学观察，所需费用由用人单位承担。

第三十八条　用人单位不得安排未成年工从事接触职业病危害的作业；不得安排孕期、哺乳期的女职工从事对本人和胎儿、婴儿有危害的作业。

第三十九条　劳动者享有下列职业卫生保护权利：

（一）获得职业卫生教育、培训；

（二）获得职业健康检查、职业病诊疗、康复等职业病防治服务；

（三）了解工作场所产生或者可能产生的职业病危害因素、危害后果和应当采取的职业病防护措施；

（四）要求用人单位提供符合防治职业病要求的职业病防护设施和个人使用的职业病防护用品，改善工作条件；

（五）对违反职业病防治法律、法规以及危及生命健康的行为提出批评、检举和控告；

（六）拒绝违章指挥和强令进行没有职业病防护措施的作业；

（七）参与用人单位职业卫生工作的民主管理，对职业病防治工作提出意见和建议。

用人单位应当保障劳动者行使前款所列权利。因劳动者依法行使正当权利而降低其工资、福利等待遇或者解除、终止与其订立的劳动合同的，其行为无效。

第四十条　工会组织应当督促并协助用人单位开展职业卫生宣传教育和培训，有权对用人单位的职业病防治工作提出意见和建议，依法代表劳动者与用人单位签订劳动安全卫生专项集体合同，与用人单位就劳动者反映的有关职业病防治的问题进行协调并督促解决。

工会组织对用人单位违反职业病防治法律、法规，侵犯劳动者合法权益的行为，有权要求纠正；产生严重职业病危害时，有权要求采取防护措施，或者向政府有关部门建议采取强制性措施；发生职业病危害事故时，有权参与事故调查处理；发现危及劳动者生命健康的情形时，有权向用人单位建议组织劳动者撤离危险现场，用人单位应当立即作出处理。

第四十一条　用人单位按照职业病防治要求，用于预防和治理职业病危害、工作场所卫生检测、健康监护和职业卫生培训等费用，按照国家有关规定，在生产成本中据实列支。

第四十二条　职业卫生监督管理部门应当按照职责分工，加强对用人单位落实职业病防护管理措施情况的监督检查，依法行使职权，承担责任。

第四章　职业病诊断与职业病人保障

第四十三条　职业病诊断应当由取得《医疗机构执业许可证》的医疗卫生机构承担。卫生行政部门应当加强对职业病诊断工作的规范管理，具体管理办法由国务院卫生行政部门制定。

承担职业病诊断的医疗卫生机构还应当具备下列条件：

（一）具有与开展职业病诊断相适应的医疗卫生技术人员；

（二）具有与开展职业病诊断相适应的仪器、设备；

（三）具有健全的职业病诊断质量管理制度。

承担职业病诊断的医疗卫生机构不得拒绝劳动者进行职业病诊断的要求。

第四十四条　劳动者可以在用人单位所在地、本人户籍所在地或者经常居住地依法承担职业病诊断的医疗卫生机构进行职业病诊断。

第四十五条　职业病诊断标准和职业病诊断、鉴定办法由国务院卫生行政部门制定。职业病伤残等级的鉴定办法由国务院劳动保障行政部门会同国务院卫生行政部门制定。

第四十六条 职业病诊断，应当综合分析下列因素：

（一）病人的职业史；

（二）职业病危害接触史和工作场所职业病危害因素情况；

（三）临床表现以及辅助检查结果等。

没有证据否定职业病危害因素与病人临床表现之间的必然联系的，应当诊断为职业病。

职业病诊断证明书应当由参与诊断的取得职业病诊断资格的执业医师签署，并经承担职业病诊断的医疗卫生机构审核盖章。

第四十七条 用人单位应当如实提供职业病诊断、鉴定所需的劳动者职业史和职业病危害接触史、工作场所职业病危害因素检测结果等资料；卫生行政部门应当监督检查和督促用人单位提供上述资料；劳动者和有关机构也应当提供与职业病诊断、鉴定有关的资料。

职业病诊断、鉴定机构需要了解工作场所职业病危害因素情况时，可以对工作场所进行现场调查，也可以向卫生行政部门提出，卫生行政部门应当在十日内组织现场调查。用人单位不得拒绝、阻挠。

第四十八条 职业病诊断、鉴定过程中，用人单位不提供工作场所职业病危害因素检测结果等资料的，诊断、鉴定机构应当结合劳动者的临床表现、辅助检查结果和劳动者的职业史、职业病危害接触史，并参考劳动者的自述、卫生行政部门提供的日常监督检查信息等，作出职业病诊断、鉴定结论。

劳动者对用人单位提供的工作场所职业病危害因素检测结果等资料有异议，或者因劳动者的用人单位解散、破产，无用人单位提供上述资料的，诊断、鉴定机构应当提请卫生行政部门进行调查，卫生行政部门应当自接到申请之日起三十日内对存在异议的资料或者工作场所职业病危害因素情况作出判定；有关部门应当配合。

第四十九条 职业病诊断、鉴定过程中，在确认劳动者职业史、职业病危害接触史时，当事人对劳动关系、工种、工作岗位或者在岗时间有争议的，可以向当地的劳动人事争议仲裁委员会申请仲裁；接到申请的劳动人事争议仲裁委员会应当受理，并在三十日内作出裁决。

当事人在仲裁过程中对自己提出的主张，有责任提供证据。劳动者无法提供由用人单位掌握管理的与仲裁主张有关的证据的，仲裁庭应当要求用人单位在指定期限内提供；用人单位在指定期限内不提供的，应当承担不利后果。

劳动者对仲裁裁决不服的，可以依法向人民法院提起诉讼。

用人单位对仲裁裁决不服的，可以在职业病诊断、鉴定程序结束之日起十五日内依法向人民法院提起诉讼；诉讼期间，劳动者的治疗费用按照职业病待遇规定的途径支付。

第五十条 用人单位和医疗卫生机构发现职业病病人或者疑似职业病病人时，应当及时向所在地卫生行政部门报告。确诊为职业病的，用人单位还应当向所在地劳动保障行政部门报告。接到报告的部门应当依法作出处理。

第五十一条 县级以上地方人民政府卫生行政部门负责本行政区域内的职业病统计报告的管理工作，并按照规定上报。

第五十二条 当事人对职业病诊断有异议的，可以向作出诊断的医疗卫生机构所在地地方人民政府卫生行政部门申请鉴定。

职业病诊断争议由设区的市级以上地方人民政府卫生行政部门根据当事人的申请，组织职业病诊断鉴定委员会进行鉴定。

当事人对设区的市级职业病诊断鉴定委员会的鉴定结论不服的，可以向省、自治区、直辖市人民政府卫生行政部门申请再鉴定。

第五十三条 职业病诊断鉴定委员会由相关专业的专家组成。

省、自治区、直辖市人民政府卫生行政部门应当设立相关的专家库，需要对职业病争议作出诊断鉴定时，由当事人或者当事人委托有关卫生行政部门从专家库中以随机抽取的方式确定参加诊断鉴定委员会的专家。

职业病诊断鉴定委员会应当按照国务院卫生行政部门颁布的职业病诊断标准和职业病诊断、鉴定办法进行职业病诊断鉴定，向当事人出具职业病诊断鉴定书。职业病诊断、鉴定费用由用人单位承担。

第五十四条 职业病诊断鉴定委员会组成人员应当遵守职业道德，客观、公正地进行诊断鉴定，并承担相应的责任。职业病诊断鉴定委员会组成人员不得私下接触当事人，不得收受当事人的财物或者其他好处，与当事人有利害关系的，应当回避。

人民法院受理有关案件需要进行职业病鉴定时，应当从省、自治区、直辖市人民政府卫生行政部门依法设立的相关的专家库中选取参加鉴定的专家。

第五十五条 医疗卫生机构发现疑似职业病病人时，应当告知劳动者本人并及时通知用人单位。

用人单位应当及时安排对疑似职业病病人进行诊断；在疑似职业病病人诊断或者医学观察期间，不得解除或者终止与其订立的劳动合同。

疑似职业病病人在诊断、医学观察期间的费用，由用人单位承担。

第五十六条 用人单位应当保障职业病病人依法享受国家规定的职业病待遇。

用人单位应当按照国家有关规定，安排职业病病人进行治疗、康复和定期检查。

用人单位对不适宜继续从事原工作的职业病病人，应当调离原岗位，并妥善安置。

用人单位对从事接触职业病危害的作业的劳动者，应当给予适当岗位津贴。

第五十七条 职业病病人的诊疗、康复费用，伤残以及丧失劳动能力的职业病病人的社会保障，按照国家有关工伤保险的规定执行。

第五十八条 职业病病人除依法享有工伤保险外，依照有关民事法律，尚有获得赔偿的权利的，有权向用人单位提出赔偿要求。

第五十九条 劳动者被诊断患有职业病，但用人单位没有依法参加工伤保险的，其医疗和生活保障由该用人单位承担。

第六十条 职业病病人变动工作单位，其依法享有的待遇不变。

用人单位在发生分立、合并、解散、破产等情形时，应当对从事接触职业病危害的作业的劳动者进行健康检查，并按照国家有关规定妥善安置职业病病人。

第六十一条 用人单位已经不存在或者无法确认劳动关系的职业病病人,可以向地方人民政府医疗保障、民政部门申请医疗救助和生活等方面的救助。

地方各级人民政府应当根据本地区的实际情况,采取其他措施,使前款规定的职业病病人获得医疗救治。

第五章 监督检查

第六十二条 县级以上人民政府职业卫生监督管理部门依照职业病防治法律、法规、国家职业卫生标准和卫生要求,依据职责划分,对职业病防治工作进行监督检查。

第六十三条 卫生行政部门履行监督检查职责时,有权采取下列措施:

(一)进入被检查单位和职业病危害现场,了解情况,调查取证;

(二)查阅或者复制与违反职业病防治法律、法规的行为有关的资料和采集样品;

(三)责令违反职业病防治法律、法规的单位和个人停止违法行为。

第六十四条 发生职业病危害事故或者有证据证明危害状态可能导致职业病危害事故发生时,卫生行政部门可以采取下列临时控制措施:

(一)责令暂停导致职业病危害事故的作业;

(二)封存造成职业病危害事故或者可能导致职业病危害事故发生的材料和设备;

(三)组织控制职业病危害事故现场。

在职业病危害事故或者危害状态得到有效控制后,卫生行政部门应当及时解除控制措施。

第六十五条 职业卫生监督执法人员依法执行职务时,应当出示监督执法证件。

职业卫生监督执法人员应当忠于职守,秉公执法,严格遵守执法规范;涉及用人单位的秘密的,应当为其保密。

第六十六条 职业卫生监督执法人员依法执行职务时,被检查单位应当接受检查并予以支持配合,不得拒绝和阻碍。

第六十七条 卫生行政部门及其职业卫生监督执法人员履行职责时,不得有下列行为:

(一)对不符合法定条件的,发给建设项目有关证明文件、资质证明文件或者予以批准;

(二)对已经取得有关证明文件的,不履行监督检查职责;

(三)发现用人单位存在职业病危害的,可能造成职业病危害事故,不及时依法采取控制措施;

(四)其他违反本法的行为。

第六十八条 职业卫生监督执法人员应当依法经过资格认定。

职业卫生监督管理部门应当加强队伍建设,提高职业卫生监督执法人员的政治、业务素质,依照本法和其他有关法律、法规的规定,建立、健全内部监督制度,对其工作人员执行法律、法规和遵守纪律的情况,进行监督检查。

第六章 法律责任

第六十九条 建设单位违反本法规定,有下列行为之一的,由卫生行政部门给予警告,责令限期改正;逾期不改正的,处十万元以上五十万元以下的罚款;情节严重的,责令停止产生职业病危害的作业，或者提请有关人民政府按照国务院规定的权限责令停建、关闭：

（一）未按照规定进行职业病危害预评价的；

（二）医疗机构可能产生放射性职业病危害的建设项目未按照规定提交放射性职业病危害预评价报告，或者放射性职业病危害预评价报告未经卫生行政部门审核同意，开工建设的；

（三）建设项目的职业病防护设施未按照规定与主体工程同时设计、同时施工、同时投入生产和使用的；

（四）建设项目的职业病防护设施设计不符合国家职业卫生标准和卫生要求，或者医疗机构放射性职业病危害严重的建设项目的防护设施设计未经卫生行政部门审查同意擅自施工的；

（五）未按照规定对职业病防护设施进行职业病危害控制效果评价的；

（六）建设项目竣工投入生产和使用前，职业病防护设施未按照规定验收合格的。

第七十条 违反本法规定，有下列行为之一的，由卫生行政部门给予警告，责令限期改正；逾期不改正的，处十万元以下的罚款：

（一）工作场所职业病危害因素检测、评价结果没有存档、上报、公布的；

（二）未采取本法第二十条规定的职业病防治管理措施的；

（三）未按照规定公布有关职业病防治的规章制度、操作规程、职业病危害事故应急救援措施的；

（四）未按照规定组织劳动者进行职业卫生培训，或者未对劳动者个人职业病防护采取指导、督促措施的；

（五）国内首次使用或者首次进口与职业病危害有关的化学材料，未按照规定报送毒性鉴定资料以及经有关部门登记注册或者批准进口的文件的。

第七十一条 用人单位违反本法规定，有下列行为之一的，由卫生行政部门责令限期改正，给予警告，可以并处五万元以上十万元以下的罚款：

（一）未按照规定及时、如实向卫生行政部门申报产生职业病危害的项目的；

（二）未实施由专人负责的职业病危害因素日常监测，或者监测系统不能正常监测的；

（三）订立或者变更劳动合同时，未告知劳动者职业病危害真实情况的；

（四）未按照规定组织职业健康检查、建立职业健康监护档案或者未将检查结果书面告知劳动者的；

（五）未依照本法规定在劳动者离开用人单位时提供职业健康监护档案复印件的。

第七十二条 用人单位违反本法规定，有下列行为之一的，由卫生行政部门给予警告，责令限期改正，逾期不改正的，处五万元以上二十万元以下的罚款；情节严重的，责令停止产生职业病危害的作业，或者提请有关人民政府按照国务院规定的权限责令关闭：

（一）工作场所职业病危害因素的强度或者浓度超过国家职业卫生标准的；

（二）未提供职业病防护设施和个人使用的职业病防护用品，或者提供的职业病防护设施和个人使用的职业病防护用品不符合国家职业卫生标准和卫生要求的；

（三）对职业病防护设备、应急救援设施和个人使用的职业病防护用品未按照规定进行维护、检修、检测，或者不能保持正常运行、使用状态的；

（四）未按照规定对工作场所职业病危害因素进行检测、评价的；

（五）工作场所职业病危害因素经治理仍然达不到国家职业卫生标准和卫生要求时，未停止存在职业病危害因素的作业的；

（六）未按照规定安排职业病病人、疑似职业病病人进行诊治的；

（七）发生或者可能发生急性职业病危害事故时，未立即采取应急救援和控制措施或者未按照规定及时报告的；

（八）未按照规定在产生严重职业病危害的作业岗位醒目位置设置警示标识和中文警示说明的；

（九）拒绝职业卫生监督管理部门监督检查的；

（十）隐瞒、伪造、篡改、毁损职业健康监护档案、工作场所职业病危害因素检测评价结果等相关资料，或者拒不提供职业病诊断、鉴定所需资料的；

（十一）未按照规定承担职业病诊断、鉴定费用和职业病病人的医疗、生活保障费用的。

第七十三条　向用人单位提供可能产生职业病危害的设备、材料，未按照规定提供中文说明书或者设置警示标识和中文警示说明的，由卫生行政部门责令限期改正，给予警告，并处五万元以上二十万元以下的罚款。

第七十四条　用人单位和医疗卫生机构未按照规定报告职业病、疑似职业病的，由有关主管部门依据职责分工责令限期改正，给予警告，可以并处一万元以下的罚款；弄虚作假的，并处二万元以上五万元以下的罚款；对直接负责的主管人员和其他直接责任人员，可以依法给予降级或者撤职的处分。

第七十五条　违反本法规定，有下列情形之一的，由卫生行政部门责令限期治理，并处五万元以上三十万元以下的罚款；情节严重的，责令停止产生职业病危害的作业，或者提请有关人民政府按照国务院规定的权限责令关闭：

（一）隐瞒技术、工艺、设备、材料所产生的职业病危害而采用的；

（二）隐瞒本单位职业卫生真实情况的；

（三）可能发生急性职业损伤的有毒、有害工作场所、放射工作场所或者放射性同位素的运输、贮存不符合本法第二十五条规定的；

（四）使用国家明令禁止使用的可能产生职业病危害的设备或者材料的；

（五）将产生职业病危害的作业转移给没有职业病防护条件的单位和个人，或者没有职业病防护条件的单位和个人接受产生职业病危害的作业的；

（六）擅自拆除、停止使用职业病防护设备或者应急救援设施的；

（七）安排未经职业健康检查的劳动者、有职业禁忌的劳动者、未成年工或者孕期、哺乳期女职工从事接触职业病危害的作业或者禁忌作业的；

（八）违章指挥和强令劳动者进行没有职业病防护措施的作业的。

第七十六条 生产、经营或者进口国家明令禁止使用的可能产生职业病危害的设备或者材料的，依照有关法律、行政法规的规定给予处罚。

第七十七条 用人单位违反本法规定，已经对劳动者生命健康造成严重损害的，由卫生行政部门责令停止产生职业病危害的作业，或者提请有关人民政府按照国务院规定的权限责令关闭，并处十万元以上五十万元以下的罚款。

第七十八条 用人单位违反本法规定，造成重大职业病危害事故或者其他严重后果，构成犯罪的，对直接负责的主管人员和其他直接责任人员，依法追究刑事责任。

第七十九条 未取得职业卫生技术服务资质认可擅自从事职业卫生技术服务的，由卫生行政部门责令立即停止违法行为，没收违法所得；违法所得五千元以上的，并处违法所得二倍以上十倍以下的罚款；没有违法所得或者违法所得不足五千元的，并处五千元以上五万元以下的罚款；情节严重的，对直接负责的主管人员和其他直接责任人员，依法给予降级、撤职或者开除的处分。

第八十条 从事职业卫生技术服务的机构和承担职业病诊断的医疗卫生机构违反本法规定，有下列行为之一的，由卫生行政部门责令立即停止违法行为，给予警告，没收违法所得；违法所得五千元以上的，并处违法所得二倍以上五倍以下的罚款；没有违法所得或者违法所得不足五千元的，并处五千元以上二万元以下的罚款；情节严重的，由原认可或者登记机关取消其相应的资格；对直接负责的主管人员和其他直接责任人员，依法给予降级、撤职或者开除的处分；构成犯罪的，依法追究刑事责任：

（一）超出资质认可或者诊疗项目登记范围从事职业卫生技术服务或者职业病诊断的；

（二）不按照本法规定履行法定职责的；

（三）出具虚假证明文件的。

第八十一条 职业病诊断鉴定委员会组成人员收受职业病诊断争议当事人的财物或者其他好处的，给予警告，没收收受的财物，可以并处三千元以上五万元以下的罚款，取消其担任职业病诊断鉴定委员会组成人员的资格，并从省、自治区、直辖市人民政府卫生行政部门设立的专家库中予以除名。

第八十二条 卫生行政部门不按照规定报告职业病和职业病危害事故的，由上一级行政部门责令改正，通报批评，给予警告；虚报、瞒报的，对单位负责人、直接负责的主管人员和其他直接责任人员依法给予降级、撤职或者开除的处分。

第八十三条 县级以上地方人民政府在职业病防治工作中未依照本法履行职责，本行政区域出现重大职业病危害事故、造成严重社会影响的，依法对直接负责的主管人员和其他直接责任人员给予记大过直至开除的处分。

县级以上人民政府职业卫生监督管理部门不履行本法规定的职责，滥用职权、玩忽职守、徇私舞弊，依法对直接负责的主管人员和其他直接责任人员给予记大过或者降级的处分；造成职业病危害事故或者其他严重后果的，依法给予撤职或者开除的处分。

第八十四条 违反本法规定，构成犯罪的，依法追究刑事责任。

第七章　附　　则

第八十五条　本法下列用语的含义：

职业病危害，是指对从事职业活动的劳动者可能导致职业病的各种危害。职业病危害因素包括：职业活动中存在的各种有害的化学、物理、生物因素以及在作业过程中产生的其他职业有害因素。

职业禁忌，是指劳动者从事特定职业或者接触特定职业病危害因素时，比一般职业人群更易于遭受职业病危害和罹患职业病或者可能导致原有自身疾病病情加重，或者在从事作业过程中诱发可能导致对他人生命健康构成危险的疾病的个人特殊生理或者病理状态。

第八十六条　本法第二条规定的用人单位以外的单位，产生职业病危害的，其职业病防治活动可以参照本法执行。

劳务派遣用工单位应当履行本法规定的用人单位的义务。

中国人民解放军参照执行本法的办法，由国务院、中央军事委员会制定。

第八十七条　对医疗机构放射性职业病危害控制的监督管理，由卫生行政部门依照本法的规定实施。

第八十八条　本法自 2002 年 5 月 1 日起施行。

11.2
工伤应急处理相关文件范本

企业 HR 在处理相关工伤事故时，通常需要准备或者帮助工伤职工准备相关文书。因此，HR 需要了解工伤应急处理的相关文件，从而提高事故处理效率。

11.2.1　伤残待遇核定表

伤残待遇核定表如表 11-1 所示。

表 11-1 伤残待遇核定表

单位名称：　　　　　　　　　　　　　　　　　　　　　　　　单位：元

身份证号码		姓名		性别		年龄	
工伤时间		工伤认定时间		劳动能力鉴定时间			
伤残等级		护理等级鉴定时间		护理等级		上年度职工月平均工资	
当地最低工资标准		伤残津贴计发比例		生活护理费计发比例			
一次性伤残补助金计发月数			一次性工伤医疗金计发月数				
本人工资			劳动关系解除（终止）时间				
退休时间			基本养老金				

伤残待遇							
伤残津贴	生活护理费	一次性伤残补助金	一次性工伤医疗补助金	鉴定费	与基本养老金差额	低于最低工资补差	合计

补发起止时间及金额	
伤残待遇合计（大写）	

经办机构意见	经办机构（章） 经办：　　　　　　　复核人：　　　　　　　审批人：

所附材料：1. 工伤认定书复印件；2. 劳动能力鉴定结论复印件；3. 退休证复印件；4. 退休工资证明；

5. 身份证复印件；6. 本人工商银行卡或存折复印件。

11.2.2　工伤职工旧伤复发治疗申请表

工伤职工旧伤复发治疗申请表如表 11-2 所示。

表 11-2　工伤职工旧伤复发治疗申请表

申请人		性别		出生年月	
居民身份证号码			联系电话		
工伤时间			工伤认定决定书编号		
发生工伤所在单位			有效联系电话		
伤残部位（职业病）及程度				伤残等级	
协议医疗机构医疗意见：1.伤病史和治疗经过；2.现伤病症状；3.需要进行怎样的治疗。		主治医生签名：　　　　　年　月　日（医疗科室印章）			
协议医疗机构鉴定专家意见		（医院印章） 医疗鉴定专家签名：　　　　　年　月　日			
现用人单位意见		负责人签名：　　　　　年　月　日（单位印章）			
市劳动能力鉴定委员会意见		经办人：　　审批人：　　　　年　月　日（盖章）			

填报说明：1.此表一式三份，信息须填写完整；2.协议医疗机构医疗意见由主治科室填写；3.协议医疗机构鉴定专家意见栏由医疗鉴定专家填写，主要是对上一栏目医疗意见的确认意见；4.申请人同时要提供协议医疗机构诊断证明书，身份证、工伤认定决定书、确认工伤伤害部位原始资料复印件。

11.2.3　工伤职工辅助器具配置（更换）申请表

工伤职工辅助器具配置（更换）申请表如表 11-3 所示。

表 11-3　工伤职工辅助器具配置（更换）申请表

申请编号：　　　　　　　　　　　申请日期：　　　年　　月　　日

姓名		性别		年龄		身份证号码	
医保编号		工伤时间			伤残部位		
配置项目		初次配置 □		上次配置时间			
		更换 □		上次配置使用年限			
用人单位意见	经办人：　　　　　　　　　　　　（公章）　　　年　月　日						
省医保局审核意见	经审核，同意转往　　　　配置所申请项目，超政策规定限额标准部分，工伤保险基金不予支付。						
	经办人：　　　　　　　　　　受理时间：　　　年　　月　　日						
	复核人：　　　　　　　　　　办理时间：　　　年　　月　　日						
	审核人：　　　　年　月　日 （公章）						

温馨提示：

1. 所需材料：申请表原件一式两份，工伤证原件和复印件、劳动能力鉴定表原件和复印件。

2. 此表一式三份，医保经办机构留存一份，用人单位留存一份，辅助器具配置定点机构留存一份。

3. 如难以判定是否需要配置辅助器具的，应再次进行劳动能力鉴定，并根据鉴定结论结果进行判定。

11.2.4 职工工伤事故备案表

职工工伤事故备案表如表 11-4 所示。

表 11-4 职工工伤事故备案表

单位名称：（章）　　　　　　　　　　　　　　　　　　　　　[　　　]号

单位编码	个人编码	姓名	性别	身份证		事故发生时间
事故类别		伤害程度		是否旧伤复发		参保时间	
伤亡者通信地址			邮编		联系电话		
事故简要情况							
救治医院							
报告时间			报告人			联系电话	
社保收件人				收件时间			
备注							

此表一式两份，医疗保险机构、企业各一份。

发生工伤之日起 30 天之内，到具有工伤认定管辖权的劳动行政部门申请工伤认定。

11.2.5　工伤职工异地居住就医申请表

工伤职工异地居住就医申请表如表 11-5 所示。

表 11-5　工伤职工异地居住就医申请表

单位名称：

姓名		性别		年龄		身份证号码		
联系人		联系电话				联系地址		
工伤时间			工伤认定时间			工伤认定编号		
伤残部位					诊断内容			
异地医疗机构情况	异地医疗机构名称			级别		地址		电话
	医疗机构（章） 年　　月　　日				居住地工伤保险经办机构（章） 年　　月　　日			
用人单位意见	用人单位（章） 经办人：　　　年　　月　　日							
劳动能力鉴定委员会意见	劳动能力鉴定委员会（章） 经办人：　　　年　　月　　日							
经办机构意见	经办机构（章） 经办人：　　　年　　月　　日							

一式二联，一份经办机构留存，另一份用人单位留存。

11.2.6 一次性工亡、丧葬补助金核定表

一次性工亡、丧葬补助金核定表如表 11-6 所示。

表 11-6 一次性工亡、丧葬补助金核定表

单位代码：　　　　　　　　　　　　　　　　　　年　　月　　日

单位名称：　　　　　　　　　　　　　　　　单位：元

姓名		性别		年龄		身份证号码	
工伤（亡）时间			停工留薪期 截止时间			一至四级工伤人员 死亡时间	
上年度职工月平均工资							
上年度全国城镇居民人均可支配收入							
工亡职工一次性待遇							
一次性工亡补助金				丧葬补助金			
经办机构核定意见							审核人（章） 负责人（章） 经办机构（章） 年　　月　　日

一式三联，一份经办机构留存，一份单位留存，另一份工亡职工近亲属留存。

11.2.7　工伤医疗（康复）待遇申请表

工伤医疗（康复）待遇申请表如表 11-7 所示。

表 11-7　工伤医疗（康复）待遇申请表

单位代码：　　　　　　　　　　　　　　　　年　　月　　日

单位名称：　　　　　　　　　　　　　　　　　　单位：元

姓名		性别		年龄		身份证号码		
医院级别			住院号			医疗机构名称		
住院日期			出院日期			住院天数		
伤害部位								
门诊诊断								
入院诊断								
出院诊断								

	项目	序号	申报金额	不支付金额	支付金额
医疗费	药品费	1			
	检查费	2			
	治疗费	3			
	手术费	4			
	医用材料费	5			
	全血/成分血	6			
	康复费	7			
	其他	8			
	合计	9			
补助	伙食补助	10			
	交通，食宿	11			
支付金额合计（大写）		12			
支付金额合计（小写）		13			

审核人（章）　　　　　复核人（章）　　　　　负责人（章）　　　　　经办机构（章）

11.2.8 工伤职工康复申请表

工伤职工康复申请表如表 11-8 所示。

表 11-8 工伤职工康复申请表

申请人姓名		性别		出生年月	
身份证号码		有效联系电话			
工伤时间		工伤认定决定书编号			
发生工伤时所在单位		单位的有效联系电话			
伤残部位（职业病）及程度				伤残等级	
协议医疗机构医疗意见： 1.伤病史和治疗经过；2.现伤病症状；3.需要进行怎样康复治疗。	主治医生签名：　　　　　　　　　年　月　日（医疗科室印章）				
协议医疗机构鉴定专家意见	（医院印章） 医疗鉴定专家签名：　　　　　　年　月　日				
现用人单位意见	负责人签名：　　　　　　　年　月　日（单位印章）				
市劳动能力鉴定委员会意见	经办人：　　　审批人：　　　　年　月　日（盖章）				

填报说明：1.此表一式三份，信息须填写完整；2.协议医疗机构医疗意见由主治科室填写；3.协议医疗机构鉴定专家意见栏由医疗鉴定专家填写，主要是对上一栏目医疗意见的确认意见；4.申请人同时要提供协议医疗机构诊断证明书、身份证、工伤认定决定书、确认工伤伤害部位原始资料复印件。

11.2.9　供养亲属抚恤金核定表

供养亲属抚恤金核定表如表 11-9 所示。

表 11-9　供养亲属抚恤金核定表

单位代码：

单位名称：　　　　　　　　　　　　　　　　　　年　　月

工亡职工居民身份证号码			工亡职工姓名		性别	
工亡时间			本人工资			
序号	供养亲属姓名	性别	居民身份证号码	孤寡老人或者孤儿	年龄	与工亡职工关系	比例	支付金额
合计	人数		人					
	金额							
支付金额合计（大写）								
经办机构核定意见		审核人（章） 负责人（章） 经办机构（章） 年　月　日						

一式三联，一份经办机构留存，一份单位留存，一份供养亲属留存。

11.2.10　工伤职工转诊转院申请表

工伤职工转诊转院申请表如表 11-10 所示。

表 11-10　工伤职工转诊转院申请表

单位名称：　　　　　　　　　　　　　　　　编号：

姓名		性别		年龄	
居民身份证号码			联系人地址及电话		
工伤时间		伤残部位及程度		工伤类别及编号	
协议医疗机构意见					（单位盖章） 经办人：　　　　　　　　　　　　年　月　日
用人单位意见					（单位盖章） 经办人：　　　　　　　　　　　　年　月　日
工伤保险经办机构意见	区县经办机构意见				（盖章） 年　月　日
	市处意见				（盖章） 年　月　日
备注					

填表说明：此表由申请人申请转诊转院时填写；协议医疗机构意见栏应注明转诊原因及拟转往的医疗机构名称。

读者意见反馈表

亲爱的读者：

感谢您对中国铁道出版社有限公司的支持，您的建议是我们不断改进工作的信息来源，您的需求是我们不断开拓创新的基础。为了更好地服务读者，出版更多的精品图书，希望您能在百忙之中抽出时间填写这份意见反馈表发给我们。随书纸制表格请在填好后剪下寄到：北京市西城区右安门西街8号中国铁道出版社有限公司大众出版中心 王佩 收（邮编：100054）。此外，读者也可以直接通过电子邮件把意见反馈给我们，E-mail地址是：505733396@qq.com。我们将选出意见中肯的热心读者，赠送本社的其他图书作为奖励。同时，我们将充分考虑您的意见和建议，并尽可能地给您满意的答复。谢谢！

所购书名：_____

个人资料：

姓名：_____ 性别：_____ 年龄：_____ 文化程度：_____

职业：_____ 电话：_____ E-mail：_____

通信地址：_____ 邮编：_____

您是如何得知本书的：

□书店宣传 □网络宣传 □展会促销 □出版社图书目录 □老师指定 □杂志、报纸等的介绍 □别人推荐
□其他（请指明）_____

您从何处得到本书的：

□书店 □邮购 □商场、超市等卖场 □图书销售的网站 □培训学校 □其他

影响您购买本书的因素（可多选）：

□内容实用 □价格合理 □装帧设计精美 □带多媒体教学光盘 □优惠促销 □书评广告 □出版社知名度
□作者名气 □工作、生活和学习的需要 □其他

您对本书封面设计的满意程度：

□很满意 □比较满意 □一般 □不满意 □改进建议

您对本书的总体满意程度：

从文字的角度 □很满意 □比较满意 □一般 □不满意
从技术的角度 □很满意 □比较满意 □一般 □不满意

您希望书中图的比例是多少：

□少量的图片辅以大量的文字 □图文比例相当 □大量的图片辅以少量的文字

您希望本书的定价是多少：

本书最令您满意的是：

1.
2.

您在使用本书时遇到哪些困难：

1.
2.

您希望本书在哪些方面进行改进：

1.
2.

您需要购买哪些方面的图书？对我社现有图书有什么好的建议？

您更喜欢阅读哪些类型和层次的书籍（可多选）？

□入门类 □精通类 □综合类 □问答类 □图解类 □查询手册类

您在学习计算机的过程中有什么困难？

您的其他要求：